Springer-Lehrbuch

Prof. Dr.-Ing. Dietmar Gross
studierte Angewandte Mechanik und promovierte an der Universität Rostock. Er habilitierte an der Universität Stuttgart und ist seit 1976 Professor für Mechanik an der TU Darmstadt. Seine Arbeitsgebiete sind unter anderen die Festkörper- und Strukturmechanik sowie die Bruchmechanik. Hierbei ist er auch mit der Modellierung mikromechanischer Prozesse befasst. Er ist Mitherausgeber mehrerer internationaler Fachzeitschriften sowie Autor zahlreicher Lehr- und Fachbücher.

Prof. Dr.-Ing. Wolfgang Ehlers
studierte Bauingenieurwesen an der Universität Hannover, promovierte und habilitierte an der Universität Essen und war 1991 bis 1995 Professor für Mechanik an der TU Darmstadt. Seit 1995 ist er Professor für Technische Mechanik an der Universität Stuttgart. Seine Arbeitsgebiete umfassen die Kontinuumsmechanik, die Materialtheorie, die Experimentelle und die Numerische Mechanik. Dabei ist er insbesondere an der Modellierung mehrphasiger Materialen bei Anwendungen im Bereich der Geomechanik und der Biomechanik interessiert.

Prof. Dr.-Ing. Peter Wriggers
studierte Bauingenieur- und Vermessungswesen, promovierte 1980 an der Universität Hannover und habilitierte 1986 im Fach Mechanik. Er war Professor für Mechanik an der TU Darmstadt und ist seit 1998 Professor für Baumechanik und Numerische Mechanik sowie Direktor des Zentrums für Computational Engineering Sciences an der Universität Hannover. Seine Arbeitsgebiete umfassen die Kontinuumsmechanik sowie die Numerische Mechanik. Er ist Mitherausgeber von 11 internationalen Journals und Editor-in-Chief der Zeitschrift Computational Mechanics.

D. Gross · W. Ehlers · P. Wriggers

Formeln und Aufgaben zur Technischen Mechanik 1

Statik

7. Auflage

Mit 457 Abbildungen

Springer

Prof. Dr.-Ing. Dietmar Gross
Technische Universität Darmstadt
Institut für Mechanik
Hochschulstraße 1
64289 Darmstadt

Prof. Dr.-Ing. Peter Wriggers
Universität Hannover
Institut für Baumechanik
und Numerische Mechanik
Appelstraße 9a
30167 Hannover

Prof. Dr.-Ing. Wolfgang Ehlers
Universität Stuttgart
Institut für Mechanik
(Bauwesen)
Pfaffenwaldring 7
70569 Stuttgart

Ursprünglich erschienen unter Gross, D.; Schnell W.; Ehlers,W.; Wriggers, P.
Formeln und Aufgaben zur Technischen Mechanik 1.

Bibliografische Information der Deutschen Bibliothek
Die Deutsche Bibliothek verzeichnet diese Publikation in der Deutschen Nationalbibliografie; detaillierte bibliografische Daten sind im Internet über <http://dnb.ddb.de> abrufbar.

ISBN 3-540-22205-7 7. Aufl. Springer Berlin Heidelberg New York

Springer ist ein Unternehmen von Springer Science+Business Media
springer.de

Printed in Italy

Umschlag-Entwurf: medio Technologies AG, Berlin
Satz: Digitale Druckvorlage der Autoren
Gedruckt auf säurefreiem Papier 7/3020 Rw 5 4 3 2 1 0

Vorwort zur 7. Auflage

Dieser dritte Band schließt die Reihe der Aufgaben zum Grundkurs in Technischer Mechanik ab.

Erfahrungsgemäß bereitet die Kinetik den Studenten besondere Schwierigkeiten, da neben den Kraftbegriff nun zusätzliche kinematische Größen treten, die untereinander und mit den Kraftgrößen richtig verknüpft werden müssen. Wir haben uns daher bemüht, durch zahlreiche rein kinematische Aufgaben Verständnis für die bei einer Bewegung maßgebenden geometrischen Größen und ihre Beschreibung in verschiedenen Koordinatensystemen zu wecken. Ebenso kann man nur durch Übung, d.h. durch selbständiges Bearbeiten von Aufgaben, Erfahrungen darüber sammeln, welche der kinetischen Grundgleichungen bei welcher Aufgabe am einfachsten zum Ziel führt. Häufig gibt es mehrere Lösungswege, und wir haben diese auch oft nebeneinandergestellt, damit der Leser selbst Vor- und Nachteile erkennen kann. Bewusst haben wir auf eine frühe Verwendung von „Scheinkräften“ verzichtet, da unzureichende Kenntnisse der Studierenden über „Trägheitskräfte“ meist mehr zur Verwirrung als zum Verständnis beitragen.

Die Aufgaben werden - wie auch schon im ersten und zweiten Band - weitgehend formelmäßig gelöst, da das Aufstellen der Grundgleichungen und deren allgemeine Lösung zunächst wichtiger als reine Zahlenrechnungen sind.

Für das Studium aller drei Bände möchten wir die Studierenden nochmals ermuntern, sich an den Aufgaben zunächst selbst zu versuchen und dabei unter Umständen auch andere Lösungswege einzuschlagen. Eine Aufgabensammlung ist nur ein Hilfsmittel beim Studium der Mechanik. Um zu einem tieferen Verständnis, insbesondere über die Herkunft und Anwendung der verschiedenen Sätze und Formeln zu gelangen, muss der Studierende auch Lehrbücher zur Hand nehmen. Unser Literaturverzeichnis nennt einige Titel.

Die Aufgabensammlung geht zu einem bedeutenden Anteil auf unseren verstorbenen Kollegen Prof. Dr. Dr. h.c. Walter Schnell zurück, der auch bis zur 5. Auflage Mitautor war. Seine didaktische Handschrift ist an der vorliegenden 7. Auflage trotz der vollständigen Überarbeitung und der Erweiterung um viele Aufgaben immer noch deutlich zu erkennen.

Dem Springer-Verlag danken wir für das Eingehen auf unsere Wünsche und die ansprechende Ausstattung des Buches. Wir wünschen ihm wieder eine freundliche Aufnahme bei der Leserschaft und sind für kritische Anmerkungen und Anregungen dankbar.

Darmstadt, Stuttgart und Hannover, im Mai 2004

D. Gross *W. Ehlers* *P. Wriggers*

Inhaltsverzeichnis

Literaturhinweise

Lehrbücher

Hauger, W., Schnell, W., Gross, D., Technische Mechanik, Band 3: Kinetik, 7. Auflage. Springer, Berlin 2002

Hagedorn, P., Technische Mechanik, Band 3: Dynamik, 2. Auflage. Deutsch, Frankfurt am Main 2003

Bruhns, O., Elemente der Mechanik III, Kinetik. Shaker, Aachen 2002

Brommundt, E., Sachs, G., Technische Mechanik, Eine Einführung, 3. Auflage. Oldenbourg, München 1998

Hahn, H. G., Technische Mechanik fester Körper, 2. Auflage. Hanser, München 1992

Magnus, K., Müller, H. H., Grundlagen der Technischen Mechanik, 6. Auflage. Teubner-Verlag 1990

Riley, W. F., Sturges L. D., Engineering Mechanics: Dynamics, 2 nd Edition. Wiley, Chichester 1996

Aufgabensammlungen

Bruhns, O., Aufgabensammlung Technische Mechanik 3: Kinetik für Bauingenieure und Maschinenbauer, 1. Auflage. Vieweg, Braunschweig 1999

Hauger, W., Lippmann, H., Mannl, V., Werner, E., Aufgaben zu Technische Mechanik 1-3: Statik, Elastostatik, Kinetik, 3. Auflage. Springer, Berlin 2001

Hahn, H. G., Barth, F. J., Fritzen, C. P., Aufgaben zur Technischen Mechanik, Hanser, München 1995

Lugner, P., Desoyer, K., Novak, A., Technische Mechanik, Aufgaben und Lösungen, 4. Auflage. Springer, Wien 1992

Dankert, H., Dankert, J., Technische Mechanik, computerunterstützt, 2. Auflage. Teubner, Stuttgart 1995

Bezeichnungen

Bei den Lösungen der Aufgaben werden folgende Symbole verwendet:

$\uparrow$: Abkürzung für *Kräftesatz (Impulssatz) in Pfeilrichtung.*

$\overset{\curvearrowleft}{A}$: Abkürzung für *Momentensatz (Drallsatz) bezüglich des Punktes A (mit vorgegebener Drehrichtung).*

$\leadsto$ Abkürzung für *hieraus folgt.*

1 Gleichgewicht

Zentrale Kräftegruppen in der Ebene

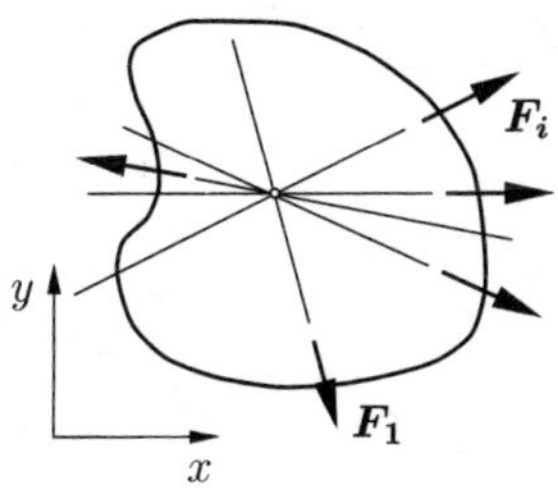

Eine zentrale Kräftegruppe kann durch die Resultierende $\boldsymbol{R} = \sum \boldsymbol{F_i}$ ersetzt werden. Es herrscht Gleichgewicht, wenn

$$\boxed{\sum \boldsymbol{F_i} = \boldsymbol{0}}$$

oder in Komponenten

$$\boxed{\sum F_{ix} = 0\,, \qquad \sum F_{iy} = 0}\,.$$

Darin sind

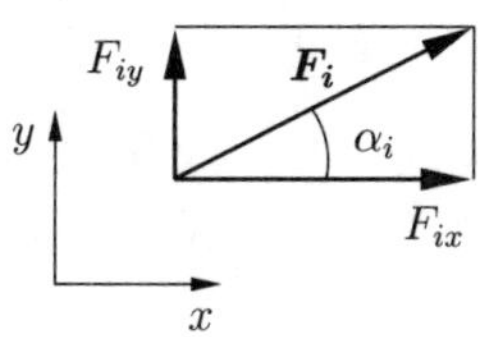

$$\begin{aligned} \boldsymbol{F_i} &= F_{ix}\boldsymbol{e}_x + F_{iy}\boldsymbol{e}_y\,, \\ F_{ix} &= F_i \cos\alpha_i\,, \\ F_{iy} &= F_i \sin\alpha_i\,, \\ |\boldsymbol{F}_i| = F_i &= \sqrt{F_{ix}^2 + F_{iy}^2}\,. \end{aligned}$$

Bei der *grafischen Lösung* verlangt die Gleichgewichtsbedingung, daß das Krafteck „geschlossen“ist.

Lageplan

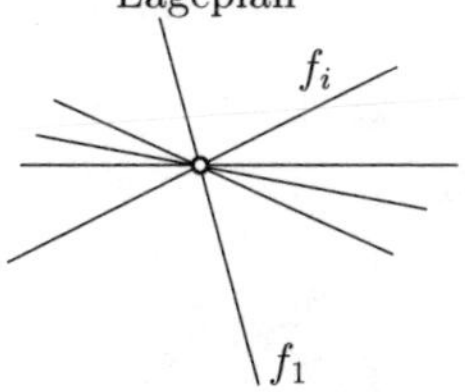

Kräfteplan = Krafteck

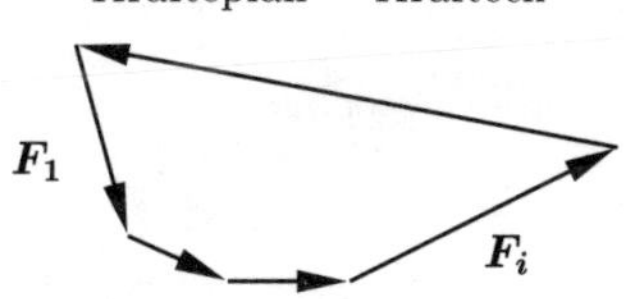

Zentrale Kräftegruppen im Raum

Gleichgewicht herrscht, wenn die Resultierende $\boldsymbol{R} = \sum \boldsymbol{F_i}$ verschwindet, d.h. wenn $\sum \boldsymbol{F_i} = \boldsymbol{0}$ oder in Komponenten

$$\boxed{\sum F_{ix} = 0\,, \quad \sum F_{iy} = 0\,, \quad \sum F_{iz} = 0}\,.$$

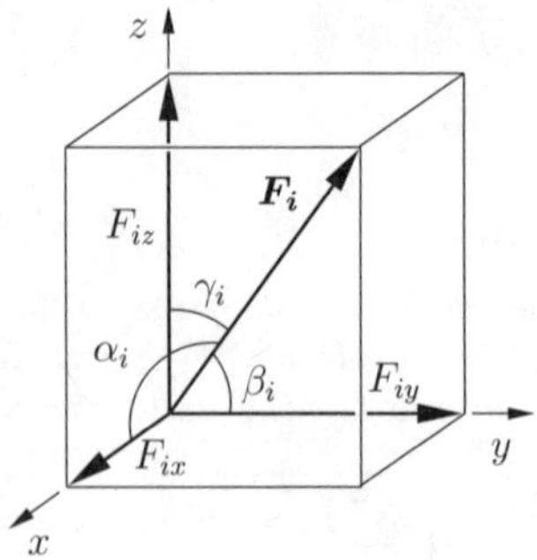

Darin sind

$$\begin{aligned}
\boldsymbol{F_i} &= F_{ix}\boldsymbol{e}_x + F_{iy}\boldsymbol{e}_y + F_{iz}\boldsymbol{e}_z \,, \\
F_{ix} &= F_i \cos\alpha_i \,, \\
F_{iy} &= F_i \cos\beta_i \,, \\
F_{iz} &= F_i \cos\gamma_i \,, \\
\cos^2\alpha_i &+ \cos^2\beta_i + \cos^2\gamma_i = 1 \,, \\
|\boldsymbol{F}_i| &= F_i = \sqrt{F_{ix}^2 + F_{iy}^2 + F_{iz}^2} \,.
\end{aligned}$$

Allgemeine Kräftegruppen in der Ebene

Die Kräftegruppe läßt sich ersetzen durch die Resultierende $\boldsymbol{R} = \sum \boldsymbol{F_i}$ und ein resultierendes Moment $M_R^{(A)}$ um einen beliebig gewählten Bezugspunkt A. Es herrscht Gleichgewicht, wenn

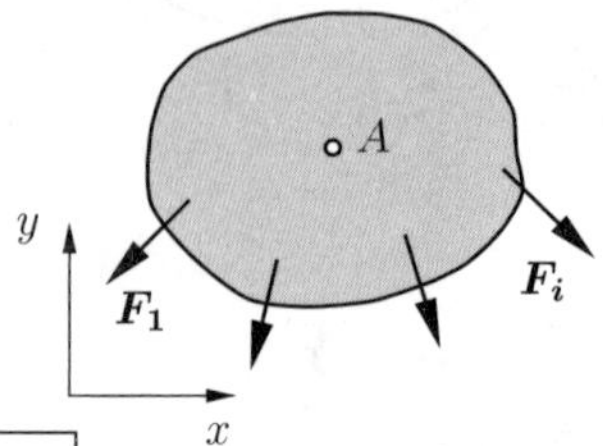

$$\boxed{\sum F_{ix} = 0 \,, \qquad \sum F_{iy} = 0 \,, \qquad \sum M_i^{(A)} = 0} \,.$$

Anstelle der beiden Kräftegleichgewichtsbedingungen können zwei weitere Momentenbedingungen um andere Bezugspunkte (z.B. B und C) verwendet werden. Dabei dürfen A, B und C *nicht* auf *einer* Geraden liegen.

Grafisch erhält man die Resultierende mit Hilfe des Seilecks und des Kraftecks.

Seileck im Lageplan

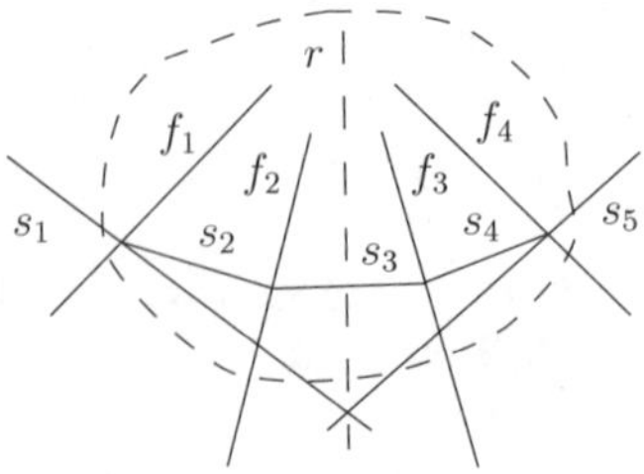

Krafteck

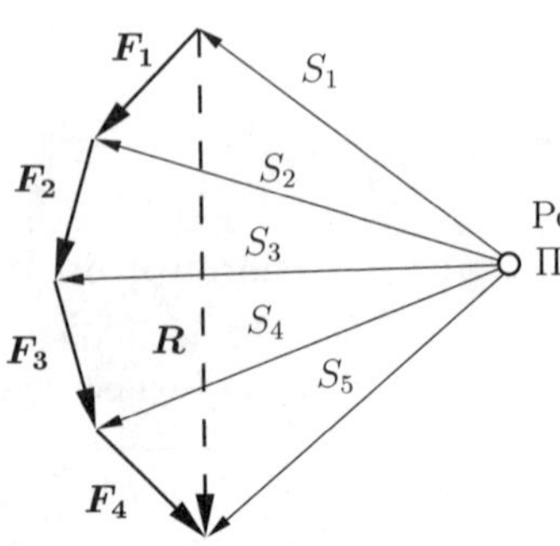

- Die Seilstrahlen s_i sind parallel zu den Polstrahlen S_i im Krafteck.

- Die Wirkungslinie r der Resultierenden $\boldsymbol{R}$ (Größe und Richtung folgt aus dem Krafteck) verläuft im Seileck durch den Schnittpunkt der äußeren Seilstrahlen s_1 und s_5.

- Damit Gleichgewicht herrscht, müssen Seileck und Krafteck „geschlossen" sein.

Allgemeine Kräftegruppen im Raum

Es herrscht Gleichgewicht, wenn die Resultierende $\boldsymbol{R} = \sum \boldsymbol{F_i}$ und das resultierende Moment $\boldsymbol{M_R^{(A)}} = \sum \boldsymbol{r_i} \times \boldsymbol{F_i}$ um einen beliebigen Bezugspunkt A verschwinden:

$$\boxed{\sum \boldsymbol{F}_i = \boldsymbol{0}} , \qquad \boxed{\sum \boldsymbol{M}_i^{(A)} = \boldsymbol{0}}$$

oder in Komponenten

$$\boxed{\begin{array}{lll} \sum F_{ix} = 0 , & \sum F_{iy} = 0 , & \sum F_{iz} = 0 , \\ \sum M_{ix}^{(A)} = 0 , & \sum M_{iy}^{(A)} = 0 , & \sum M_{iz}^{(A)} = 0 \end{array}}$$

mit

$$M_{ix}^{(A)} = y_i F_{iz} - z_i F_{iy} , \quad M_{iy}^{(A)} = z_i F_{ix} - x_i F_{iz} , \quad M_{iz}^{(A)} = x_i F_{iy} - y_i F_{ix} .$$

Darin sind x_i, y_i und z_i die Komponenten des Ortsvektors $\boldsymbol{r_i}$ vom Bezugspunkt A zu einem beliebigen Punkt auf der Wirkungslinie der Kraft $\boldsymbol{F_i}$ (z.B. zum Angriffspunkt).

Anmerkung: Wie im ebenen Fall können die Kräftegleichgewichtsbedingungen durch zusätzliche Momentengleichgewichtsbedingungen um geeignete Achsen ersetzt werden.

Aufgabe 1.1: Eine Kugel vom Gewicht G hängt an einem Seil an einer glatten Wand. Das Seil ist im Kugelmittelpunkt befestigt.

Gesucht ist die Seilkraft.

Gegeben: $a = 60$ cm, $r = 20$ cm.

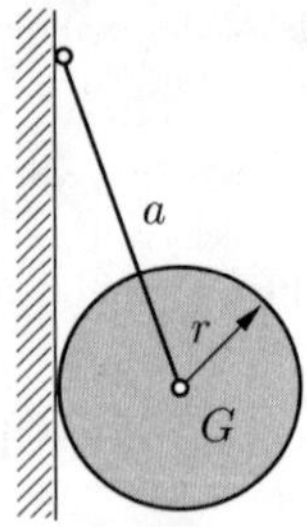

a) *Analytische Lösung:* Um alle auf die Kugel wirkenden Kräfte angeben zu können, denken wir uns das Seil geschnitten und die Kugel von der Wand getrennt. An den Trennstellen führen wir die Seilkraft S und die Normalkraft N der Wand auf die Kugel als äußere Kräfte ein und erhalten so das dargestellte Freikörperbild.

Die Gleichgewichtsbedingungen lauten mit dem Hilfswinkel α:

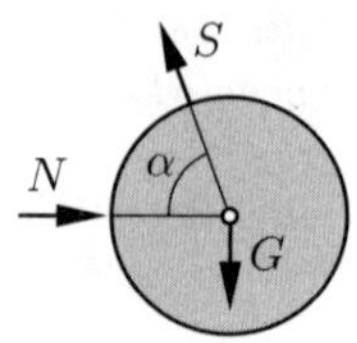

$$\rightarrow: \quad N - S\cos\alpha = 0 \ ,$$

$$\uparrow: \quad S\sin\alpha - G = 0 \ .$$

Hieraus folgen

$$S = \frac{G}{\sin\alpha} \ ,$$

$$N = S\cos\alpha = G\cot\alpha \ .$$

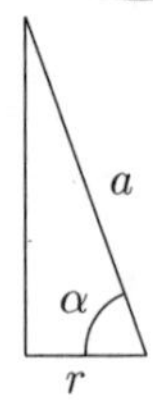

Aus der Geometrie liest man ab:

$$\cos\alpha = \frac{r}{a} = \frac{20}{60} = \frac{1}{3} \quad \text{und} \quad \sin\alpha = \sqrt{1 - \left(\frac{1}{3}\right)^2} = \frac{1}{3}\sqrt{8} \ .$$

Damit ergibt sich

$$\underline{\underline{S}} = \frac{3}{\sqrt{8}}\, G \approx \underline{\underline{1{,}06\, G}} \ .$$

b) *Grafische Lösung:* Wir zeichnen ein geschlossenes Krafteck aus der nach *Größe* und *Richtung* bekannten Kraft G und den zwei Kräften S und N, deren Richtungen bekannt sind. Am Dreieck liest man ab:

$$\underline{\underline{S = \frac{G}{\sin\alpha}}} \ , \quad N = G\cot\alpha \ .$$

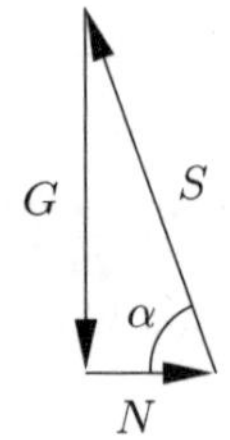

Aufgabe 1.2: Eine glatte Straßenwalze (Gewicht G, Radius r) stößt an ein Hindernis der Höhe h.

Welche Kraft F muß im Mittelpunkt angreifen, um die Walze über das Hindernis zu ziehen?

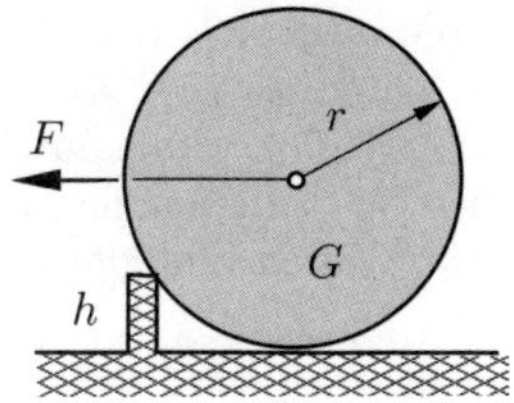

a) *Analytische Lösung:* Das Freikörperbild zeigt die auf die Walze wirkenden Kräfte. Dementsprechend lauten die Gleichgewichtsbedingungen

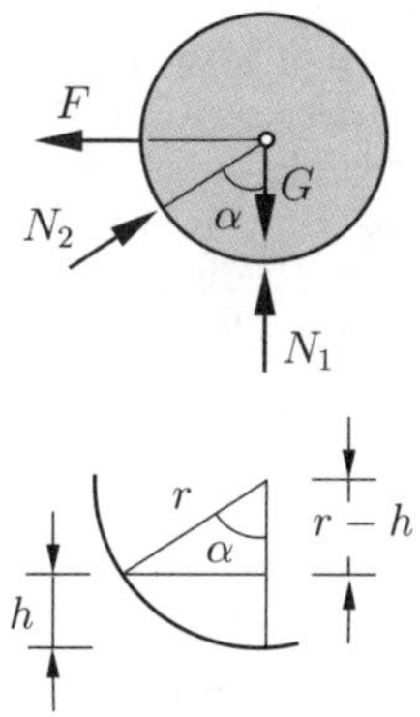

$$\rightarrow: \quad N_2 \sin\alpha - F = 0\ ,$$

$$\uparrow: \quad N_1 + N_2 \cos\alpha - G = 0\ ,$$

wobei der Winkel α aus der gegebenen Geometrie folgt:

$$\cos\alpha = \frac{r-h}{r}\ .$$

Die zwei Gleichgewichtsbedingungen enthalten noch drei Unbekannte:

$$N_1\ ,\quad N_2 \ \text{und}\ F\ .$$

Die Kraft, welche die Walze über das Hindernis zieht, bewirkt ein Abheben der Walze vom Boden. Dann veschwindet die Normalkraft N_1 :

$$N_1 = 0 \quad \rightsquigarrow \quad N_2 = \frac{G}{\cos\alpha}\ .$$

Damit folgt

$$\underline{\underline{F}} = N_2 \sin\alpha = \underline{\underline{G\tan\alpha}}\ .$$

b) *Grafische Lösung:* Wegen $N_1 = 0$ kann das Krafteck aus dem gegebenen Gewicht G und den bekannten Richtungen von N_2 und F gezeichnet werden. Am Dreieck liest man ab:

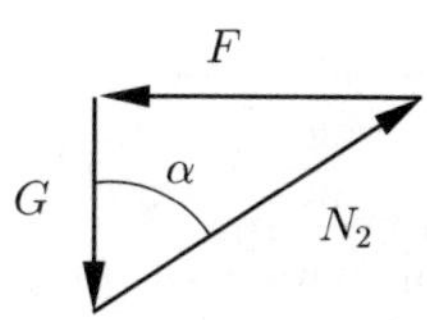

$$N_2 = \frac{G}{\cos\alpha}\ , \qquad \underline{\underline{F = G\tan\alpha}}\ .$$

Aufgabe 1.3: Eine große zylindrische Walze (Gewicht $4G$, Radius $2r$) liegt auf zwei zylindrischen Walzen (Gewicht jeweils G, Radius r), die durch ein Seil S (Länge $3r$) miteinander verbunden sind. Alle Walzen sind glatt.

Gesucht sind alle Reaktionskräfte.

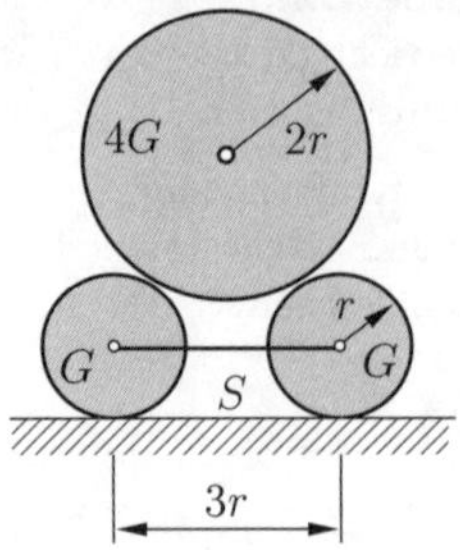

Lösung: Im Freikörperbild trennen wir die Körper und tragen die wirkenden Kräfte an. An jedem Körper (Teilsystem) gehen die Kräfte durch einen Punkt. Wegen der im Freikörperbild berücksichtigten Symmetrie haben wir für die obere Walze eine und für eine untere Walze zwei Gleichgewichtsbedingungen für die drei unbekannten Kräfte N_1, N_2 und S:

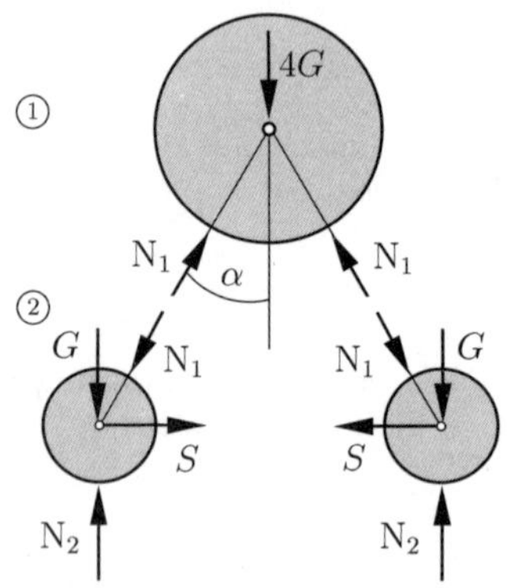

① $\uparrow$: $2N_1 \cos\alpha - 4G = 0$,

② $\rightarrow$: $S - N_1 \sin\alpha = 0$,

$\uparrow$: $N_2 - N_1 \cos\alpha - G = 0$.

Für den Winkel α folgt aus der gegebenen Geometrie

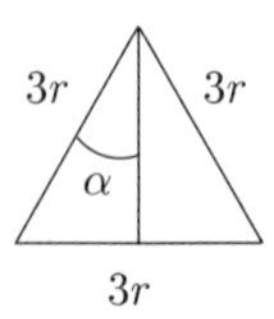

$$\sin\alpha = \frac{3r/2}{3r} = \frac{1}{2} \quad \leadsto \quad \alpha = 30°$$

$$\leadsto \quad \cos\alpha = \frac{\sqrt{3}}{2}, \quad \tan\alpha = \frac{\sqrt{3}}{3} .$$

Damit erhält man

$$\underline{\underline{N_1 = \frac{2G}{\cos\alpha} = \frac{4\sqrt{3}}{3}G}}, \quad \underline{\underline{S = 2G\tan\alpha = \frac{2\sqrt{3}}{3}G}}, \quad \underline{\underline{N_2}} = 2G + G = \underline{\underline{3G}} .$$

Anmerkung: Die Reaktionskraft N_2 hätte auch aus dem Gleichgewicht am Gesamtsystem ermittelt werden können:

$$\uparrow: \; 2N_2 - 2G - 4G = 0 \quad \leadsto \quad \underline{\underline{N_2 = 3G}} .$$

Aufgabe 1.4: Ein Bagger wurde zu einem Abbruchgerät umgerüstet.

Man bestimme die Kräfte in den Seilen 1, 2 und 3 sowie im Ausleger infolge des Gewichtes G.

Hinweis: Der Ausleger nimmt nur eine Kraft in Längsrichtung auf (Pendelstütze).

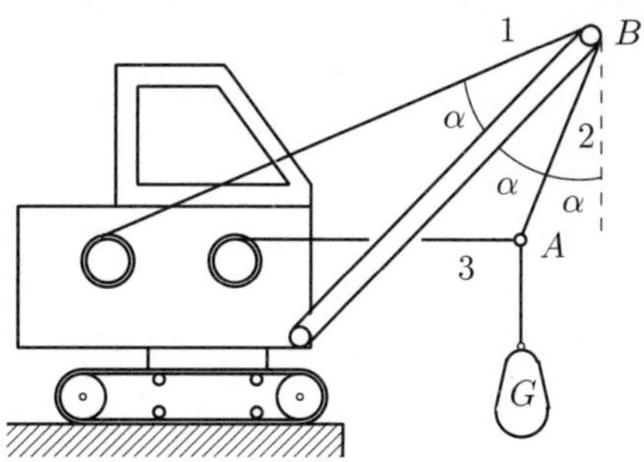

Lösung: Wir schneiden die Punkte A und B frei. Dann liefert Gleichgewicht in Punkt A

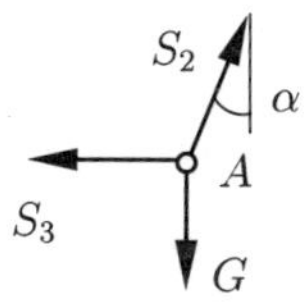

$$\uparrow: \quad S_2 \cos\alpha - G = 0 \qquad S_2 = \frac{G}{\cos\alpha} ,$$

$$\rightarrow: \quad S_2 \sin\alpha - S_3 = 0 \qquad S_3 = G \tan\alpha$$

und in Punkt B: (N ist die Kraft im Ausleger)

$$\rightarrow: \quad -S_2 \sin\alpha + N \sin 2\alpha - S_1 \sin 3\alpha = 0 ,$$

$$\uparrow: \quad -S_2 \cos\alpha + N \cos 2\alpha - S_1 \cos 3\alpha = 0 .$$

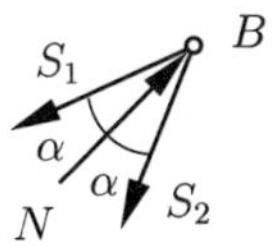

Alternativ ergibt sich für den Punkt B bei *geschickterer* Wahl der Koordinatenrichtungen

$$\nearrow: \quad N - S_2 \cos\alpha - S_1 \cos\alpha = 0 ,$$

$$\nwarrow: \quad S_1 \sin\alpha - S_2 \sin\alpha = 0 .$$

Aus den $2 \times 2 = 4$ Gleichgewichtsbedingungen erhält man für die 4 Unbekannten S_1, S_2, S_3, N zusammenfassend die Ergebnisse

$$\underline{\underline{S_1 = S_2 = \frac{G}{\cos\alpha}}} , \qquad \underline{\underline{S_3 = G \tan\alpha}} , \qquad \underline{\underline{N}} = 2 S_2 \cos\alpha = \underline{\underline{2G}} .$$

Aufgabe 1.5: Der durch die Kraft F belastete Stab 3 wird in einer räumlichen Ecke durch zwei waagrechte Seile 1 und 2 gehalten.

Gesucht sind die Stab- und die Seilkräfte.

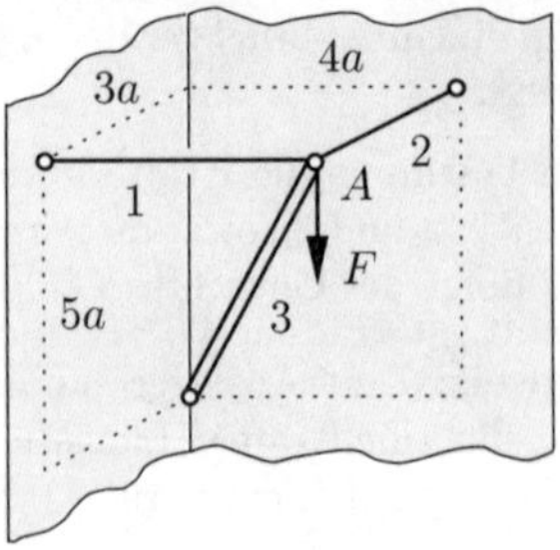

Lösung: Wir schneiden den Punkt A frei und tragen alle Schnittkräfte an (Zugkraft positiv). Ein zweckmäßig gewähltes Koordinatensystem, dessen Richtungen mit den Seilen 1, 2 und der Kraft F übereinstimmen, erleichtert die Rechenarbeit. Damit lauten die Gleichgewichtsbedingungen

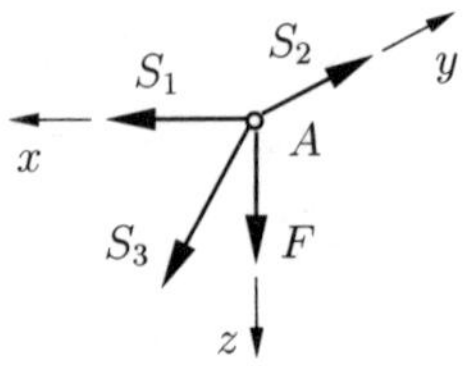

$$\sum F_x = 0 : \qquad S_1 + S_{3x} = 0 \ ,$$

$$\sum F_y = 0 : \qquad S_2 + S_{3y} = 0 \ ,$$

$$\sum F_z = 0 : \qquad S_{3z} + F = 0 \ .$$

Die Komponenten von S_3 verhalten sich zu S_3 wie die analogen geometrischen Längen (L = Länge von Stab 3).

$$\frac{S_{3x}}{S_3} = \frac{4a}{L} , \qquad \frac{S_{3y}}{S_3} = \frac{3a}{L} , \qquad \frac{S_{3z}}{S_3} = \frac{5a}{L}$$

oder

$$S_{3x} : S_{3y} : S_{3z} = 4 : 3 : 5 \ .$$

Einsetzen in die Gleichgewichtsbedingungen liefert

$$S_{3z} = -F , \qquad \underline{\underline{S_2}} = -S_{3y} = -\frac{3}{5} S_{3z} = \underline{\underline{\frac{3}{5}F}} ,$$

$$\underline{\underline{S_1}} = -S_{3x} = -\frac{4}{5} S_{3z} = \underline{\underline{\frac{4}{5}F}} ,$$

$$\underline{\underline{S_3}} = S_{3z}\sqrt{\left(\frac{4}{5}\right)^2 + \left(\frac{3}{5}\right)^2 + 1^2} = \underline{\underline{-\sqrt{2}F}}.$$

Hinweis: Das Minuszeichen bei S_3 zeigt an, daß im Stab Druck herrscht.

Alternative Lösungsvariante: Wir können die Aufgabe auch lösen, indem wir direkt die Gleichgewichtsbedingung in Vektorform verwenden:

$$\boldsymbol{S_1} + \boldsymbol{S_2} + \boldsymbol{S_3} + \boldsymbol{F} = \boldsymbol{0} \,.$$

Jede Kraft drücken wir durch den Betrag und den Richtungsvektor (Einheitsvektor) aus. Letzterer lautet zum Beispiel für die Stabkraft S_3:

$$\boldsymbol{e_3} = \frac{1}{\sqrt{4^2 + 3^2 + 5^2}} \begin{pmatrix} 4 \\ 3 \\ 5 \end{pmatrix} = \frac{1}{5\sqrt{2}} \begin{pmatrix} 4 \\ 3 \\ 5 \end{pmatrix} .$$

Auf diese Weise folgt für die Kräfte

$$\boldsymbol{S_1} = S_1 \boldsymbol{e_1} = S_1 \begin{pmatrix} 1 \\ 0 \\ 0 \end{pmatrix} , \qquad \boldsymbol{S_2} = S_2 \boldsymbol{e_2} = S_2 \begin{pmatrix} 0 \\ 1 \\ 0 \end{pmatrix} ,$$

$$\boldsymbol{S_3} = S_3 \boldsymbol{e_3} = S_3 \frac{1}{5\sqrt{2}} \begin{pmatrix} 4 \\ 3 \\ 5 \end{pmatrix} , \qquad \boldsymbol{F} = F \boldsymbol{e_F} = F \begin{pmatrix} 0 \\ 0 \\ 1 \end{pmatrix} ,$$

und die Gleichgewichtsbedingung liefert

$$S_1 + \frac{4}{5\sqrt{2}} S_3 = 0 \,,$$

$$S_2 + \frac{3}{5\sqrt{2}} S_3 = 0 \,,$$

$$\frac{5}{5\sqrt{2}} S_3 + F = 0 \,.$$

Hieraus ergibt sich

$$\underline{\underline{S_3 = -\sqrt{2}\, F}} \,, \qquad \underline{\underline{S_2 = \frac{3}{5} F}} \,, \qquad \underline{\underline{S_1 = \frac{4}{5} F}} \,.$$

Aufgabe 1.6: Eine glatte Kugel (Gewicht G) liegt auf drei Stützpunkten A, B, C auf und wird durch eine Kraft F belastet. Die Stützpunkte bilden in einer waagrechten Ebene die Ecken eines gleichseitigen Dreiecks mit der Höhe $3a = \frac{3}{4}\sqrt{3}\,R$.

Wie groß sind die Kontaktkräfte in den Stützpunkten und bei welcher Kraft F hebt die Kugel vom Stützpunkt C ab?

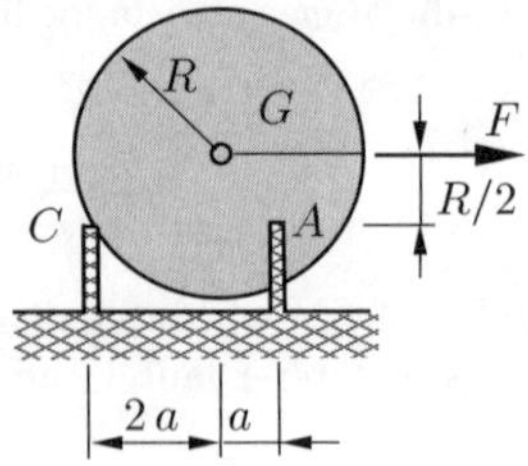

Lösung: Die Kontaktkräfte A, B und C stehen senkrecht zur *glatten* Kugeloberfläche und bilden mit G und F eine zentrale Kräftegruppe. Die Gleichgewichtsbedingung lautet daher in Vektorform

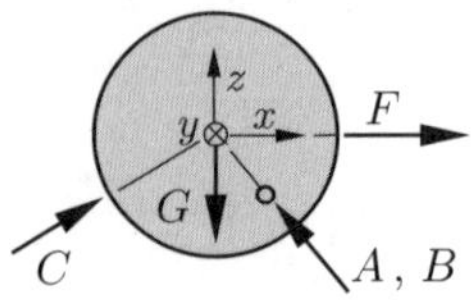

$$\boldsymbol{A} + \boldsymbol{B} + \boldsymbol{C} + \boldsymbol{G} + \boldsymbol{F} = \boldsymbol{0}\,.$$

Wir wählen zweckmäßig ein Koordinatensystem mit dem Ursprung im Kugelmittelpunkt und drücken jeden Kraftvektor durch Betrag und Richtungsvektor aus. Letzteren bestimmen wir bei den Kontaktkräften mit den Koordinaten der Stützpunkte. Zu diesem Zweck führen wir die Hilfslänge b ein, für die wir aus der Geometrie ablesen:

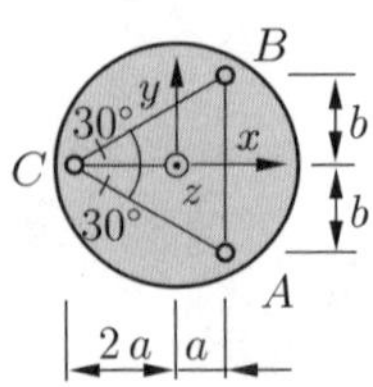

$$b = 3a \tan 30^\circ = \frac{3}{4}R\,.$$

Damit ergibt sich zum Beispiel für den Richtungsvektor der Kraft A (als Druckkraft angenommen!)

$$\boldsymbol{e_A} = \frac{1}{\sqrt{a^2 + b^2 + (R/2)^2}} \begin{pmatrix} -a \\ b \\ -(R/2) \end{pmatrix} = \frac{1}{4} \begin{pmatrix} -\sqrt{3} \\ 3 \\ 2 \end{pmatrix}.$$

Für $\boldsymbol{A}$ folgt die Darstellung

$$\boldsymbol{A} = A\boldsymbol{e_A} = \frac{A}{4} \begin{pmatrix} -\sqrt{3} \\ 3 \\ 2 \end{pmatrix},$$

und analog für die restlichen Kräfte

$$\boldsymbol{B} = \frac{B}{4}\begin{pmatrix} -\sqrt{3} \\ -3 \\ 2 \end{pmatrix}, \qquad \boldsymbol{C} = \frac{C}{4}\begin{pmatrix} 2\sqrt{3} \\ 0 \\ 2 \end{pmatrix},$$

$$\boldsymbol{G} = G\begin{pmatrix} 0 \\ 0 \\ -1 \end{pmatrix}, \qquad \boldsymbol{F} = F\begin{pmatrix} 1 \\ 0 \\ 0 \end{pmatrix}.$$

Einsetzen in die Gleichgewichtsbedingung liefert die drei Gleichungen

$$\begin{aligned} -\sqrt{3}\,A - \sqrt{3}\,B + 2\sqrt{3}\,C &= -4\,F\,, \\ 3\,A - 3\,B &= 0\,, \\ 2\,A + 2\,B + 2\,C &= 4G\,. \end{aligned}$$

Hieraus erhält man die gesuchten Kontaktkräfte:

$$\underline{\underline{A = B = \frac{2}{3}\left(G + \frac{1}{\sqrt{3}}F\right)}}\,, \qquad \underline{\underline{C = \frac{2}{3}\left(G - \frac{2}{\sqrt{3}}F\right)}}\,.$$

Wenn die Kugel vom Stützpunkt C abhebt, verschwindet dort die Kontaktkraft:

$$C = 0\,.$$

Aus dieser Bedingung ergibt sich für die notwendige Kraft F

$$G - \frac{2}{\sqrt{3}}F = 0 \quad \leadsto \quad \underline{\underline{F = \frac{\sqrt{3}}{2}G}}\,.$$

Anmerkung: Die für ein Abheben bei C erforderliche Kraft F kann man einfacher aus der Momentengleichgewichtsbedingung um eine Achse durch A und B bestimmen:

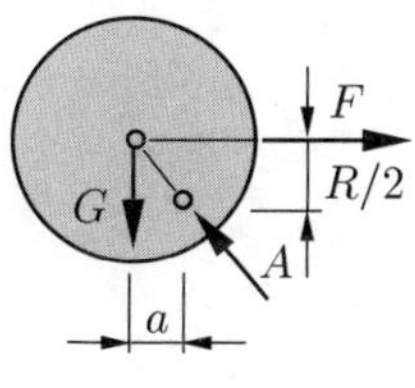

$$\sum M^{(\overline{AB})} = 0\ : \quad aG - \frac{R}{2}F = 0\,.$$

Hieraus folgt

$$\underline{\underline{F}} = \frac{2a}{R}G = \underline{\underline{\frac{\sqrt{3}}{2}G}}\,.$$

Aufgabe 1.7: Eine Hochspannungsleitung wird über einen Isolator durch drei Stäbe gehalten. Die Zugkraft Z in der durchhängenden Leitung am Isolator beträgt 1000 N.

Wie groß sind die Kräfte in den 3 Stäben?

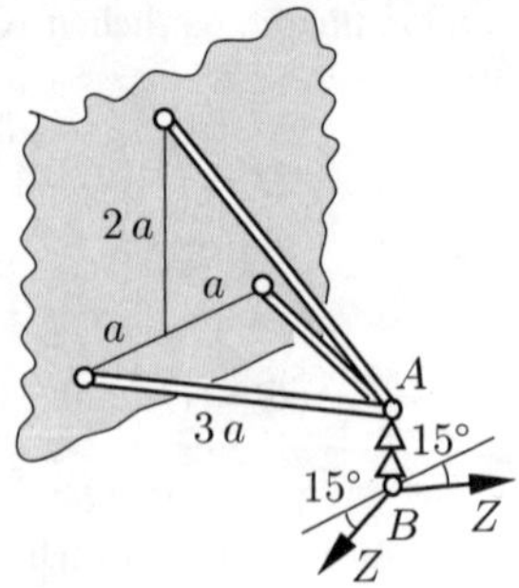

Lösung: Gleichgewicht am Isolator B liefert (ebenes Teilproblem):

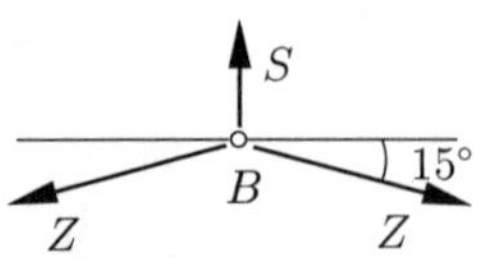

$$\uparrow: \quad S - 2Z \sin 15^\circ = 0 \,,$$

$$\rightsquigarrow \quad S = 2Z \sin 15^\circ = 517\,\mathrm{N} \,.$$

Mit dem nun bekannten S folgen die 3 Stabkräfte aus den 3 Gleichgewichtsbedingungen am Punkt A:

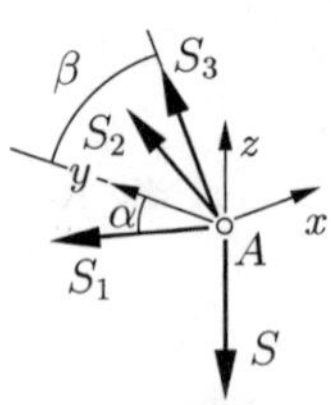

$$\sum F_x = 0: \quad S_2 \sin\alpha - S_1 \sin\alpha = 0 \,,$$

$$\sum F_y = 0: \quad S_1 \cos\alpha + S_2 \cos\alpha + S_3 \cos\beta = 0,$$

$$\sum F_z = 0: \quad S_3 \sin\beta - S = 0 \,.$$

Die dabei verwendeten Hilfswinkel α und β ergeben sich aus der Geometrie:

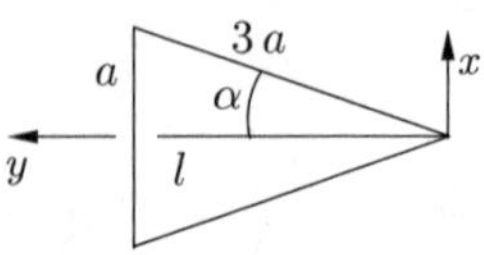

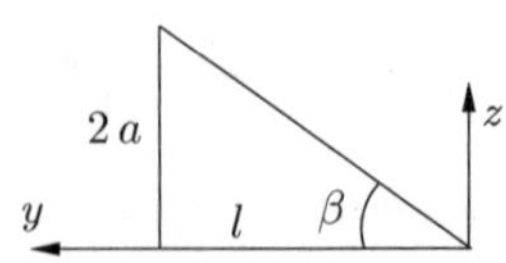

$$\sin\alpha = \frac{a}{3a} = \frac{1}{3} \rightsquigarrow \alpha = 19{,}5^\circ, \qquad \tan\beta = \frac{2a}{l} = \frac{2}{\sqrt{3^2 - 1^2}} \rightsquigarrow \beta = 35{,}3^\circ.$$

Damit erhält man die Ergebnisse

$$\underline{\underline{S_3}} = \frac{S}{\sin\beta} = \underline{\underline{1{,}73\,S}} = \underline{\underline{895\,\mathrm{N}}} \,,$$

$$\underline{\underline{S_1 = S_2}} = -S_3 \frac{\cos\beta}{2\cos\alpha} = -\frac{S}{2\tan\beta\cos\alpha} = \underline{\underline{-0{,}75\,S}} = \underline{\underline{-388\,\mathrm{N}}} \,.$$

Hinweis: Aufgrund der Symmetrie (Geometrie und Belastung) gilt $S_2 = S_1$.

Aufgabe 1.8: An einem gleichschenkligen Dreieck greifen die Kräfte F, P und die Gewichtskraft G an.

Das angreifende Kräftesystem soll zunächst durch eine resultierende Kraft und ein resultierendes Moment im Punkt A ersetzt werden (Reduktion im Punkt A).

Wie groß muß der Betrag der Kraft F sein, damit das Moment um den Punkt A verschwindet, der Körper also nicht kippt?

Gegeben: $G = 6$ kN, $P = \sqrt{2}\,\text{kN}$, $a = 1\,\text{m}$.

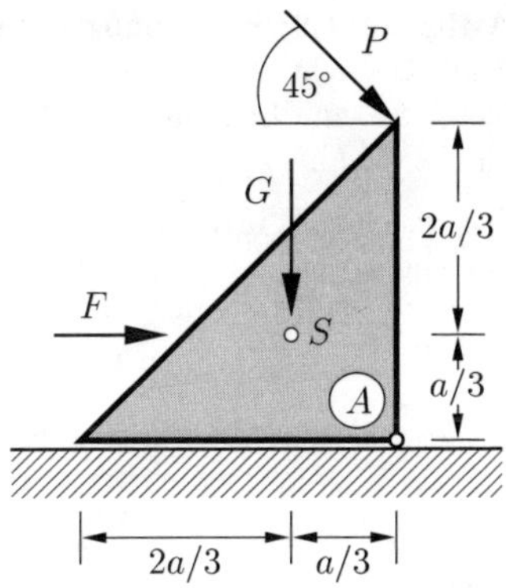

Lösung: Die Reduktion eines Kräftesystems auf eine Kraft $\boldsymbol{R}$ und ein Moment $\boldsymbol{M}_A$ bezüglich eines beliebigen Bezugspunkts A wird auch als Reduktion auf eine *Dyname* in A bezeichnet. Die *Dyname* wird dabei durch $\boldsymbol{R}$ und $\boldsymbol{M}_A$ charakterisiert.

Wir lösen die Aufgabe vektoriell. Führen wir ein Koordinatensystem mit Urprung in A ein, so ergibt sich die resultierende Kraft $\boldsymbol{R}$ aus der Addition der Einzelkräfte

$$\boldsymbol{G} = -G\,\boldsymbol{e}_y \quad , \quad \boldsymbol{F} = F\,\boldsymbol{e}_x \quad \text{und} \quad \boldsymbol{P} = \frac{\sqrt{2}}{2}P\,(\boldsymbol{e}_x - \boldsymbol{e}_y):$$

$$\boldsymbol{R} = \boldsymbol{G} + \boldsymbol{F} + \boldsymbol{P} = (F + \tfrac{\sqrt{2}}{2}P)\,\boldsymbol{e}_x - (G + \tfrac{\sqrt{2}}{2}P)\,\boldsymbol{e}_y\,.$$

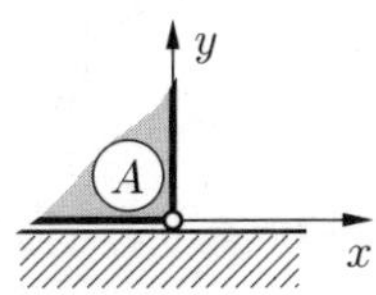

Das resultierende Moment $\boldsymbol{M}_A$ berechnet sich mit den Hebelarmen

$$\boldsymbol{r}_{AG} = -\frac{a}{3}\,\boldsymbol{e}_x + \frac{a}{3}\,\boldsymbol{e}_y \quad , \quad \boldsymbol{r}_{AF} = -\frac{2\,a}{3}\,\boldsymbol{e}_x + \frac{a}{3}\,\boldsymbol{e}_y \quad \text{und} \quad \boldsymbol{r}_{AP} = a\,\boldsymbol{e}_y$$

der jeweiligen Kräfte bezüglich A zu

$$\boldsymbol{M}_A = \boldsymbol{r}_{AG} \times \boldsymbol{G} + \boldsymbol{r}_{AF} \times \boldsymbol{F} + \boldsymbol{r}_{AP} \times \boldsymbol{P} =$$

$$= \frac{G\,a}{3}\,\boldsymbol{e}_z - \frac{F\,a}{3}\,\boldsymbol{e}_z - \frac{\sqrt{2}\,P\,a}{2}\,\boldsymbol{e}_z.$$

Mit den gegebenen Werten für G, P und a kann der Betrag der Kraft $\boldsymbol{F}$ so gewählt werden, daß das Moment $\boldsymbol{M}_A$ verschwindet. Aus der geforderten Bedingung $\boldsymbol{M}_A \stackrel{!}{=} \boldsymbol{0}$ folgt:

$$\frac{G\,a}{3} - \frac{F\,a}{3} - \frac{\sqrt{2}\,P\,a}{2} \stackrel{!}{=} 0 \;\rightsquigarrow\; \underline{\underline{F}} = G - \frac{3\sqrt{2}\,P}{2} = 6\,\text{kN} - 3\,\text{kN} = \underline{\underline{3\,\text{kN}}}.$$

Anmerkung: Das resultierende Moment ist im Gegensatz zur resultierenden Kraft abhängig vom Bezugspunkt und läßt sich im 2-dimensionalen Fall mit „senkrechter Abstand zwischen Bezugspunkt und Wirkungslinie der Kraft mal Betrag der Kraft“ schneller berechnen als durch Auswertung des Kreuzprodukts.

Aufgabe 1.9: Ein homogener glatter Stab (Gewicht G, Länge $4a$) stützt sich bei A an eine Ecke und bei B an eine glatte Wand.

Für welchen Winkel ϕ ist der Stab im Gleichgewicht?

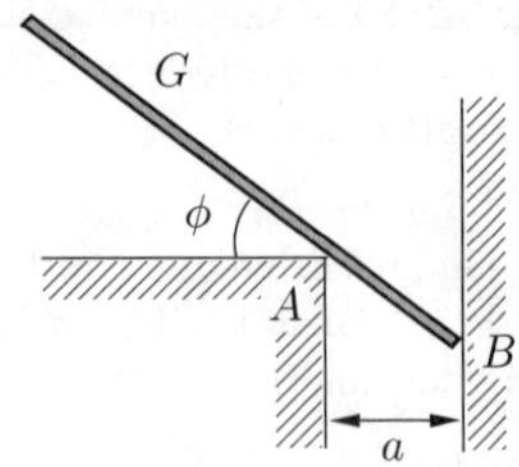

Lösung: Wir zeichnen das Freikörperbild. Aus der Bedingung "*glatt*" folgen die Richtungen der unbekannten Kräfte N_1 und N_2; sie stehen senkrecht zur jeweiligen Berührungsebene. Damit lauten die Gleichgewichtsbedingungen:

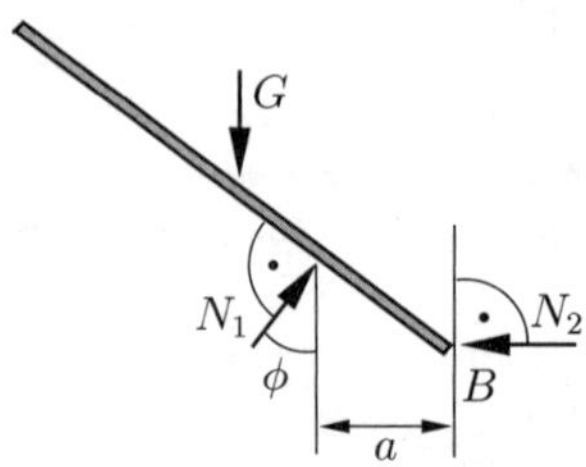

$$\rightarrow: \quad N_1 \sin\phi - N_2 = 0\,,$$

$$\uparrow: \quad N_1 \cos\phi - G = 0\,,$$

$$\overset{\frown}{B}: \quad \frac{a}{\cos\phi} N_1 - 2a\cos\phi\, G = 0\,.$$

Aus ihnen lassen sich die 3 Unbekannten N_1, N_2 und ϕ ermitteln. Die gesuchte Lösung für ϕ erhält man durch Einsetzen der 2. Gleichung in die 3. Gleichung:

$$\frac{aG}{\cos^2\phi} - 2a\cos\phi\, G = 0 \quad \leadsto \quad \underline{\underline{\cos^3\phi = \frac{1}{2}}}\,.$$

Einfacher findet man das Ergebnis aus der Aussage: „*Drei Kräfte sind nur dann im Gleichgewicht, wenn ihre Wirkungslinien durch* **einen** *Punkt gehen*“. Dann folgt aus der Geometrie:

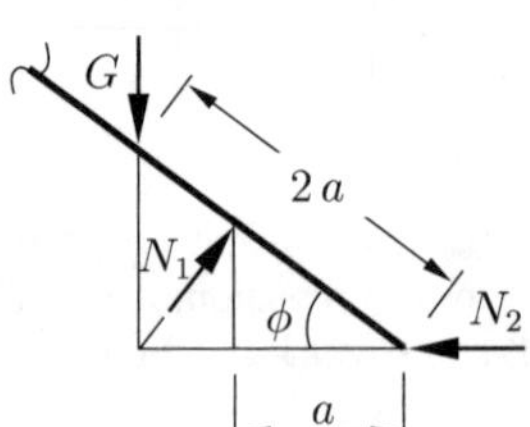

$$2a\cos\phi = \frac{a/\cos\phi}{\cos\phi}\,,$$

$$\leadsto \quad \underline{\underline{\cos^3\phi = \frac{1}{2}}}\,.$$

Aufgabe 1.10: Ein gewichtsloser Stab der Länge l wird horizontal zwischen zwei glatte schiefe Ebenen gelegt. Auf dem Stab liegt ein Klotz vom Gewicht G.

In welchem Abstand x muß G liegen, damit Gleichgewicht herrscht?
Wie groß sind die Lagerkräfte?

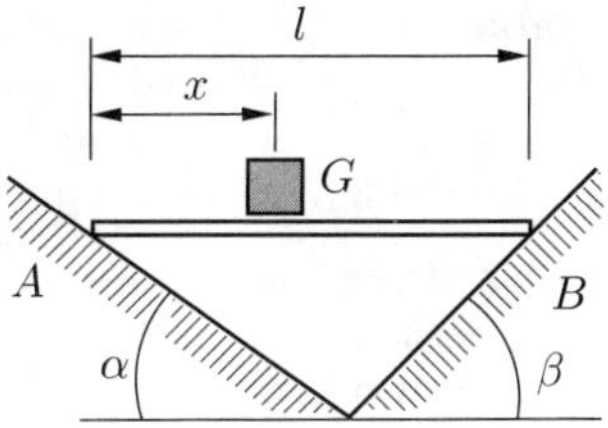

a) *Analytische Lösung:* Wir zeichnen das Freikörperbild und stellen die Gleichgewichtsbedingungen auf:

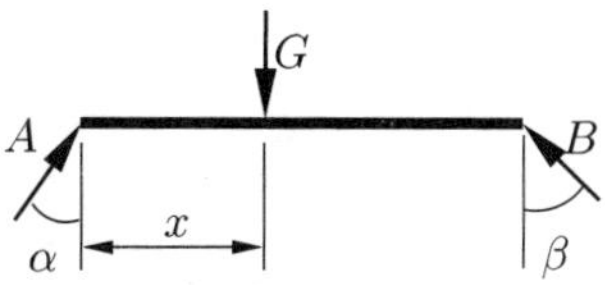

$$\uparrow: \quad A\cos\alpha + B\cos\beta - G = 0 \ ,$$

$$\rightarrow: \quad A\sin\alpha - B\sin\beta = 0 \ ,$$

$$\overset{\frown}{A}: \quad xG - lB\cos\beta = 0 \ .$$

Daraus folgen

$$\underline{\underline{A = G\,\frac{\sin\beta}{\sin(\alpha+\beta)}}} \ , \qquad \underline{\underline{B = G\,\frac{\sin\alpha}{\sin(\alpha+\beta)}}} \ ,$$

$$\underline{\underline{x}} = l\,\frac{\sin\alpha\cos\beta}{\sin(\alpha+\beta)} = \underline{\underline{\frac{l}{1+(\tan\beta/\tan\alpha)}}} \ .$$

b) *Grafische Lösung:* Drei Kräfte sind nur dann im Gleichgewicht, wenn sie durch einen Punkt gehen. Demnach folgt die Wirkungslinie g von G unmittelbar aus dem Schnittpunkt der Wirkungslinien a und b der Lagerkräfte A und B. Aus der Skizze kann abgelesen werden:

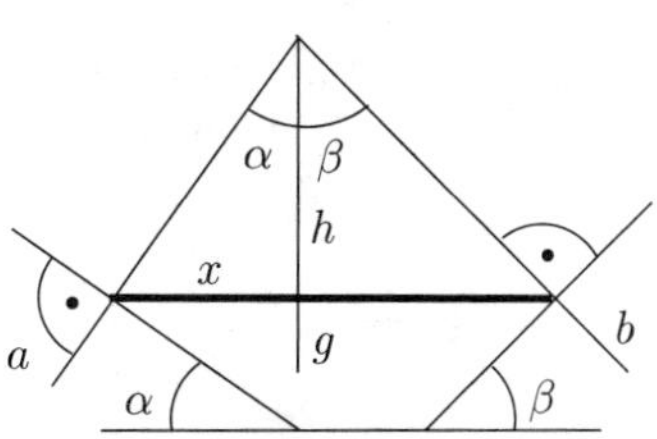

$$\left.\begin{array}{l} h\tan\alpha + h\tan\beta = l \\ h\tan\alpha = x \end{array}\right\}$$

$$\leadsto \quad \underline{\underline{x = \frac{l}{1+\tan\beta/\tan\alpha}}} \ .$$

Die Lagerkräfte (z. B. Kraft A) folgen aus dem Krafteck (Sinussatz):

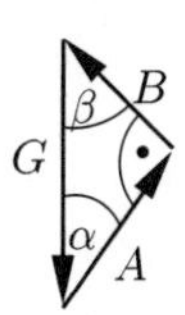

$$\frac{A}{\sin\beta} = \frac{G}{\sin\left[\pi - (\alpha+\beta)\right]} \ ,$$

$$\underline{\underline{A = G\,\frac{\sin\beta}{\sin(\alpha+\beta)}}} \ .$$

Aufgabe 1.11: Eine homogene Kreisscheibe (Gewicht G, Radius r) wird durch drei Stäbe gehalten und durch ein äußeres Moment $M_\circ$ belastet.

Man bestimme die Kräfte in den Stäben. Bei welchem Moment wird die Kraft im Stab 1 gerade Null?

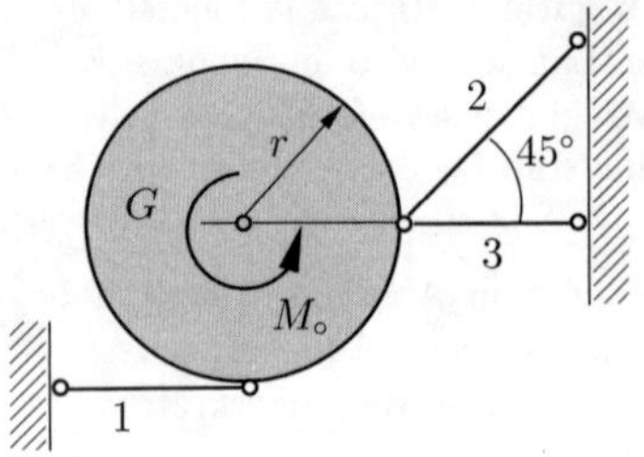

Lösung: Wir schneiden die Kreisscheibe frei und zeichnen in das Freikörperbild alle Kräfte ein. Dann lauten die Gleichgewichtsbedingungen

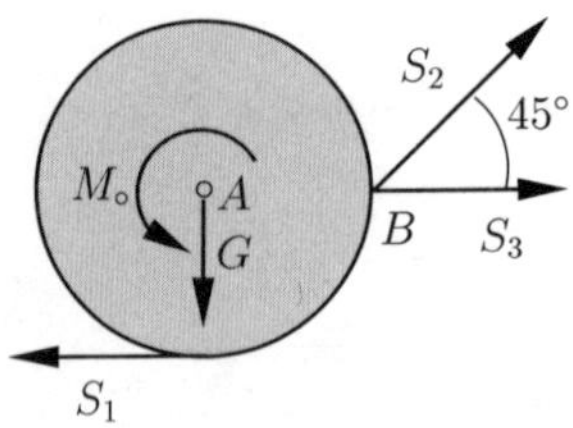

$$\rightarrow: \quad \frac{\sqrt{2}}{2} S_2 + S_3 - S_1 = 0\,,$$

$$\uparrow: \quad \frac{\sqrt{2}}{2} S_2 - G = 0\,,$$

$$\overset{\frown}{A}: \quad r\frac{\sqrt{2}}{2} S_2 - rS_1 + M_\circ = 0\,.$$

Aus ihnen erhält man

$$\underline{\underline{S_1 = \frac{M_\circ}{r} + G}}\,, \qquad \underline{\underline{S_2 = \sqrt{2}\,G}}\,, \qquad \underline{\underline{S_3 = \frac{M_\circ}{r}}}\,.$$

Das gesuchte Moment folgt durch Nullsetzen von S_1:

$$S_1 = 0 \quad \rightsquigarrow \quad \underline{\underline{M_\circ = -rG}}\,.$$

Anmerkungen:

- Anstelle des Bezugspunktes A ist es günstiger den Bezugspunkt B für die Momentengleichgewichtsbedingung zu verwenden, da dann nur eine einzige Unbekannte auftritt:

$$\overset{\frown}{B}: \quad rG - rS_1 + M_\circ = 0 \quad \rightsquigarrow \quad S_1 = \frac{M_\circ}{r} + G\,.$$

- Alle Stabkräfte sind Zugkräfte.
- Die Stabkraft S_2 ist unabhängig von $M_\circ$.
- Dem Moment $M_\circ$ wird durch die beiden Stabkräfte S_1 und S_3 das Gleichgewicht gehalten.

Aufgabe 1.12: Ein Wagen vom Gewicht $G = 10\,\mathrm{kN}$ und bekannter Schwerpunktslage S wird auf einer schiefen, glatten Ebene ($\alpha = 30°$) durch ein horizontal gespanntes Seil gehalten.

Gesucht sind die Raddruckkräfte.

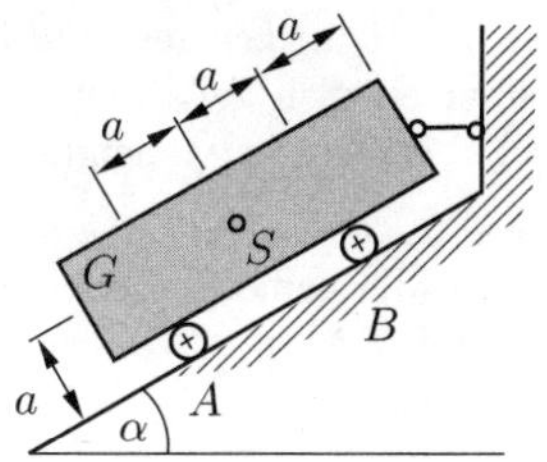

Lösung: Wir schneiden das Seil und trennen den Wagen von der Ebene. Dann erhalten wir das dargestellte Freikörperbild.

Als Gleichgewichtsbedingungen verwenden wir das Kräftegleichgewicht in Richtung der schiefen Ebene und die zwei Momentenbedingungen um A und um B. Für letztere zerlegen wir zweckmäßig die Kräfte G und C in ihre Komponenten in Richtung und senkrecht zur schiefen Ebene. Damit folgen

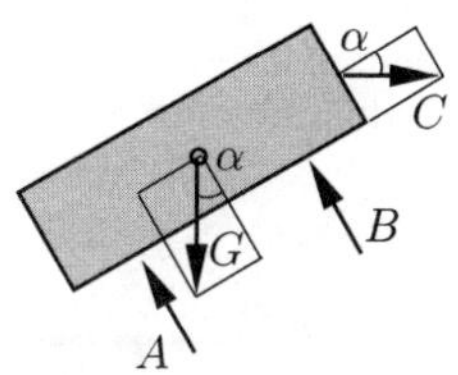

$$\nearrow: \quad C\cos\alpha - G\sin\alpha = 0\,,$$

$$\overset{\curvearrowleft}{A}: \quad 2aB + aG\sin\alpha - aG\cos\alpha - aC\cos\alpha - 3aC\sin\alpha = 0\,,$$

$$\overset{\curvearrowleft}{B}: \quad -2aA + aG\sin\alpha + aG\cos\alpha - aC\cos\alpha - aC\sin\alpha = 0\,.$$

Hieraus erhält man

$$C = G\tan\alpha = \frac{G}{\sqrt{3}} = 5,77\,\mathrm{kN}\,,$$

$$\underline{\underline{B}} = \frac{G}{2}(\cos\alpha - \sin\alpha) + \frac{C}{2}(\cos\alpha + 3\sin\alpha) = \frac{\sqrt{3}}{2}G = \underline{\underline{8,66\,\mathrm{kN}}}\,,$$

$$\underline{\underline{A}} = \frac{G}{2}(\sin\alpha + \cos\alpha) - \frac{C}{2}(\cos\alpha + \sin\alpha) = \frac{G}{2\sqrt{3}} = \underline{\underline{2,89\,\mathrm{kN}}}\,.$$

Zur Kontrolle können wir eine zusätzliche Gleichgewichtsaussage verwenden:

$$\nwarrow: \quad A + B - G\cos\alpha - C\sin\alpha = 0\,, \quad \rightsquigarrow \quad \frac{G}{2\sqrt{3}} + G\frac{\sqrt{3}}{2} - G\frac{\sqrt{3}}{2} - \frac{G}{2\sqrt{3}} = 0\,.$$

Aufgabe 1.13: Der Balkenzug A bis E ist bei A drehbar gelagert und bei B und C über ein Seil gehalten, das reibungsfrei über zwei feststehende Rollen läuft.

Wie groß ist die Seilkraft bei einer Belastung durch F?

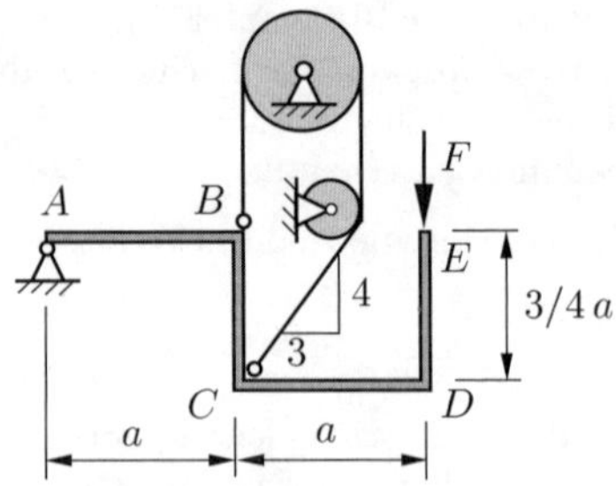

Lösung: Wir schneiden das System auf und berücksichtigen beim Antragen der Kräfte, daß an den reibungsfreien Rollen die Seilkräfte an beiden Seiten gleich sind (die Radien der Rollen gehen daher in die Lösung nicht ein!):

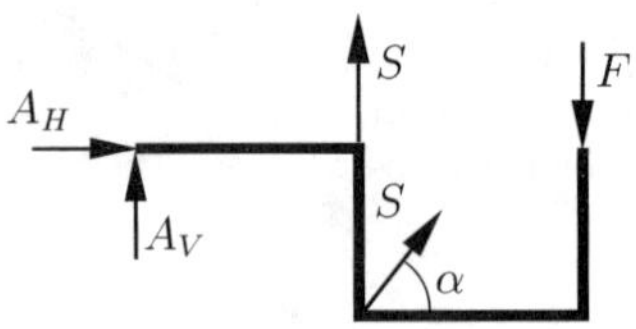

Damit der Balkenzug im Gleichgewicht ist, muß gelten:

$$\uparrow: \quad A_V + S + S\sin\alpha - F = 0\,,$$

$$\rightarrow: \quad A_H + S\cos\alpha = 0\,,$$

$$\overset{\frown}{A}: \quad 2aF - aS - a(S\sin\alpha) - \tfrac{3}{4}a(S\cos\alpha) = 0\,.$$

Mit

$$\cos\alpha = \frac{3}{\sqrt{3^2+4^2}} = \frac{3}{5}\,, \qquad \sin\alpha = \frac{4}{5}$$

folgen

$$\underline{\underline{S = \frac{8}{9}F}}\,, \qquad A_H = -\frac{8}{15}F\,, \qquad A_V = -\frac{3}{5}F\,.$$

Zur Probe bilden wir das Momentengleichgewicht um C:

$$\overset{\frown}{C}: \quad aA_V + \frac{3}{4}aA_H + aF = 0 \quad \leadsto \quad -\frac{3}{5}aF - \frac{3}{4}a\frac{8}{15}F + aF = 0\,.$$

Aufgabe 1.14: Zwei glatte Kugeln (Gewicht jeweils G, Radius r) liegen in einem dünnwandigen Kreisrohr (Gewicht Q, Radius R), das senkrecht auf dem Boden steht ($r = \frac{3}{4}R$).

Wie groß muß Q sein, damit das Rohr nicht kippt?

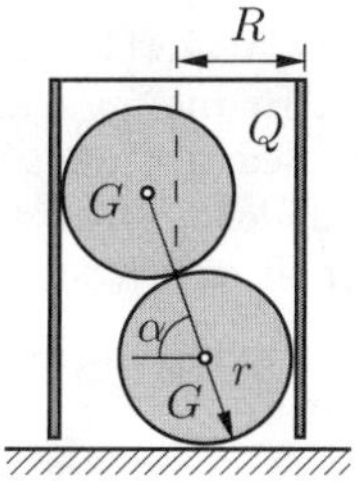

Lösung: Wir trennen die Kugeln und das Rohr und zeichnen die Kräfte für den Fall ein, bei dem Kippen gerade eintritt. Dann liegt das Rohr nur noch im Punkt C auf, und dort wirkt die Einzelkraft N_5. (Wenn das Rohr dagegen nicht kippt, so ist die Kontaktkraft über den gesamten Rohrumfang verteilt.)

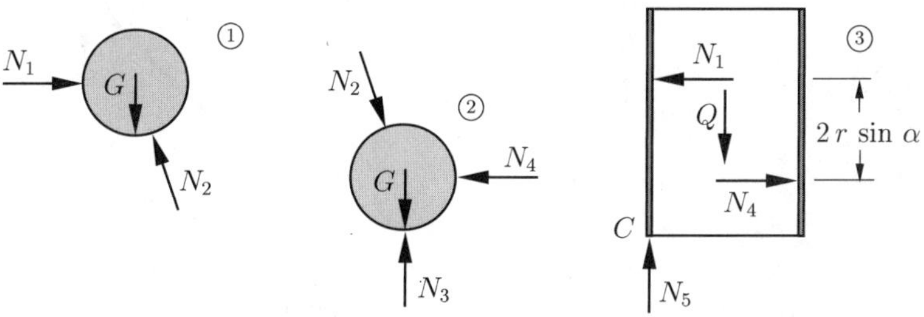

Die Gleichgewichtsbedingungen an den Kugeln und am Zylinder lauten:

$$① \quad \uparrow: \quad N_2 \sin\alpha - G = 0 , \qquad ② \quad \uparrow: \quad N_3 - N_2 \sin\alpha - G = 0 ,$$

$$\rightarrow: \quad N_1 - N_2 \cos\alpha = 0 , \qquad \rightarrow: \quad N_2 \cos\alpha - N_4 = 0 ,$$

$$③ \quad \rightarrow: \quad N_4 - N_1 = 0 , \qquad \uparrow: \quad N_5 - Q = 0 ,$$

$$\overset{\frown}{C}: \quad (r + 2r\sin\alpha)N_1 - rN_4 - RQ = 0 .$$

Aus ihnen folgt

$$N_1 = N_4 = \frac{G}{\tan\alpha}, \qquad N_2 = \frac{G}{\sin\alpha}, \qquad N_3 = 2G, \qquad Q = N_5 = \frac{3}{2}\,G\cos\alpha.$$

Mit der geometrischen Beziehung

$$\cos\alpha = (R - r)/r = 1/3$$

erhält man daraus für das Gewicht, bei dem Kippen gerade eintritt

$$Q_{Kippen} = G/2 .$$

Damit das Rohr nicht kippt, muß also gelten:

$$\underline{\underline{Q > Q_{Kippen} = \frac{G}{2}}} .$$

Aufgabe 1.15: Zwei glatte Walzen (Gewicht G, Radius r) sind durch ein dehnstarres Seil der Länge a miteinander verbunden. Über einen Hebel (Länge l) greift eine Kraft F an.

Wie groß sind die Kräfte zwischen Walzen und Boden?

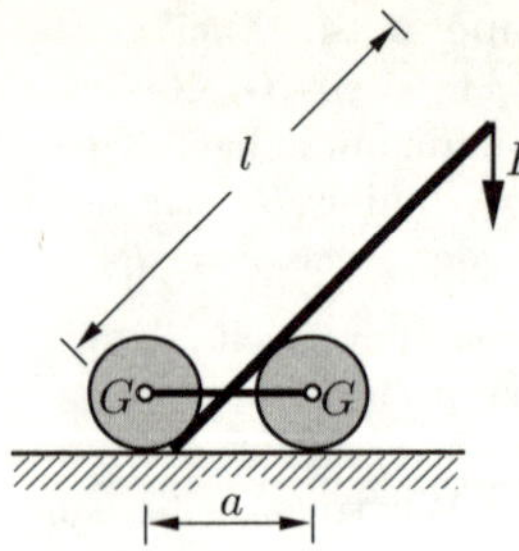

Lösung: Wir schneiden die Walzen und den Hebel frei:

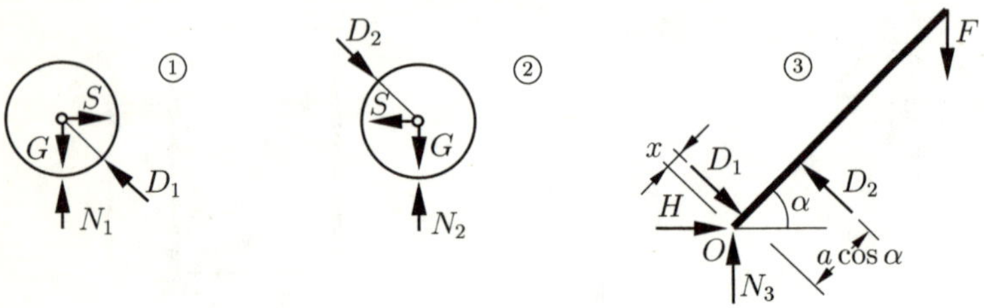

An den 3 Teilsystemen stehen $2 \times 2 + 1 \times 3 = 7$ Gleichungen für die 7 Unbekannten (D_1, D_2, N_1, N_2, N_3, H, S) zur Verfügung:

① $\rightarrow: \quad S - D_1 \sin\alpha = 0\,, \qquad \uparrow: \quad N_1 - G + D_1 \cos\alpha = 0\,,$

② $\rightarrow: \quad D_2 \sin\alpha - S = 0\,, \qquad \uparrow: \quad N_2 - G - D_2 \cos\alpha = 0\,,$

③ $\rightarrow: \quad H + D_1 \sin\alpha - D_2 \sin\alpha = 0\,,$

$\uparrow: \quad N_3 - D_1 \cos\alpha + D_2 \cos\alpha - F = 0\,,$

$\overset{\frown}{O}: \quad l \cos\alpha\, F - (a \cos\alpha + x) D_2 + x D_1 = 0\,.$

Der Winkel α folgt aus der Geometrie:

$$\sin\alpha = \frac{r}{a/2}\,,$$

$$\cos\alpha = \sqrt{1 - 4(r/a)^2}\,.$$

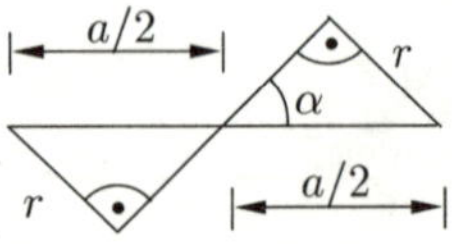

Addition der 1. und 3. Gleichung liefert $D_1 = D_2$. Damit folgt $H = 0$, $N_3 = F$ und aus der 7. Gleichung fällt der unbekannte Abstand x heraus. Auflösung ergibt

$$\underline{\underline{N_1 = G - F\frac{l}{a}\sqrt{1 - 4(\frac{r}{a})^2}}}\,, \qquad \underline{\underline{N_2 = G + F\frac{l}{a}\sqrt{1 - 4(\frac{r}{a})^2}}}\,.$$

Aufgabe 1.16: Die Skizze zeigt in vereinfachter Form das Prinzip einer Werkstoffprüfmaschine.

Wie groß ist bei einer Belastung F die Zugkraft Z in der Probe?

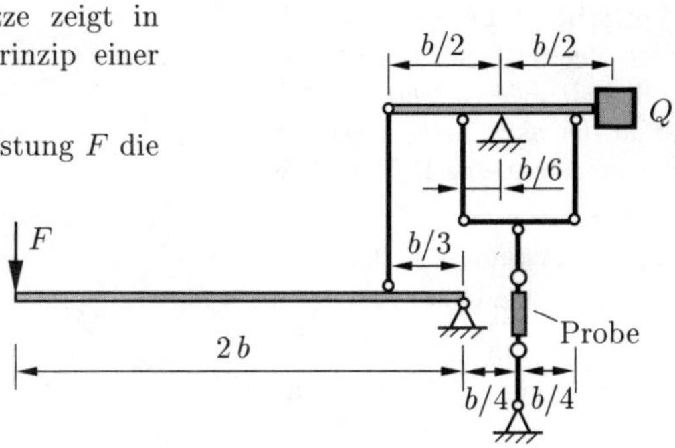

Lösung: Wir trennen das System, wobei wir berücksichtigen, daß die Kräfte an den Enden eines Stabes jeweils entgegen gesetzt gleich sind:

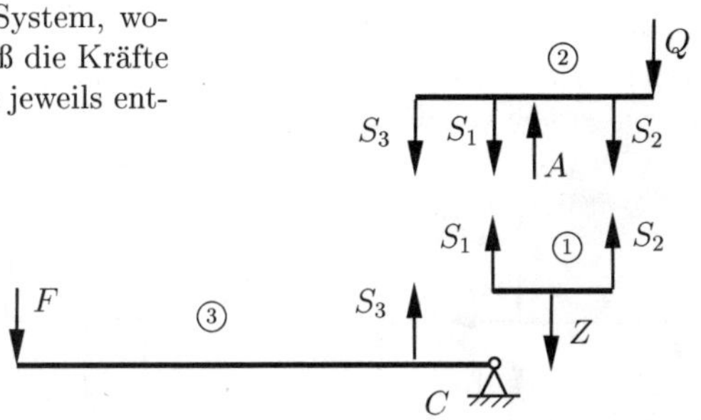

① $\quad S_1 = S_2\,,$ (Symmetrie bzw. Momentengleichgewicht)

$$\uparrow: \quad S_1 + S_2 = Z\,,$$

② $$\overset{\curvearrowright}{A}: \quad \frac{b}{2}Q + \left(\frac{b}{2} - \frac{b}{6}\right) S_2 - \frac{b}{6}S_1 - \frac{b}{2}S_3 = 0\,,$$

$$\rightsquigarrow \quad S_1 = 3S_3 - 3Q\,,$$

③ $$\overset{\curvearrowright}{C}: \quad \frac{b}{3}S_3 - 2bF = 0 \quad \rightsquigarrow \quad S_3 = 6F\,.$$

Damit erhält man

$$\underline{\underline{Z}} = S_1 + S_2 = 6S_3 - 6Q = \underline{\underline{36F - 6Q}}\,.$$

Anmerkungen:

- Durch die Wahl geeigneter Momentenbezugspunkte treten die Lagerkräfte von A und C in der Rechnung nicht auf.
- Die Last Q dient bei der Prüfmaschine als Gegengewicht zu den hier vernachlässigten Eigengewichten der Hebel und Stangen.
- Durch den Hebelmechanismus wird die auf die Probe übertragene Kraft 36 mal so groß wie die aufgebrachte Belastung F.

Aufgabe 1.17 Ein hydraulisch angetriebener Baggerarm soll so bemessen werden, daß er in der skizzierten Lage an der Schneide eine Reißkraft R ausübt.

Wie groß ist dann die Kraft P im Hydraulikzylinder ① ?

Wie groß muß der Hebelarm b des Zylinders ② sein, damit dieser mit der gleichen Druckkraft wie der Zylinder ① betrieben werden kann?

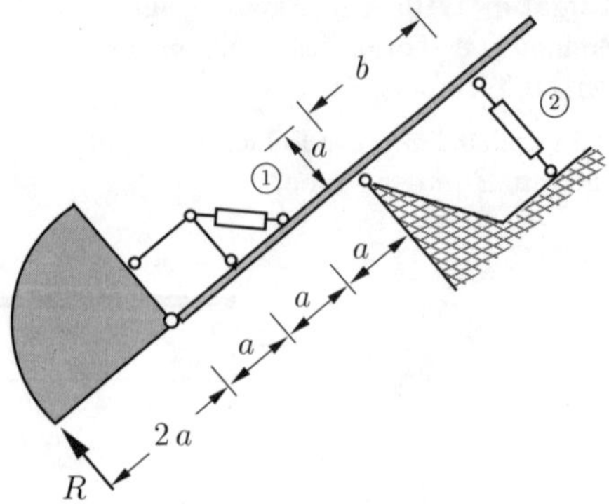

Lösung: Wir trennen das System und zeichen das Freikörperbild. Dabei setzen wir von vornherein gleiche Druckkräfte P in den Zylindern voraus.

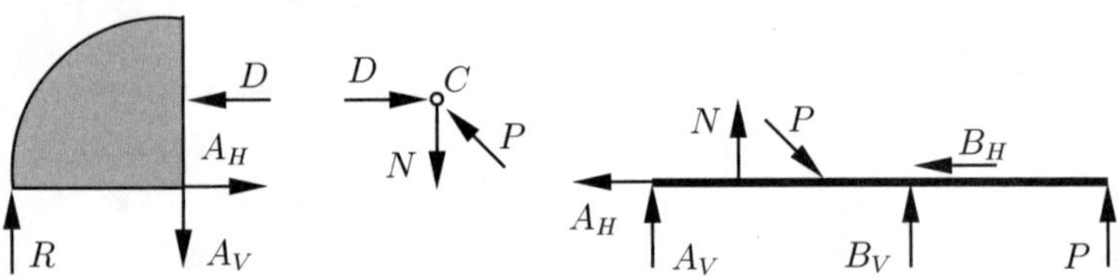

Dann lauten die Gleichgewichtsbedingungen für die Schaufel

$$\overset{\frown}{A}: \quad 2aR - aD = 0 \quad \leadsto \quad D = 2R\,,$$

$$\rightarrow: \quad A_H - D = 0 \quad \leadsto \quad A_H = 2R\,,$$

$$\uparrow: \quad R - A_V = 0 \quad \leadsto \quad A_V = R$$

und für den Punkt C

$$\rightarrow: \quad D - P\cos 45° = 0 \quad \leadsto \quad \underline{\underline{P}} = D\sqrt{2} = \underline{\underline{2\sqrt{2}R}}\,,$$

$$\uparrow: \quad P\sin 45° - N = 0 \quad \leadsto \quad N = 2R$$

sowie das Momentengleichgewicht für den Baggerarm

$$\overset{\frown}{B}: \quad 3aA_V + 2aN - aP\cos 45° - bP = 0\,.$$

Auflösen liefert den gesuchten Hebelarm:

$$\underline{\underline{b = \frac{5}{4}\sqrt{2}\,a}}\,.$$

Anmerkung: Die weiteren Lagerkräfte B_V und B_H folgen aus dem *Kräftegleichgewicht* am Baggerarm.

Aufgabe 1.18: Eine rechteckige, gewichtslose Platte wird durch 3 Seile gehalten.

a) An welche Stelle muß eine Last Q gelegt werden, damit alle drei Seile gleich beansprucht werden?

b) Wie groß sind die Seilkräfte, wenn die Platte durch eine konstante Flächenlast p belastet wird?

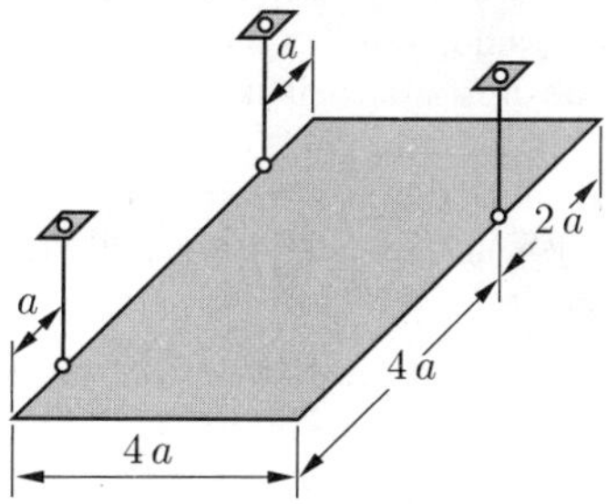

Lösung: zu **a)** Wir führen ein Koordinatensystem ein und bezeichnen den noch unbekannten Angriffspunkt von Q mit x_Q und y_Q. Dann lauten die Gleichgewichtsbedingungen für die Gruppe paralleler Kräfte

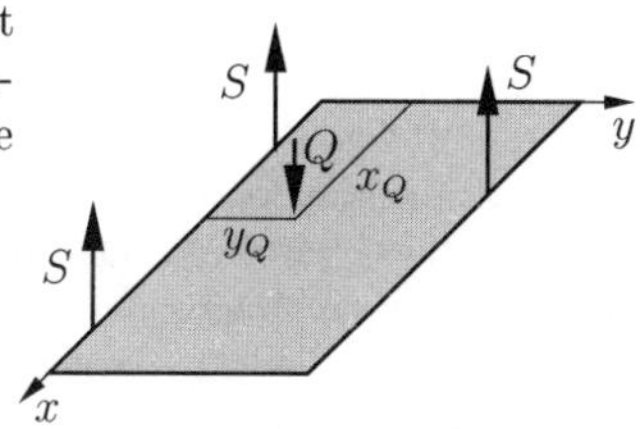

$$\sum F_z = 0 \quad : \quad 3S - Q = 0 \, ,$$

$$\sum M_x^{(0)} = 0 \; : \quad 2aS - y_Q Q = 0 \, ,$$

$$\sum M_y^{(0)} = 0 \; : \quad -5aS - aS - 2aS + x_Q Q = 0 \, .$$

Hieraus folgen

$$S = \frac{Q}{3} \, , \qquad \underline{\underline{y_Q = \frac{4}{3}a}} \, , \qquad \underline{\underline{x_Q = \frac{8}{3}a}} \, .$$

zu **b)** Die Flächenlast kann durch die Einzellast $F = 4 \cdot 6a^2 p = 24pa^2$ im Schwerpunkt ersetzt werden. Damit lauten die Gleichgewichtsbedingungen nun:

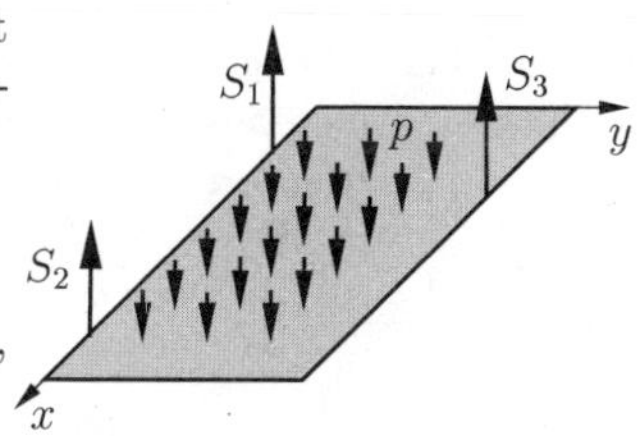

$$\sum F_z = 0 \quad : \quad S_1 + S_2 + S_3 - 24pa^2 = 0 \, ,$$

$$\sum M_x^{(0)} = 0 \; : \quad 2a\, 24pa^2 - 4aS_3 = 0 \, ,$$

$$\sum M_y^{(0)} = 0 \; : \quad 3a\, 24pa^2 - 5aS_2 - aS_1 - 2aS_2 = 0 \, .$$

Hieraus erhält man

$$\underline{\underline{S_3 = 12pa^2}} \, , \qquad \underline{\underline{S_1 = 3pa^2}} \, , \qquad \underline{\underline{S_2 = 9pa^2}} \, .$$

Aufgabe 1.19: Ein rechteckiges Verkehrsschild vom Gewicht G ist an einer Wand mit zwei Seilen in A und B befestigt. Es wird in C durch ein Gelenk und in D durch einen Stab senkrecht zur Ebene des Schildes gehalten. Alle Maße in Meter (m).

Gesucht sind die Kräfte im Gelenk, in den Seilen und im Stab.

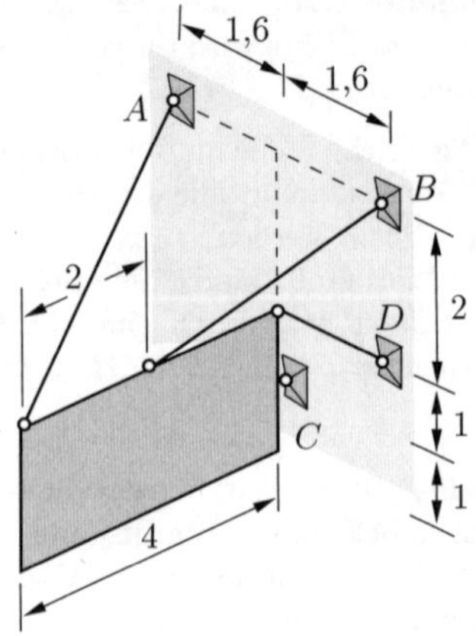

Lösung: Wir schneiden das Schild frei und tragen im Freikörperbild die Komponenten aller Kräfte ein. Damit lauten die 6 Gleichgewichtsbedingungen im Raum:

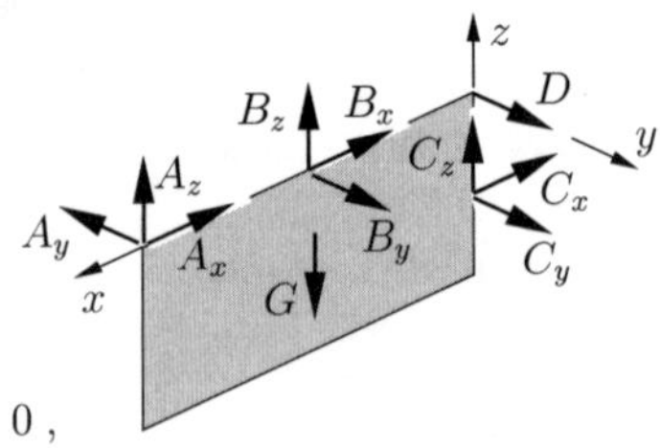

$$\sum F_x = 0 \quad : \quad -A_x - B_x - C_x = 0\,,$$

$$\sum F_y = 0 \quad : \quad -A_y + B_y + C_y + D = 0\,,$$

$$\sum F_z = 0 \quad : \quad A_z + B_z + C_z - G = 0\,,$$

$$\sum M_x^{(0)} = 0 : \quad 1\,C_y = 0\,,$$

$$\sum M_y^{(0)} = 0 : \quad -4A_z - 2B_z + 2G + 1\,C_x = 0\,,$$

$$\sum M_z^{(0)} = 0 : \quad -4A_y + 2B_y = 0\,.$$

Dies sind 6 Gleichungen für zunächst noch 10 Unbekannte. Weitere $2 \times 2 = 4$ Gleichungen folgen aus der Komponentenzerlegung der Seilkräfte A und B (Kraftkomponenten verhalten sich wie entsprechende Längen!):

$$\frac{A_x}{A_y} = \frac{4}{1{,}6}\,, \qquad \frac{A_x}{A_z} = \frac{4}{2}\,, \qquad \frac{B_x}{B_y} = \frac{2}{1{,}6}\,, \qquad \frac{B_x}{B_z} = \frac{2}{2}\,.$$

Die Auflösung ergibt schließlich:

$$\underline{\underline{A_x = B_x = \frac{G}{3}}}\,, \qquad \underline{\underline{C_x = -\frac{2}{3}G}}\,, \qquad \underline{\underline{A_y = -\frac{2}{15}G}}\,, \qquad \underline{\underline{B_y = -\frac{4}{15}G}}\,,$$

$$\underline{\underline{C_y = 0}}\,, \qquad \underline{\underline{A_z = \frac{G}{6}}}\,, \qquad \underline{\underline{B_z = \frac{G}{3}}}\,, \qquad \underline{\underline{C_z = \frac{G}{2}}}\,, \qquad \underline{\underline{D = -\frac{2}{15}G}}\,.$$

Aufgabe 1.20: Eine gewichtslose Platte in Form eines rechtwinkligen Dreiecks wird durch 6 Stäbe gehalten und durch die Kräfte F und Q belastet.

Man bestimme die Kräfte in den Stäben.

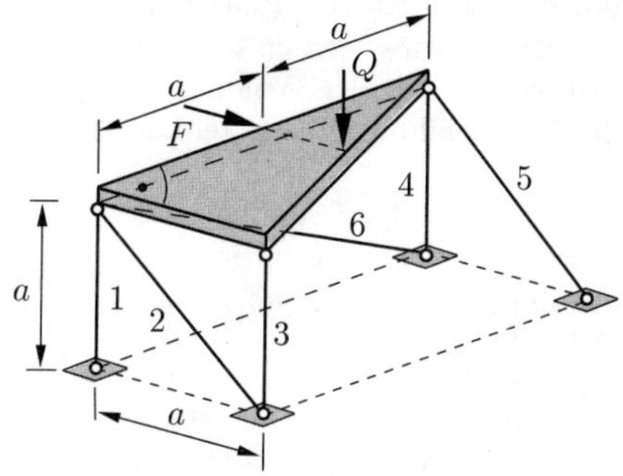

Lösung: Wir zeichnen das Freikörperbild und wählen ein Koordinatensystem:

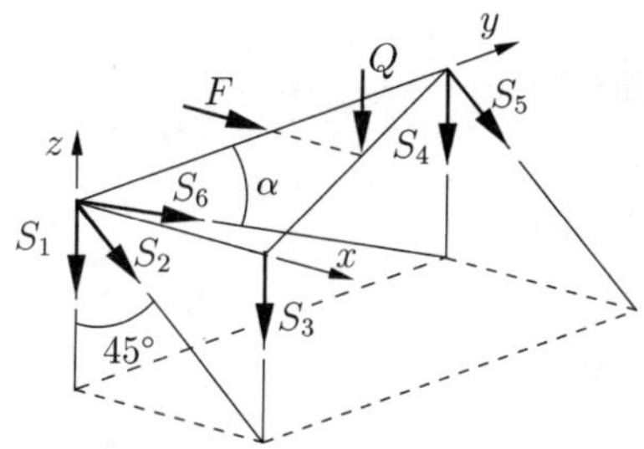

Damit erhält man die folgenden Gleichgewichtsbedingungen:

$$\sum F_x = 0 \quad : \quad \frac{\sqrt{2}}{2} S_2 + \frac{\sqrt{2}}{2} S_5 + F = 0 ,$$

$$\sum F_y = 0 \quad : \quad S_6 \cos\alpha = 0 ,$$

$$\sum F_z = 0 \quad : \quad -S_1 - \frac{\sqrt{2}}{2} S_2 - S_3 - S_6 \sin\alpha - S_4 - \frac{\sqrt{2}}{2} S_5 - Q = 0 ,$$

$$\sum M_x^{(0)} = 0 : \quad -2aS_4 - 2a \frac{\sqrt{2}}{2} S_5 - aQ = 0 ,$$

$$\sum M_y^{(0)} = 0 : \quad aS_3 + \frac{a}{2} Q = 0 ,$$

$$\sum M_z^{(0)} = 0 : \quad -2a \frac{\sqrt{2}}{2} S_5 - aF = 0 .$$

Auflösen liefert die gesuchten Stabkräfte:

$$\underline{\underline{S_1 = \frac{F}{2}}} , \qquad \underline{\underline{S_2 = -\frac{\sqrt{2}}{2} F}} , \qquad \underline{\underline{S_3 = -\frac{Q}{2}}} ,$$

$$\underline{\underline{S_4 = \frac{1}{2}(F - Q)}} , \qquad \underline{\underline{S_5 = -\frac{\sqrt{2}}{2} F}} , \qquad \underline{\underline{S_6 = 0}} .$$

Aufgabe 1.21: An der Plattform eines Fernsehturms greifen infolge der Aufbauten und der Windlasten die in der Abbildung dargestellten Kräfte an.
Das angreifende Kräftesystem soll zunächst durch eine resultierende Kraft und ein resultierendes Moment im Lagerpunkt A der Plattform ersetzt werden.
Danach ist das Moment am Fußpunkt B des Turms mit Hilfe des *Versatzmoments* zu ermitteln.

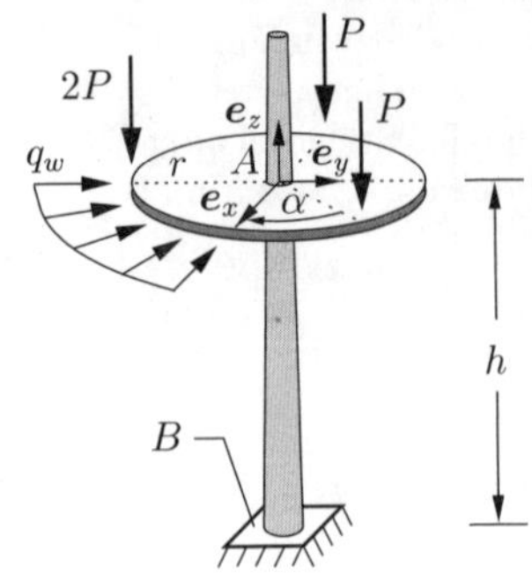

Gegeben: $\alpha = 45°$.

Lösung: Um die angreifenden Kräfte im Lagerpunkt der Plattform zu berechnen, werden zunächst die Kräfte und die zugehörigen Hebelarme bezüglich des angegebenen Bezugssystems benötigt. Diese folgen für die vertikalen Einzelkräfte $\boldsymbol{F}_1$, $\boldsymbol{F}_2$ und $\boldsymbol{F}_3$ unmittelbar:

$$\text{Kräfte:} \qquad \boldsymbol{F}_1 = -2\,P\,\boldsymbol{e}_z\,, \; \boldsymbol{F}_2 = -P\,\boldsymbol{e}_z\,, \; \boldsymbol{F}_3 = -P\,\boldsymbol{e}_z\,,$$

$$\text{Hebelarme:} \quad \boldsymbol{r}_{AF_1} = -r\,\boldsymbol{e}_y\,, \; \boldsymbol{r}_{AF_2} = -r\,\boldsymbol{e}_x\,, \; \boldsymbol{r}_{AF_3} = \frac{\sqrt{2}}{2}\,r\,(\boldsymbol{e}_x + \boldsymbol{e}_y)\,.$$

Für die Windbelastung, die die kreisförmige Plattform an jeder Stelle senkrecht anströmt, erkennt man, daß die Wirkungslinie der Resultierenden durch den Lagerpunkt der Plattform verläuft ($\leadsto \boldsymbol{r}_{AF_w} = \boldsymbol{0}$). Für die Kraftresultierende von q_w folgt

$$\boldsymbol{F}_w = \frac{\sqrt{2}}{2}\,\frac{\pi}{2}\,r\,q_w\,(-\boldsymbol{e}_x + \boldsymbol{e}_y)\,.$$

Aus der Summe der Einzelkräfte berechnet sich dann die resultierende Kraft

$$\boldsymbol{R} = \boldsymbol{F}_1 + \boldsymbol{F}_2 + \boldsymbol{F}_3 + \boldsymbol{F}_w = \frac{\sqrt{2}}{2}\,\frac{\pi}{2}\,r\,q_w\,(-\boldsymbol{e}_x + \boldsymbol{e}_y) - 4\,P\,\boldsymbol{e}_z\,.$$

Für das resultierende Moment folgt bezüglich des Koordinatenursprungs

$$\boldsymbol{M}_A = \sum_{i=1}^{3} \boldsymbol{r}_{AF_i} \times \boldsymbol{F}_i = P\,r\,(2 - \frac{\sqrt{2}}{2})\,\boldsymbol{e}_x + P\,r\,(\frac{\sqrt{2}}{2} - 1)\,\boldsymbol{e}_y\,.$$

Bezieht man anschließend das berechnete Moment auf den Fußpunkt des Masts, muß zu $\boldsymbol{M}_A$ das *Versatzmoment* $\boldsymbol{M}_V = \boldsymbol{r}_{BA} \times \boldsymbol{R}$ addiert werden. Dieses berechnet sich mit dem Hebelarm $\boldsymbol{r}_{BA} = h\,\boldsymbol{e}_z$ zu

$$\boldsymbol{M}_V = \boldsymbol{r}_{BA} \times \boldsymbol{R} = \frac{\sqrt{2}}{2}\,\frac{\pi}{2}\,r\,q_w\,h\,(-\boldsymbol{e}_x - \boldsymbol{e}_y)\,.$$

Damit kann das Moment im Fußpunkt des Masts angegeben werden:

$$\boldsymbol{M}_B = \boldsymbol{M}_A + \boldsymbol{M}_V\,.$$

2 Schwerpunkt

Volumenschwerpunkt

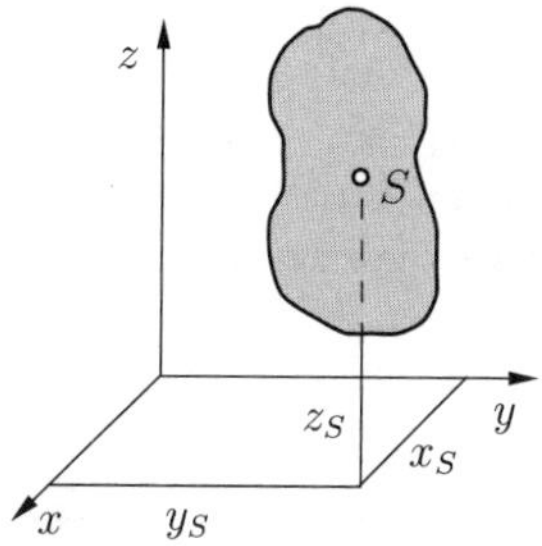

Für einen Körper mit dem Volumen V ermittelt man die Koordinaten des Schwerpunktes aus

$$x_S = \frac{\int x \mathrm{d}V}{\int \mathrm{d}V}$$
$$y_S = \frac{\int y \mathrm{d}V}{\int \mathrm{d}V}$$
$$z_S = \frac{\int z \mathrm{d}V}{\int \mathrm{d}V} \ .$$

Flächenschwerpunkt

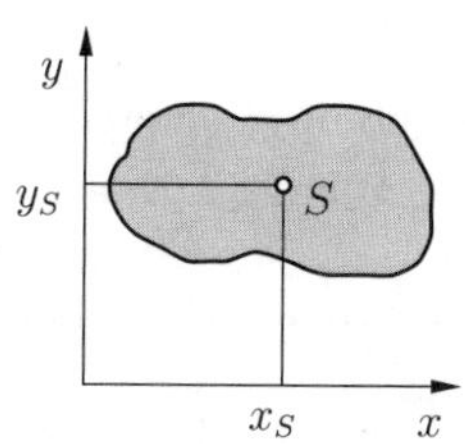

$$x_S = \frac{\int x \mathrm{d}A}{\int \mathrm{d}A}$$
$$y_S = \frac{\int y \mathrm{d}A}{\int \mathrm{d}A} \ .$$

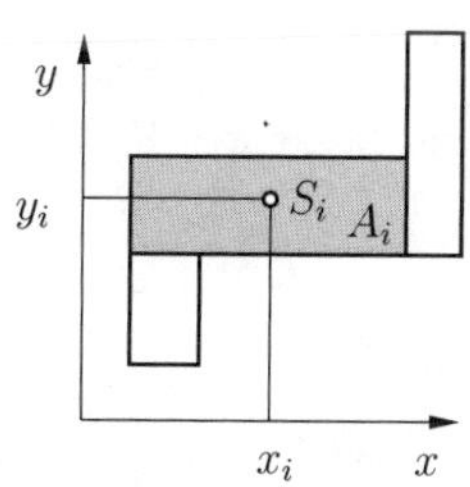

Hierbei ist $\int x \mathrm{d}A = S_y$ bzw. $\int y \mathrm{d}A = S_x$ das *statische Moment* (=Flächenmoment 1. Ordnung) um die y- bzw. um die x-Achse.

Für *zusammengesetzte* Flächen, bei denen die Lage der Teilschwerpunkte S_i bekannt ist, gilt

$$x_S = \frac{\sum x_i A_i}{\sum A_i}$$
$$y_S = \frac{\sum y_i A_i}{\sum A_i} \ .$$

Anmerkungen:

- Bei Flächen mit Ausschnitten ist es oft zweckmäßig, mit negativen Flächen zu arbeiten.
- Bei Symmetrien liegt der Schwerpunkt auf den Symmetrieachsen.

Linienschwerpunkt

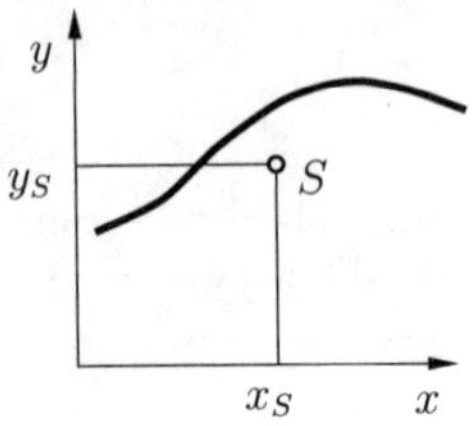

$$x_S = \frac{\int x \mathrm{d}s}{\int \mathrm{d}s}$$

$$y_S = \frac{\int y \mathrm{d}s}{\int \mathrm{d}s} \quad .$$

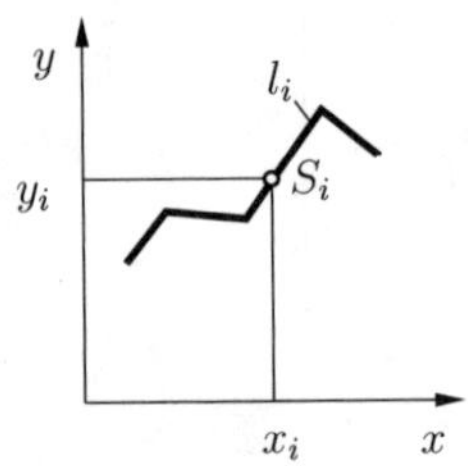

Besteht eine Linie aus Teilstücken bekannter Länge l_i mit bekannten Schwerpunktskoordinaten x_i, y_i, so folgt die Lage des Schwerpunktes aus

$$x_S = \frac{\sum x_i l_i}{\sum l_i}$$

$$y_S = \frac{\sum y_i l_i}{\sum l_i} \quad .$$

Massenmittelpunkt

Die Koordinaten des Massenmittelpunkts eines Körpers mit der Dichteverteilung $\rho(x, y, z)$ erhält man aus

$$x_S = \frac{\int x\rho \mathrm{d}V}{\int \rho \mathrm{d}V}\,, \qquad y_S = \frac{\int y\rho \mathrm{d}V}{\int \rho \mathrm{d}V}\,, \qquad z_S = \frac{\int z\rho \mathrm{d}V}{\int \rho \mathrm{d}V} \quad .$$

Besteht ein Körper aus Teilkörpern V_i der Dichte ρ_i mit bekannten Schwerpunktskoordinaten x_i, y_i und z_i, so gilt

$$x_S = \frac{\sum x_i \rho_i V_i}{\sum \rho_i V_i}\,, \qquad y_S = \frac{\sum y_i \rho_i V_i}{\sum \rho_i V_i}\,, \qquad z_S = \frac{\sum z_i \rho_i V_i}{\sum \rho_i V_i} \quad .$$

Anmerkung: Beim *homogenen* Körper (ρ = const) fallen Volumenschwerpunkt und Massenmittelpunkt zusammen.

Tabelle von Schwerpunktskoordinaten

Flächen

Dreieck

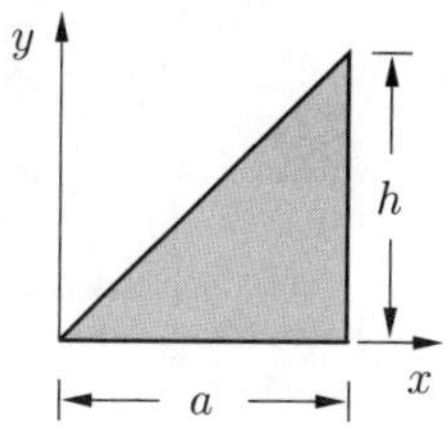

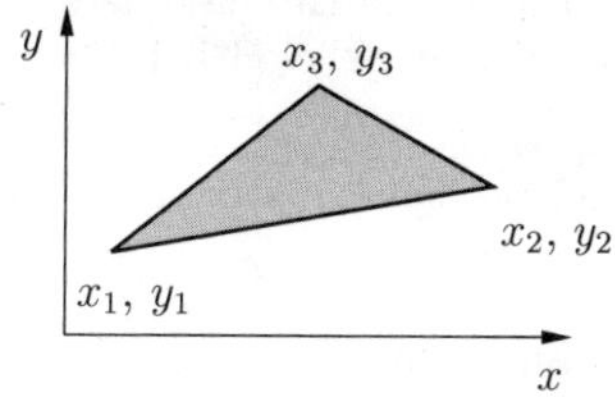

$$x_S = \tfrac{2}{3}a \qquad = \tfrac{1}{3}(x_1 + x_2 + x_3)$$

$$y_S = \tfrac{1}{3}h \qquad = \tfrac{1}{3}(y_1 + y_2 + y_3)$$

$$A = \tfrac{1}{2}ah \qquad = \tfrac{1}{2}\begin{vmatrix} x_2 - x_1 & y_2 - y_1 \\ x_3 - x_1 & y_3 - y_1 \end{vmatrix}$$

Halbkreis

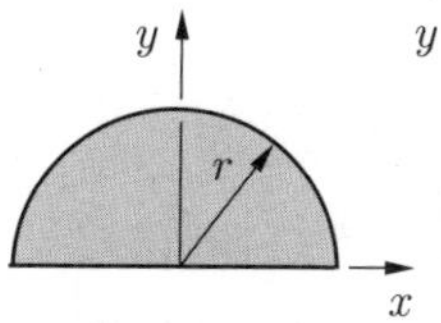

Viertelkreis

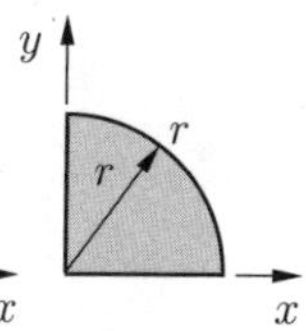

Quadr. Parabel

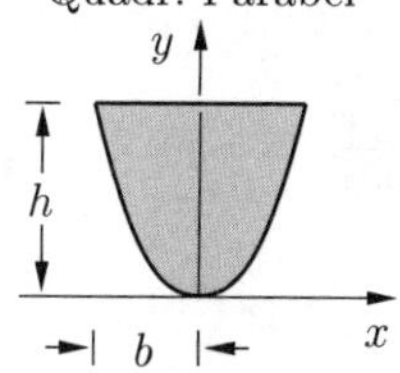

Viertelellipse

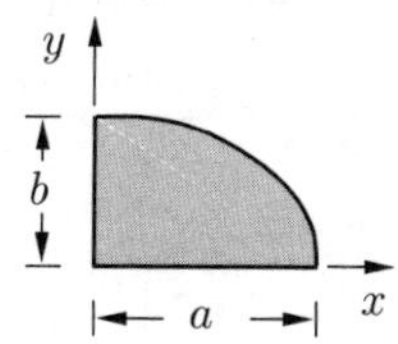

Halbkreis	Viertelkreis	Quadr. Parabel	Viertelellipse
$x_S = 0$	$= \frac{4}{3\pi} r$	$= 0$	$= \frac{4}{3\pi} a$
$y_S = \frac{4}{3\pi} r$	$= \frac{4}{3\pi} r$	$= \frac{3}{5} h$	$= \frac{4}{3\pi} b$
$A = \frac{\pi}{2} r^2$	$= \frac{\pi}{4} r^2$	$= \frac{4}{3} bh$	$= \frac{\pi}{4} ab$

Körper

Kegel

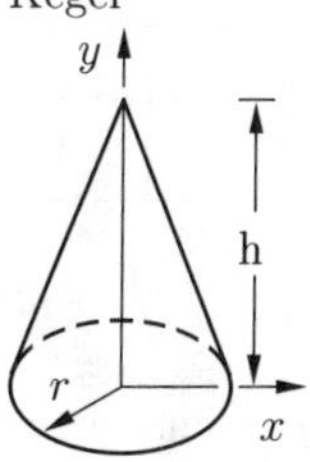

$$x_S = 0$$

$$y_S = \frac{1}{4} h$$

$$V = \frac{1}{3}\pi r^2 h$$

Halbkugel

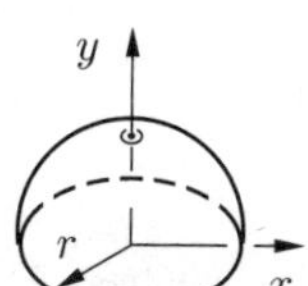

$$x_S = 0$$

$$y_S = \frac{3}{8} r$$

$$V = \frac{2}{3}\pi r^3$$

Linie

Kreisbogen

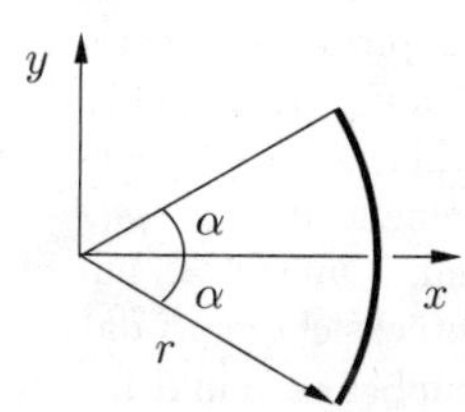

$$x_S = \frac{\sin\alpha}{\alpha} r$$

$$y_S = 0$$

$$l = 2\alpha r$$

Aufgabe 2.1: Die dargestellte Fläche wird nach oben durch eine quadratische Parabel mit dem Scheitel bei $x = 0$ begrenzt.

Man ermittle die Schwerpunktskoordinaten.

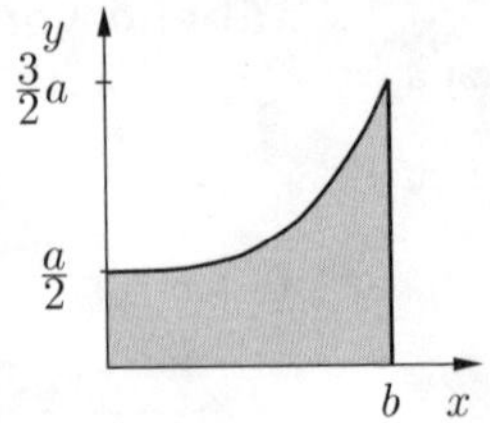

Lösung: Wir stellen zunächst die Gleichung der Parabel auf:

$$y = \alpha x^2 + \beta \, .$$

Die Konstanten α und β folgen aus den Endpunkten $x_0 = 0$, $y_0 = a/2$ und $x_1 = b$, $y_1 = 3a/2$ zu $\beta = a/2$, $\alpha = a/b^2$. Damit wird

$$y = a\left(\frac{x}{b}\right)^2 + \frac{a}{2} \, .$$

Mit dem Flächenelement $\mathrm{d}A = y\mathrm{d}x$ folgt:

$$\underline{\underline{x_S}} = \frac{\int x \mathrm{d}A}{\int \mathrm{d}A} = \frac{\int xy\mathrm{d}x}{\int y\mathrm{d}x}$$

$$= \frac{\int\limits_0^b x\left[a\left(\frac{x}{b}\right)^2 + \frac{a}{2}\right]\mathrm{d}x}{\int\limits_0^b \left[a\left(\frac{x}{b}\right)^2 + \frac{a}{2}\right]\mathrm{d}x} = \frac{\frac{1}{2}ab^2}{\frac{5}{6}ab} = \underline{\underline{\frac{3}{5}b}} \, .$$

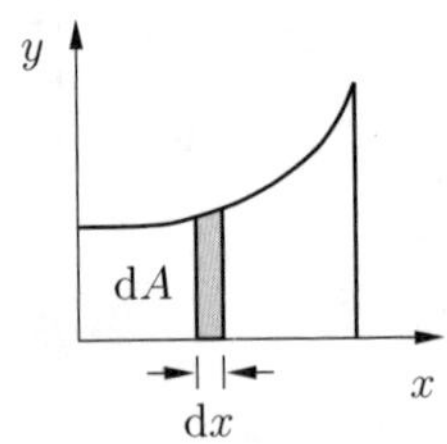

Wenn wir zur Ermittlung von y_S die Elemente $(b - x)\mathrm{d}y$ verwenden, so treten komplizierte Integrale auf. Wir bleiben daher beim Flächenelement $\mathrm{d}A = y\mathrm{d}x$ und müssen nur berücksichtigen, daß sein Schwerpunkt in y-Richtung bei $y/2$ liegt. Dann gilt (die Fläche im Nenner ist dieselbe wie vorher):

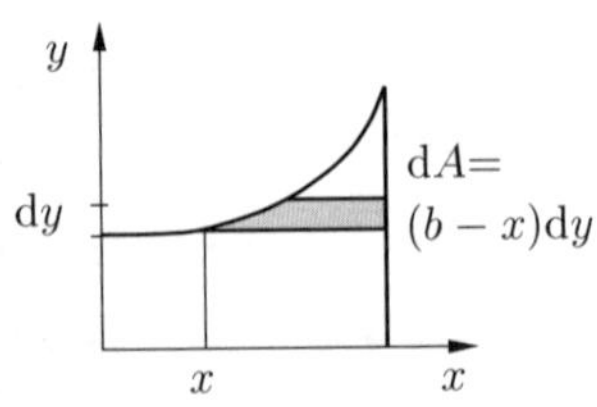

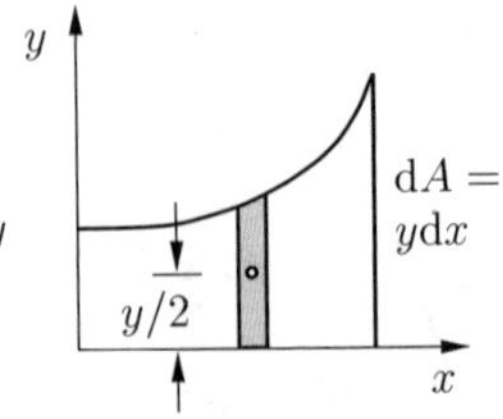

$$\underline{\underline{y_S}} = \frac{\int \frac{y}{2} y\mathrm{d}x}{\frac{5}{6}ab} = \frac{6}{10ab}\int\limits_0^b \left(a^2\frac{x^4}{b^4} + \frac{a^2}{b^2}x^2 + \frac{a^2}{4}\right)\mathrm{d}x = \underline{\underline{\frac{47}{100}a}} \, .$$

Aufgabe 2.2: Gesucht ist die Lage des Schwerpunktes eines Kreisausschnittes vom Öffnungswinkel 2α.

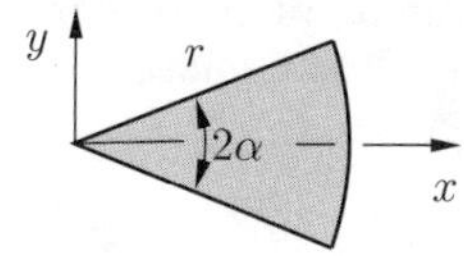

Lösung: Wegen der Symmetrie liegt der Schwerpunkt auf der x-Achse: $y_S = 0$. Zur Ermittlung von x_S wählen wir als Flächenelement einen infinitesimalen Kreisausschnitt (= Dreieck) und integrieren über den Winkel θ. Dann folgt

$$\underline{\underline{x_S}} = \frac{\int\limits_{-\alpha}^{\alpha}\left(\frac{2}{3}r\cos\theta\right)\frac{1}{2}r\,r\mathrm{d}\theta}{\int\limits_{-\alpha}^{\alpha}\frac{1}{2}r\,r\mathrm{d}\theta} = \frac{r^3\,2\sin\alpha}{3r^2\alpha} = \underline{\underline{\frac{2}{3}\frac{\sin\alpha}{\alpha}r}}\,.$$

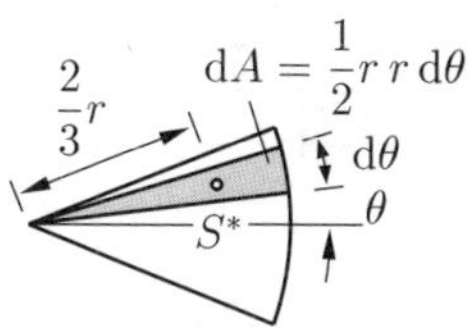

Im Grenzfall $\alpha = \pi/2$ folgt die Schwerpunktslage des Halbkreises zu

$$\underline{\underline{x_S = \frac{4}{3\pi}r}}\,.$$

Man kann den Schwerpunkt auch durch Aufteilung in Kreisringelemente und Integrationen über x ermitteln. Dann muß aber vorher die Schwerpunktlage S^* eines solchen Ringelementes bekannt sein oder erst berechnet werden.

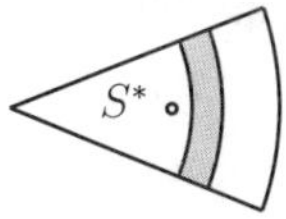

Die Schwerpunktskoordinate x_S eines *Kreisabschnittes* findet man mit obigem Ergebnis durch Differenzbildung:

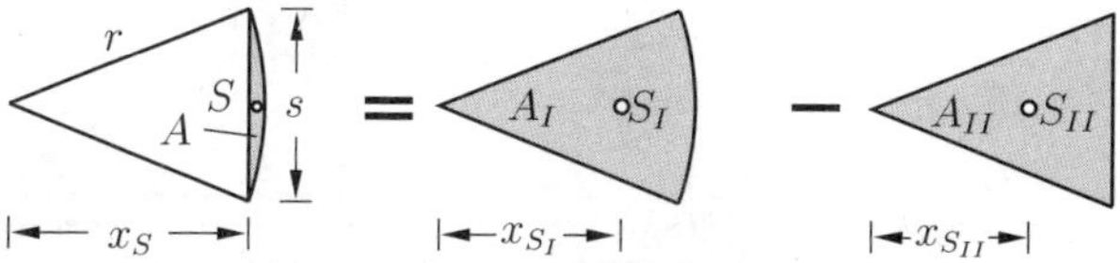

$$\underline{\underline{x_S}} = \frac{x_{S_I}A_I - x_{S_{II}}A_{II}}{A_I - A_{II}} = \frac{\frac{2\sin\alpha}{3\alpha}r\,r^2\alpha - \frac{1}{2}s\,r\cos\alpha\frac{2}{3}r\cos\alpha}{r^2\alpha - \frac{1}{2}s\,r\cos\alpha} = \underline{\underline{\frac{s^3}{12A}}}\,.$$

Aufgabe 2.3: Für die dargestellten Profile ermittle man die Lage der Schwerpunkte (Maße in mm).

a) b)

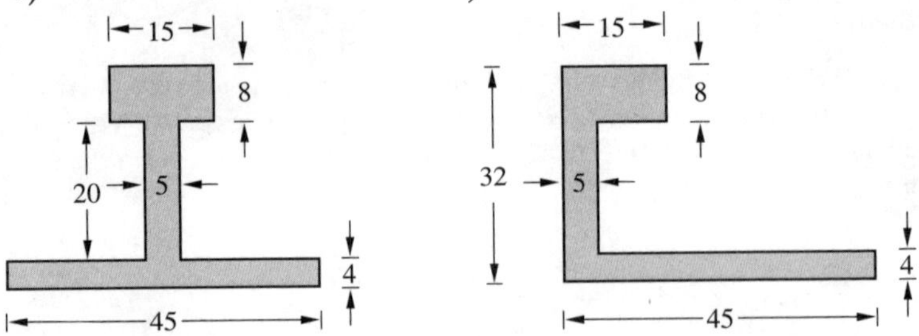

Lösung: zu **a)** Das Profil ist symmetrisch. Daher muß nur y_S berechnet werden. Es folgt aus einer Zerlegung in Rechtecke:

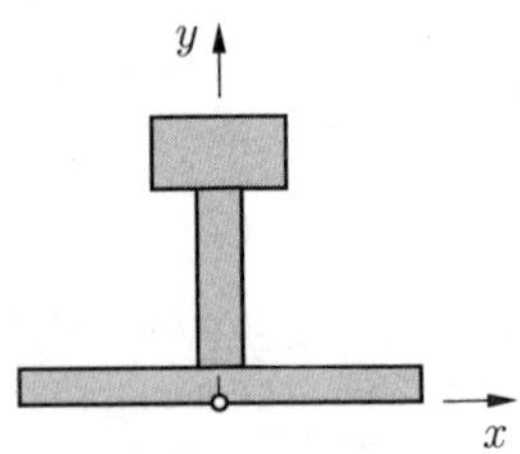

$$\underline{\underline{y_S}} = \frac{2(4\cdot 45) + 14(5\cdot 20) + 28(8\cdot 15)}{4\cdot 45 + 5\cdot 20 + 8\cdot 15}$$

$$= \frac{5120}{400} = \underline{\underline{12,8\ \text{mm}}}\,.$$

zu **b)** Wir legen das Koordinatensystem in die linke untere Ecke und finden aus den Teilrechtecken:

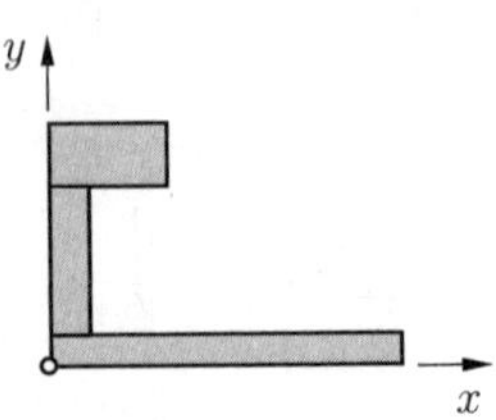

$$\underline{\underline{x_S}} = \frac{22,5(4\cdot 45) + 2,5(5\cdot 20) + 7,5(8\cdot 15)}{4\cdot 45 + 5\cdot 20 + 8\cdot 15}$$

$$= \frac{5200}{400} = \underline{\underline{13\ \text{mm}}}\,,$$

$$\underline{\underline{y_S}} = \frac{2(4\cdot 45) + 14(5\cdot 20) + 28(8\cdot 15)}{400}$$

$$= \underline{\underline{12,8\ \text{mm}}}\,.$$

Anmerkung: Beim Verschieben der Flächen in x-Richtung bleibt y_S unverändert.

Aufgabe 2.4: Gesucht ist die Lage des Schwerpunktes der dargestellten Fläche mit einem Rechteckausschnitt (Maße in cm).

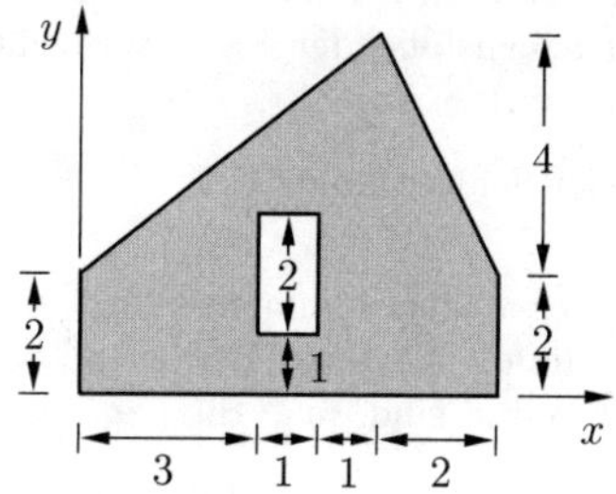

Lösung: Wir teilen die Fläche in 2 Dreiecke sowie ein großes Rechteck und ziehen das kleine Rechteck ab.

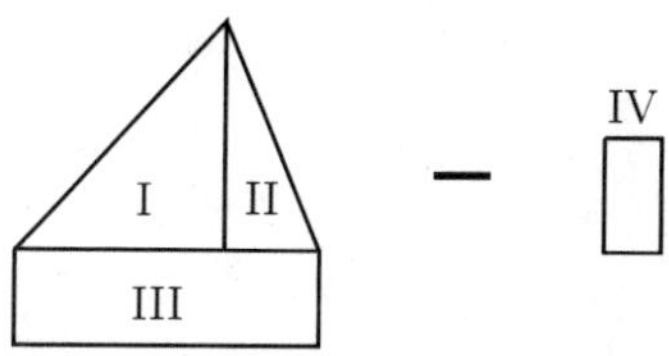

Die rechnerische Lösung erfolgt zweckmäßig mit Hilfe einer Tabelle.

Teil-system i	A_i [cm²]	x_i [cm]	x_iA_i [cm³]	y_i [cm]	y_iA_i [cm³]
I	10	$\frac{10}{3}$	$\frac{100}{3}$	$\frac{10}{3}$	$\frac{100}{3}$
II	4	$\frac{17}{3}$	$\frac{68}{3}$	$\frac{10}{3}$	$\frac{40}{3}$
III	14	$\frac{7}{2}$	49	1	14
IV	-2	$\frac{7}{2}$	-7	2	-4
	$A = \sum A_i = 26$		$\sum x_iA_i = 98$		$\sum y_iA_i = \frac{170}{3}$

Damit findet man

$$\underline{\underline{x_S}} = \frac{\sum x_iA_i}{A} = \frac{98}{26} = \underline{\underline{\frac{49}{13}}}\text{ cm}\,, \qquad \underline{\underline{y_S}} = \frac{\sum y_iA_i}{A} = \frac{170/3}{26} = \underline{\underline{\frac{85}{39}}}\text{ cm}\,.$$

Aufgabe 2.5: Ein Draht konstanter Dicke wurde zu nebenstehender Figur verformt (alle Längen in mm).

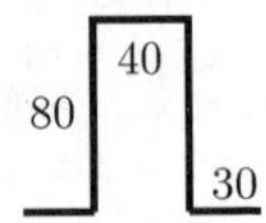

Wo liegt der Schwerpunkt?

Lösung: Wegen der Symmetrie liegt eine Schwerachse auf der senkrechten Symmetrielinie (y-Achse). Da die Schwerpunktslagen y_i der Teilstücke der Länge l_i bekannt sind, folgt die Lage y_S des Gesamtschwerpunkts aus

$$y_S = \frac{\sum y_i l_i}{\sum l_i} \quad .$$

Wir wollen die Aufgabe mit drei verschiedenen Unterteilungen lösen. Dabei gilt

$$l = \sum l_i = 2 \cdot 30 + 2 \cdot 80 + 40 = 260 \text{ mm} \quad .$$

1. Möglichkeit:

$$\underline{\underline{y_S}} = \frac{1}{260}(\underbrace{80 \cdot 40}_{I} + \underbrace{2 \cdot 40 \cdot 80}_{II}) = \frac{9600}{260} = \underline{\underline{36,92 \text{ mm}}} \, ,$$

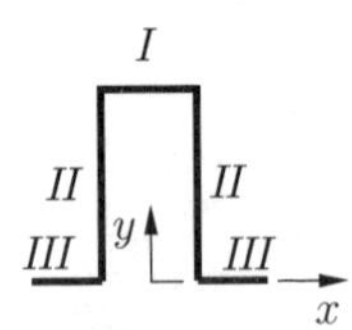

2. Möglichkeit:

$$\underline{\underline{y_S}} = \frac{1}{260}(\underbrace{40 \cdot 40}_{I} - \underbrace{2 \cdot 40 \cdot 30}_{III}) = \underline{\underline{-3,08 \text{ mm}}} \, ,$$

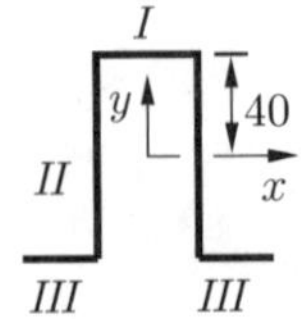

3. Möglichkeit: Wir wählen ein spezielles Teilstück IV so, daß sein Schwerpunkt in den Koordinatenursprung fällt.

$$\underline{\underline{y_S}} = \frac{1}{260}(\underbrace{2 \cdot (-40) \cdot 10}_{V}) = \underline{\underline{-3,08 \text{ mm}}} \, .$$

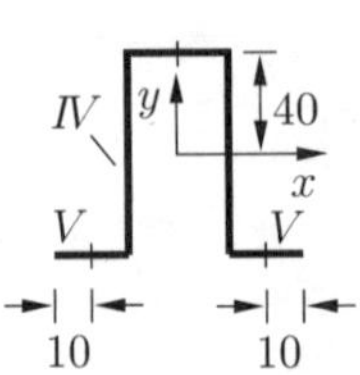

Die 3.Variante hat den Vorteil, daß nur das statische Moment *eines* Teilstücks V berücksichtigt werden muß.

Aufgabe 2.6: Ein dünnwandiger Draht wurde in Form einer Hyperbelfunktion gebogen.

Wo liegt der Schwerpunkt?

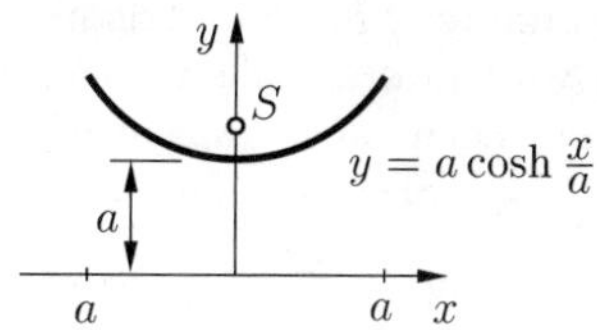

Lösung: Aus Symmetriegründen liegt der Schwerpunkt auf der y-Achse. Mit der Ableitung $y' = \sinh \frac{x}{a}$ wird das Element der Bogenlänge

$$\mathrm{d}s = \sqrt{(\mathrm{d}x)^2 + (\mathrm{d}y)^2} = \sqrt{1 + (y')^2}\mathrm{d}x = \sqrt{1 + \sinh^2 \frac{x}{a}}\mathrm{d}x = \cosh \frac{x}{a}\,\mathrm{d}x\,.$$

Integration ergibt die Bogenlänge

$$s = \int \mathrm{d}s = \int_{-a}^{+a} \cosh \frac{x}{a}\,\mathrm{d}x = 2a \sinh 1\,.$$

Das statische Moment um die x-Achse findet man zu

$$S_x = \int y\,\mathrm{d}s = \int a \cosh \frac{x}{a} \cosh \frac{x}{a}\,\mathrm{d}x = a \int_{-a}^{+a} \frac{1 + \cosh 2\frac{x}{a}}{2}\mathrm{d}x = a^2(1 + \frac{1}{2}\sinh 2)\,.$$

Damit erhält man die Schwerpunktkoordinate

$$\underline{\underline{y_S}} = \frac{\int y\,\mathrm{d}s}{\int \mathrm{d}s} = \frac{a}{2}\,\frac{1 + \frac{1}{2}\sinh 2}{\sinh 2} = \underline{\underline{1,197\,a}}\,.$$

Aufgabe 2.7: Aus einem dreieckigen Blech ABC, das in A drehbar aufgehängt ist, wird ein Dreieck CDE herausgeschnitten.

Wie groß muß x sein, damit sich $\overline{BC}$ horizontal einstellt?

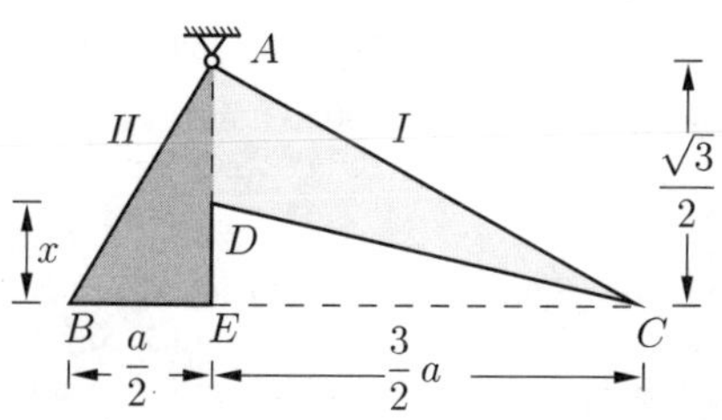

Lösung: Das Dreieck hängt in der geforderten Lage, wenn sich der Schwerpunkt unter dem Auflager befindet. Das bedeutet, daß das statische Moment des Dreiecks ADC bezüglich der Drehachse durch A gleich sein muß dem des Dreiecks ABE:

$$\underbrace{\frac{1}{2}\left(\frac{\sqrt{3}}{2}\,a - x\right)\frac{3}{2}a}_{\text{Fläche } ADC}\ \underbrace{\frac{1}{3}\,\frac{3}{2}\,a}_{\text{Abstand}} = \underbrace{\frac{1}{2}\,\frac{a}{2}\,\frac{\sqrt{3}}{2}\,a}_{\text{Fläche } ABE}\ \underbrace{\frac{1}{3}\,\frac{a}{2}}_{\text{Abstand}} \qquad \leadsto \qquad \underline{\underline{x = \frac{4}{9}\sqrt{3}\,a}}\,.$$

Aufgabe 2.8: Ein Kreisring vom Gewicht G wird an drei Federwaagen, die in gleichen Abständen am Umfang angebracht sind, aufgehängt. Sie zeigen folgende Kräfte an:

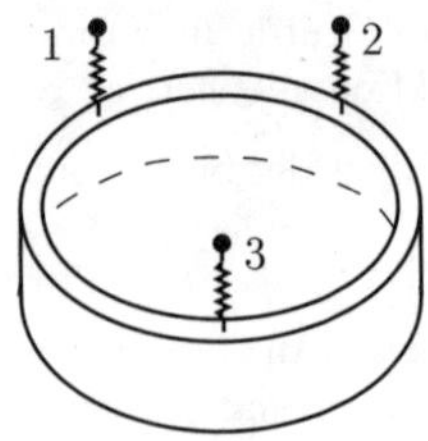

$$F_1 = 0,334\,G\,,\ F_2 = 0,331\,G\,,\ F_3 = 0,335\,G\,.$$

An welcher Stelle des Umfangs muß welches Zusatzgewicht angebracht werden, damit der Schwerpunkt in die Mitte fällt?

Lösung: Aus den unterschiedlichen Anzeigen der Federwaagen erkennt man, daß das Gewicht ungleichmäßig über den Ring verteilt ist. Der *Schwerpunkt* S (=Ort der resultierenden Gewichtskraft) liegt daher nicht in der Mitte des Ringes, sondern fällt mit dem *Kräftemittelpunkt* (=Ort der resultierenden Federkräfte) zusammen. Wir ermitteln daher zunächst seine Lage. Sie folgt mit $\sum F_i = G$ aus dem Momentengleichgewicht um die x- und um die y-Achse:

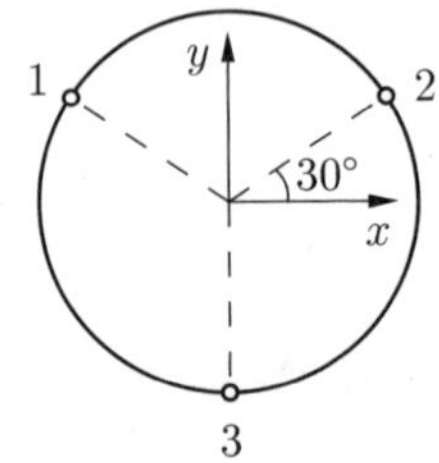

$$y_S G = r \sin 30^o(0,334\,G + 0,331\,G) - r\,0,335\,G\,,$$

$$\rightsquigarrow \quad y_S = -0,0025\,r\,,$$

$$x_S G = r \cos 30^o(0,331\,G - 0,334\,G)\,,$$

$$\rightsquigarrow \quad x_S = -0,0026\,r\,.$$

Damit der Schwerpunkt des Ringes *mit* Zusatzgewicht Z in der Mitte M liegt, muß Z auf der Geraden angebracht werden, die durch M und S geht. Seine Größe folgt aus dem Momentengleichgewicht um die hierzu senkrechte Achse I:

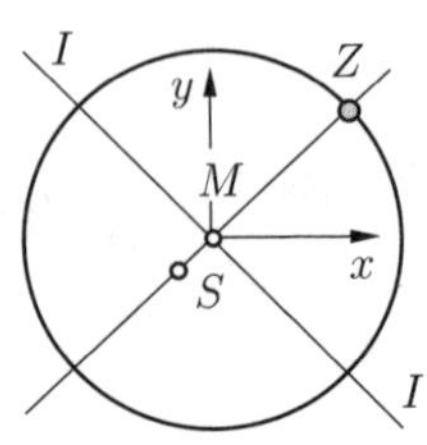

$$rZ = \overline{SM}\,G \quad \rightsquigarrow \quad rZ = \sqrt{x_S^2 + y_S^2}\,G$$

$$\rightsquigarrow \quad \underline{\underline{Z}} = \sqrt{(0,0025)^2 + (0,0026)^2}\,G = \underline{\underline{0,0036\,G}}\,.$$

Aufgabe 2.9: Ein dünnes Blech konstanter Dicke, bestehend aus einem Quadrat und zwei Dreiecken, wurde zu nebenstehender Figur gebogen (Maße in cm).

Wo liegt der Schwerpunkt?

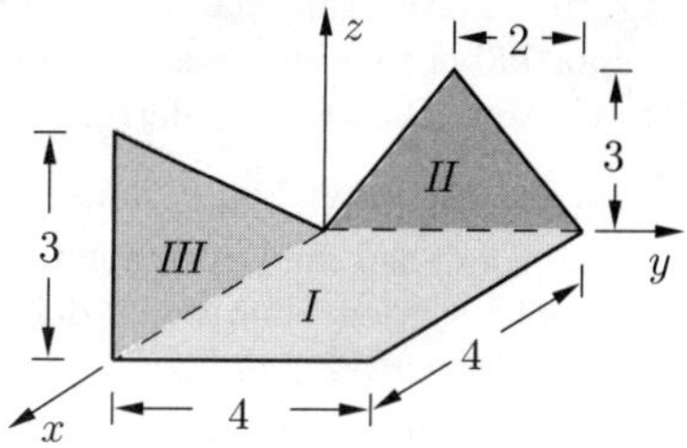

Lösung: Da das Blech konstante Dicke hat, hebt diese sich aus der Rechnung heraus, und wir können unmittelbar mit den Flächen arbeiten.

Die Gesamtfläche beträgt

$$A = 4 \cdot 4 + \frac{1}{2} \cdot 4 \cdot 3 + \frac{1}{2} \cdot 4 \cdot 3 = 28 \text{ cm}^2 \,.$$

Die Schwerpunktskoordinaten folgen aus den statischen Momenten der Teilflächen. Dabei fällt jeweils die Teilfläche heraus, deren Schwerpunkt den Abstand Null hat: $x_{II} = 0$, $y_{III} = 0$, $z_I = 0$.

$$\underline{\underline{x_S}} = \frac{x_I A_I + x_{III} A_{III}}{A} = \frac{2 \cdot 16 + (\frac{2}{3} \cdot 4)6}{28} = \underline{\underline{1,71 \text{ cm}}} \,,$$

$$\underline{\underline{y_S}} = \frac{y_I A_I + y_{II} A_{II}}{A} = \frac{2 \cdot 16 + 2 \cdot 6}{28} = \underline{\underline{1,57 \text{ cm}}} \,,$$

$$\underline{\underline{z_S}} = \frac{z_{II} A_{II} + z_{III} A_{III}}{A} = \frac{(\frac{1}{3} \cdot 3)6 + (\frac{1}{3} \cdot 3)6}{28} = \underline{\underline{0,43 \text{ cm}}} \,.$$

Aufgabe 2.10: Ein halbkreisförmiger Transportkübel wurde aus Stahlblech (Wanddicke t, Dichte ϱ_S) gefertigt.

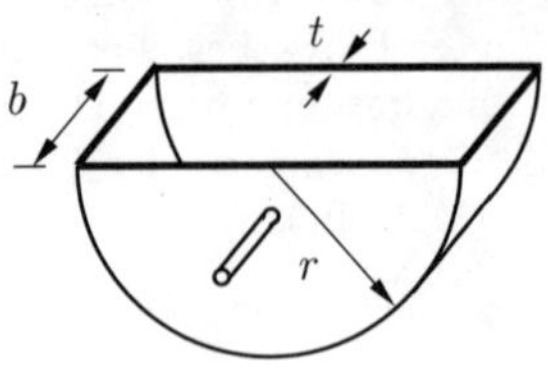

a) In welchem Abstand vom oberen Rand müssen die Lagerzapfen angebracht werden, damit sich der leere Kübel leicht kippen läßt?

b) Was ergibt die gleiche Forderung für den mit Material der Dichte ϱ_M vollgefüllten Kübel?

Man vergleiche die Ergebnisse speziell für $b = r$, $t = r/100$, $\varrho_M = \varrho_S/3$.

Lösung: Der Kübel läßt sich am leichtesten kippen, wenn die Lagerzapfen auf einer Achse durch den Massenmittelpunkt liegen.

a) Beim leeren Kübel (= homogener Köper) fallen Massenmittelpunkt und Volumenmittelpunkt zusammen. Außerdem hebt sich die konstante Wanddicke heraus. Mit den Schwerpunktsabständen

für die Halbkreisfläche $z_1 = \dfrac{4r}{3\pi}$

und für den Halbkreisbogen $z_2 = \dfrac{2r}{\pi}$

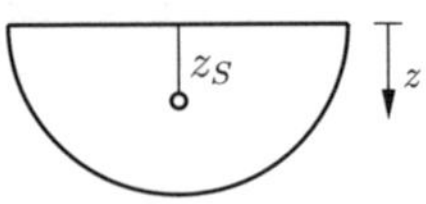

erhält man daher

$$\underline{\underline{z_{S_L}}} = \frac{z_1 A_1 + z_2 A_2}{A_1 + A_2} = \frac{\dfrac{4r}{3\pi}\, 2\, \dfrac{\pi r^2}{2} + \dfrac{2r}{\pi}\pi r b}{2\dfrac{\pi r^2}{2} + \pi r b} = \underline{\underline{\frac{4r + 6b}{3\pi(r+b)}\, r}} \, .$$

b) Beim gefüllten Kübel folgt mit der Kübelmasse $m_S = \pi\,(r^2 + rb)\,t\varrho_S$ und der Masse des Füllmaterials $m_M = \dfrac{\pi r^2}{2} b\varrho_M$ der gesuchte Abstand zum Massenmittelpunkt aus

$$\underline{\underline{z_{S_V}}} = \frac{z_{S_L} m_S + \dfrac{4r}{3\pi} m_m}{m_S + m_m} = \underline{\underline{\frac{4\,(2r + 3b)\,t\varrho_S + 4rb\varrho_M}{3\pi\,(2\,(r+b)\,t\varrho_S + rb\varrho_M)}\, r}} \, .$$

Mit den gegebenen Abmessungsverhältnissen findet man

$$z_{S_L} = \frac{10}{3\pi \cdot 2}\, r = 0{,}53\, r \, , \qquad z_{S_V} = \frac{4 \cdot 5 \dfrac{1}{100} + 4 \cdot \dfrac{1}{3}}{3\pi \left(4 \cdot \dfrac{1}{100} + \dfrac{1}{3}\right)}\, r = 0{,}44\, r \, .$$

3 Lagerreaktionen

Ebene Tragwerke

In der Ebene gibt es 3 Gleichgewichtsbedingungen. Dementsprechend dürfen bei einem statisch bestimmt gelagerten Körper in der Ebene nur 3 Lagerreaktionen auftreten. Man unterscheidet die folgenden Lagerungsarten:

Name	Symbol	Lagerreaktionen
verschiebliches Auflager	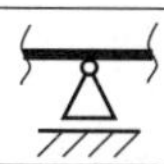	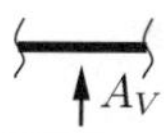
festes Auflager	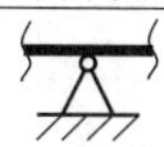	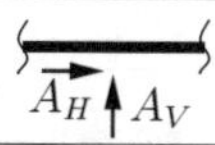
Einspannung	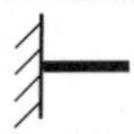	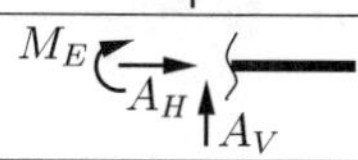

Am *freien Rand* treten *keine Kraft* und *kein Moment* auf.

Zwischen zwei Körpern können folgende Verbindungselemente auftreten:

Name	Symbol	übertragbare Schnittgrößen
Momentengelenk		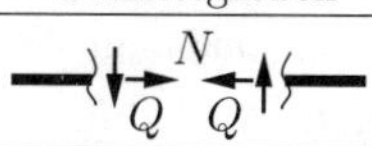
Querkraftgelenk	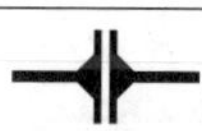	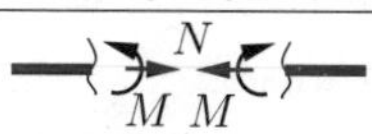
Normalkraftgelenk		
Pendelstütze		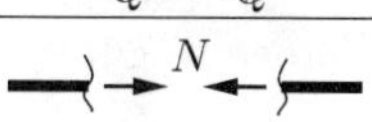

Sind f = Anzahl der Freiheitsgrade, r = Anzahl der Lagerreaktionen, v = Anzahl der übertragenen Schnittgrößen (Verbindungsreaktionen) und n = Anzahl der Körper, so gilt

$$\boxed{f = 3n - (r + v)} \; .$$

Merke:

$$f = \begin{cases} > 0 & : \; f\text{-fach verschieblich,} \\ = 0 & : \; \text{statisch bestimmt,} \\ < 0 & : \; f\text{-fach statisch unbestimmt.} \end{cases}$$

Räumliche Tragwerke

Im Raum gibt es 6 Gleichgewichtsbedingungen. Dementsprechend dürfen bei einem statisch bestimmt gelagerten Körper im Raum nur 6 Lagerreaktionen auftreten. Man unterscheidet die folgenden Lagerungsarten:

Name	Symbol	Lagerreaktionen 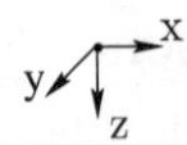
verschiebliches Auflager		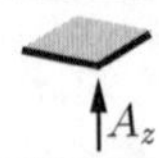
festes Auflager		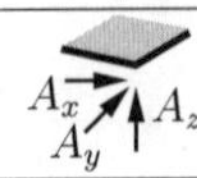
Einspannung	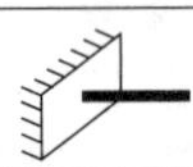	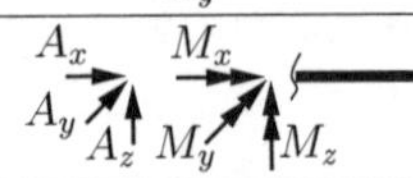

Zwischen zwei Körpern können folgende Verbindungselemente auftreten:

Name	Symbol	übertragbare Schnittgrößen 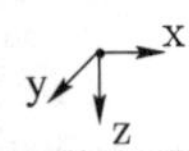
Momentengelenk		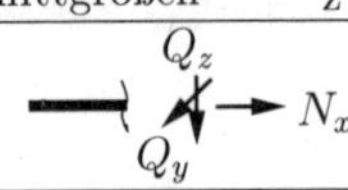
Biegemomentengelenk	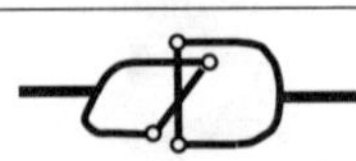	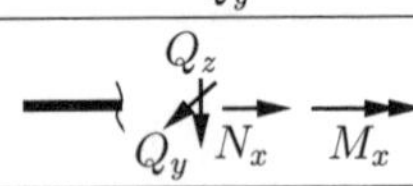
Scharnier	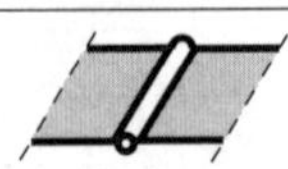	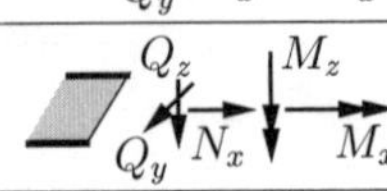

Sind f = Anzahl der Freiheitsgrade, r = Anzahl der Lagerreaktionen, v = Anzahl der übertragenen Schnittgrößen (Verbindungsreaktionen) und n = Anzahl der Körper, so gilt

$$\boxed{f = 6n - (r + v)} \; .$$

Merke:

$$f = \begin{cases} > 0 & : \; f\text{-fach verschieblich,} \\ = 0 & : \; \text{statisch bestimmt,} \\ < 0 & : \; f\text{-fach statisch unbestimmt.} \end{cases}$$

Aufgabe 3.1: Für den nebenstehenden Balken ermittle man die Lagerreaktionen.
Gegeben:
$F_1 = 4\,\mathrm{kN}$, $F_2 = 2\,\mathrm{kN}$, $F_3 = 3\,\mathrm{kN}$,
$M_\circ = 4\,\mathrm{kNm}$, $q_\circ = 5\,\mathrm{kN/m}$,
$a = 1\,\mathrm{m}$, $\alpha = 45°$.

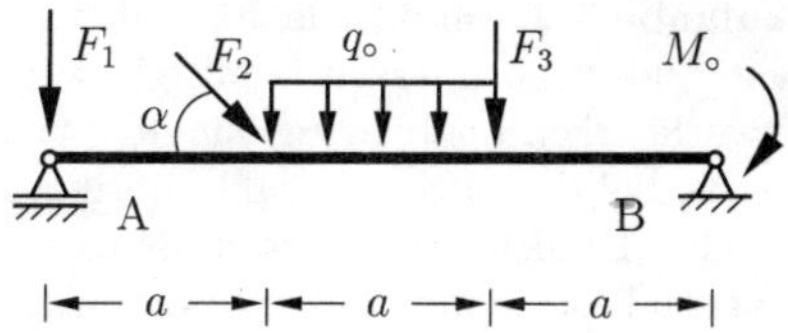

Lösung: Das Freischneiden der Lagerreaktionen liefert folgendes Freikörperbild:

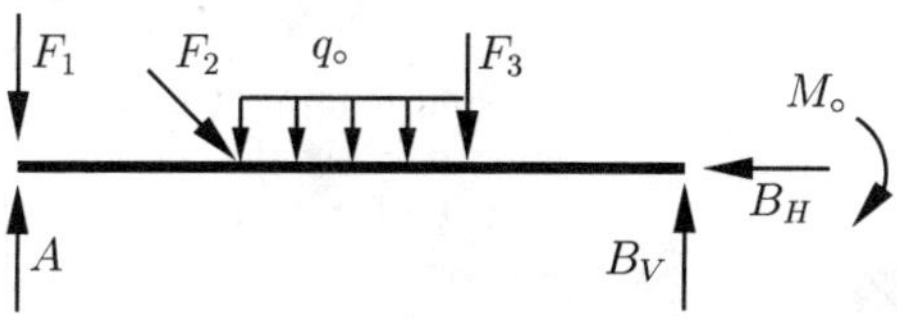

Es können dann drei Gleichgewichtsbedingungen am Balken aufgestellt werden:

$$\curvearrowleft A: \quad 3a\,B_V - M_0 - 2a\,F_3 - \frac{3}{2}a\,(q_\circ a) - a\,F_2 \sin\alpha = 0 \ ,$$

$$\curvearrowleft B: \quad -3a\,A + 3a\,F_1 + 2a\,F_2 \sin\alpha + \frac{3}{2}a\,(q_\circ a) + a\,F_3 - M_\circ = 0 \ ,$$

$$\rightarrow: \quad F_2 \cos\alpha - B_H = 0 \ .$$

Mit den gegebenen Zahlenwerten folgt:

$$\underline{\underline{B_V}} = \frac{4 + 6 + \frac{3}{2}\cdot 5 + 2\cdot\frac{1}{2}\sqrt{2}}{3} = \underline{\underline{6,30\ \mathrm{kN}}} \ ,$$

$$\underline{\underline{A}} = \frac{12 + 2\cdot 2\cdot\frac{1}{2}\sqrt{2} + \frac{3}{2}\cdot 5 + 3 - 4}{3} = \underline{\underline{7,11\ \mathrm{kN}}} \ ,$$

$$\underline{\underline{B_H}} = 2\cdot\frac{1}{2}\sqrt{2} = \underline{\underline{1,41\ \mathrm{kN}}} \ .$$

Probe:

$$\uparrow: \quad A + B_V - F_1 - F_2 \sin\alpha - q_\circ\,a - F_3 = 0 \ ,$$

$$\leadsto \quad 6,30 + 7,11 - 4 - 2\cdot 0,71 - 5 - 3 = 0 \ .$$

Anmerkung: Da die Lagerkräfte nur auf 2 Stellen hinter dem Komma angegeben werden, liegt der Fehler bei der Probe in der 2. Stelle.

Aufgabe 3.2: Für die nachfolgenden Tragwerke soll deren statische Bestimmtheit und Brauchbarkeit ermittelt werden. Dabei ist zu beachten, daß die Brauchbarkeit unabhängig von der statischen Bestimmtheit ist. Für die Tragwerke, bei denen das Abzählkriterium eine Verschieblichkeit ($f > 0$) ergibt, ist eine Brauchbarkeit des Systems von vornherein auszuschließen, bei den statisch bestimmten und unbestimmten Tragwerken muß diese jedoch separat untersucht werden.
Gegeben: b=a/2.

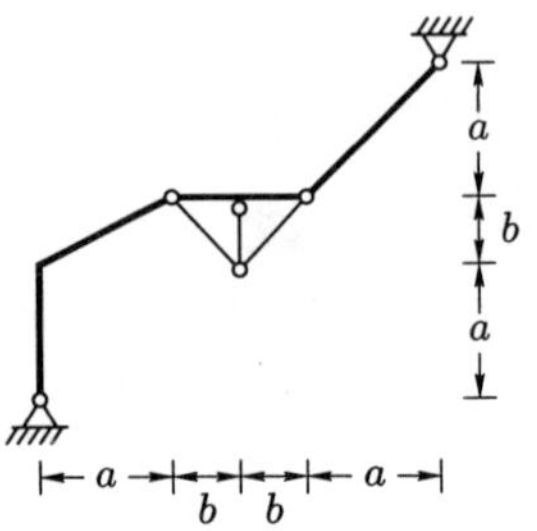

Lösung:

$$f = 3 \cdot 6 - (4 + 14) = 0$$

Obwohl man aufgrund der formalen Berechnung der Anzahl der Freiheitsgrade ein statisch bestimmtes System ermittelt, ist dieses Tragwerk nicht brauchbar. Hier heben sich rechnerisch die 1-fache Verschieblichkeit der vier aneinandergereihten Gelenke und die 1-fache Unbestimmtheit der Unterspannung auf. Allerdings wird durch die Unterspannung die Kinematik nicht stabilisiert. Ersetzt man die von den Lagern ausgehenden Stäbe durch Gleitlager, erkennt man, daß der verbleibende Stab sich bewegen kann. Dieses Tragwerk besitzt somit einen kinematischen Freiheitsgrad und ist damit nicht brauchbar.

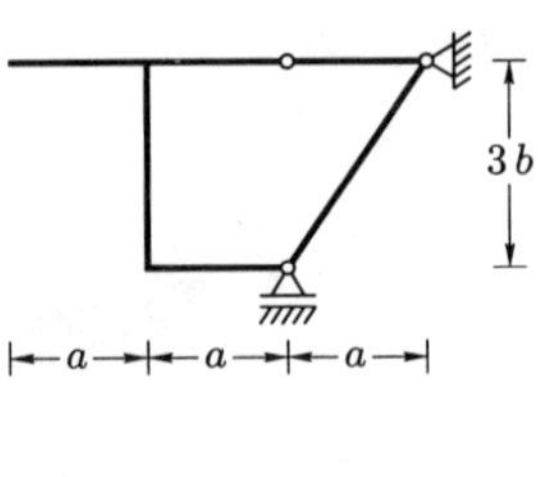

Lösung:

$$f = 3 \cdot 3 - (3 + 6) = 0$$

Dieses Tragwerk ist statisch bestimmt und brauchbar. Auf den unverschieblichen Balken auf zwei Stützen ist ein Dreigelenkrahmen aufgesetzt, der sich ebenfalls nicht bewegen läßt.

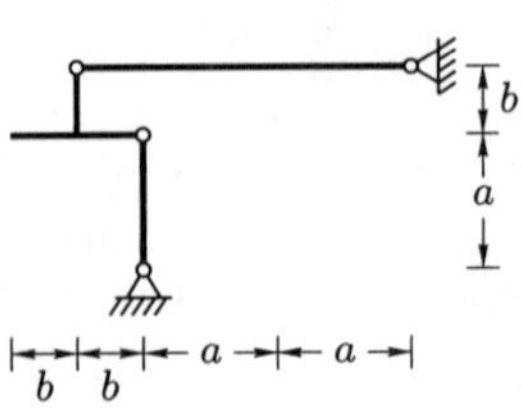

Lösung:

$$f = 3 \cdot 3 - (4 + 4) = 1$$

Das hier dargestellte Tragwerk ist einfach verschieblich und damit unbrauchbar.

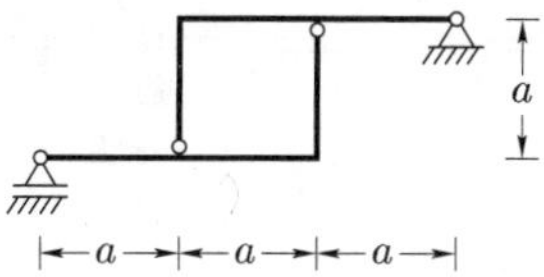

Lösung:

$$f = 3 \cdot 2 - (3 + 4) = -1$$

Die beiden Winkel des einfach statisch unbestimmten Tragwerks sind unbeweglich miteinander verbunden, so daß das Tragwerk als ein einziger starrer Körper angesehen werden kann. Dieser Körper ist durch die beiden Lager statisch bestimmt gelagert. Da die statische Unbestimmtheit durch die Verbindung der beiden Winkel entsteht und eine äußerlich statisch bestimmte Lagerung vorliegt, werden solche Tragwerke auch als innerlich statisch unbestimmt bezeichnet.

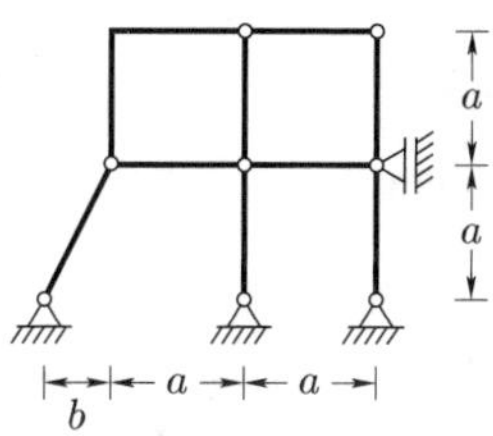

Lösung:

$$f = 3 \cdot 9 - (7 + 20) = 0$$

Dieses Tragwerk ist statisch bestimmt und brauchbar. Der rechte untere Balken ist durch seine Lagerung (unten zweiwertiges Auflager, oben Gleitlager) fest gehalten. An diesen Balken auf zwei Stützen schließen sich nach links zwei unbewegliche Dreigelenkrahmen an. An diesem brauchbaren Tragsystem werden oben zwei weitere Dreigelenkrahmen angebracht.

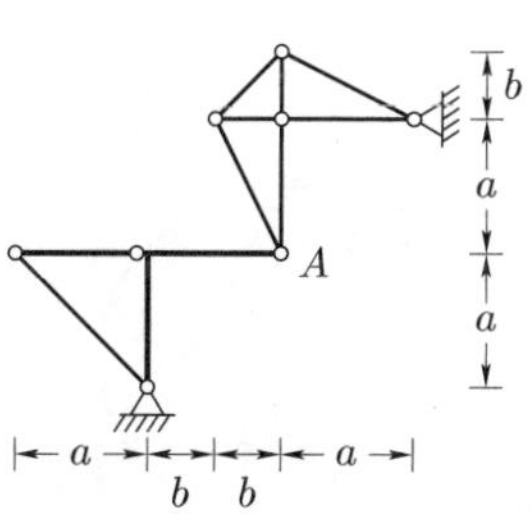

Lösung:

$$f = 3 \cdot 10 - (4 + 26) = 0$$

Dieses Tragwerk ist zwar statisch bestimmt allerdings nicht brauchbar. Hier liegt eine infinitessimale Verschieblichkeit vor. Aufgrund der geometrischen Anordnung liegen die Auflager und das Gelenk im Punkt A, das die beiden statisch bestimmten Teiltragwerke verbindet, auf einer Geraden. Dadurch entsteht eine sehr „weiche" und unbrauchbare Konstruktion.

Aufgabe 3.3: Für die nebenstehende Konstruktion ermittle man die Lagerreaktionen. Dabei soll die Reibung zwischen Seil und Rolle vernachlässigt werden.

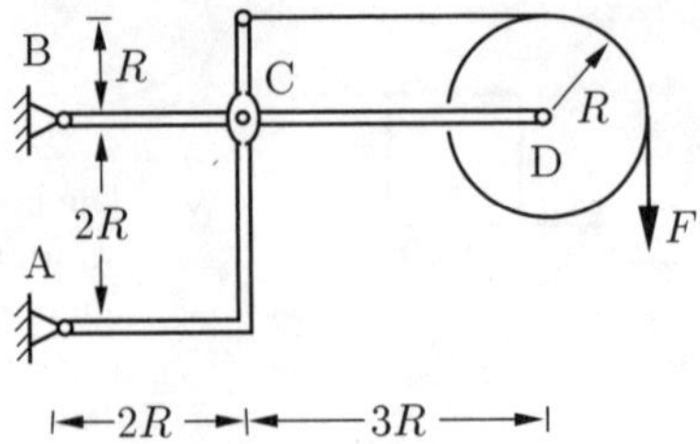

Lösung: Wir überprüfen zunächst die notwendige Bedingung für statische Bestimmtheit. In der gegebenen Aufgabe sind

$r = 4$ (je 2 Lagerreaktionen bei A und B)
$n = 3$ (3 starre Körper)
$v = 5$ (Verbindungsgelenk 2, Rollenlager 2, Seil 1)

Dies führt auf

$$f = \underbrace{3 \cdot 3}_{3n} - (\underbrace{4}_{r} + \underbrace{5}_{v}) = 0 \, .$$

Damit ist das System der drei Körper statisch bestimmt.

Freikörperbilder

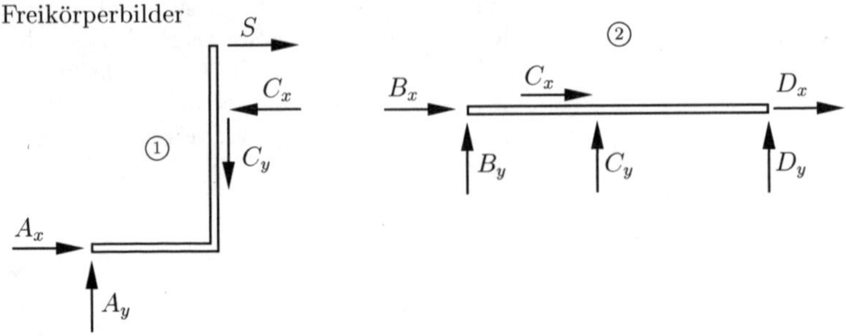

Gleichgewicht an der Rolle:

$$\curvearrowleft D : \quad S = F \quad ,$$
$$\uparrow : \quad D_y = -F \quad ,$$
$$\rightarrow : \quad D_x = -F \quad .$$

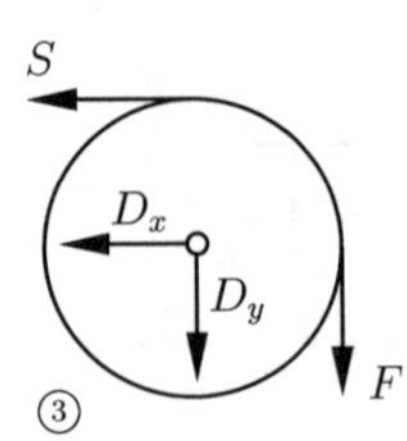

Gleichgewicht am Hebel ① :

$$\begin{aligned} \overset{\curvearrowleft}{A} &: \quad 2RC_x - 2RC_y - 3RS = 0 \ , \\ \uparrow &: \quad A_y = C_y \ , \\ \rightarrow &: \quad A_x = C_x - S \ . \end{aligned}$$

Gleichgewicht am Hebel ② mit ③ :

$$\begin{aligned} \overset{\curvearrowleft}{D} &: \quad -5RB_y - 3RC_y = 0 \ , \\ \uparrow &: \quad B_y + C_y - F = 0 \ , \\ \rightarrow &: \quad B_x + C_x - F = 0 \ . \end{aligned}$$

Aus den 6 Gleichungen folgt für die 6 Unbekannten

$$\underline{\underline{B_y = -\frac{3}{2}F}} \ , \qquad \underline{\underline{C_y = A_y = \frac{5}{2}F}} \ ,$$

$$\underline{\underline{C_x = 4F}} \ , \qquad \underline{\underline{B_x = -3F}} \ , \qquad \underline{\underline{A_x = 3F}} \ .$$

Die Lagerreaktionen in horizontaler Richtung lassen sich auch aus dem Gleichgewicht am Gesamtsystem ermitteln:

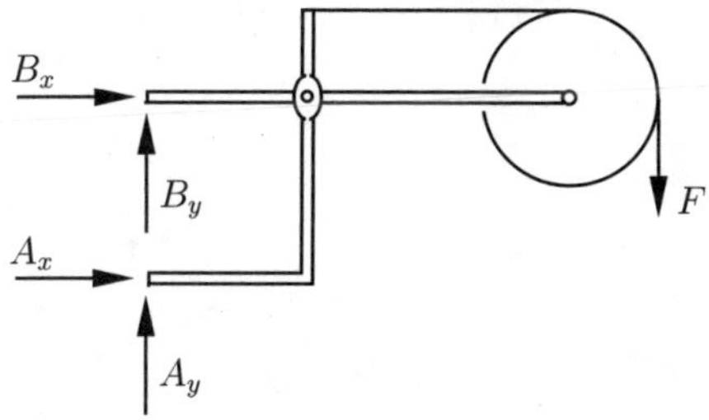

$$\begin{aligned} \overset{\curvearrowleft}{A} &: \quad 6RF + 2RB_x = 0 \quad \rightsquigarrow \quad B_x = -3F \ , \\ \rightarrow &: \quad A_x + B_x = 0 \quad \rightsquigarrow \quad A_x = 3F \ . \end{aligned}$$

Zur Ermittlung der restlichen Lagerreaktionen muß das System in jedem Fall geschnitten werden!

Aufgabe 3.4: Bestimmen Sie die Lagerreaktionen für die in a) und b) dargestellten Systeme.

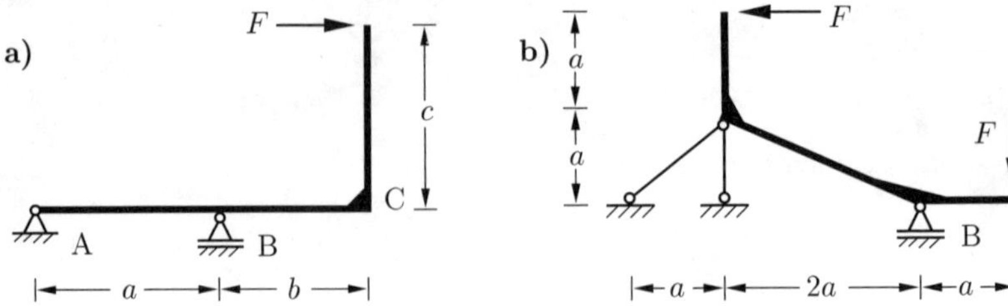

Lösung:

zu **a)**

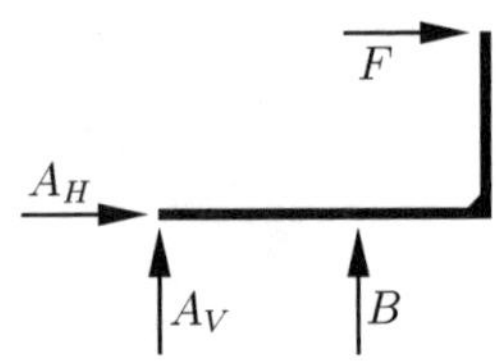

$$\curvearrowleft A : \quad a\,B - c\,F = 0 \quad \rightsquigarrow \quad \underline{\underline{B = \frac{c}{a} F}} \ ,$$

$$\curvearrowleft B : \quad -a\,A_V - c\,F = 0 \quad \rightsquigarrow \quad \underline{\underline{A_V = -\frac{c}{a} F}} \ ,$$

$$\rightarrow : \quad A_H + F = 0 \quad \rightsquigarrow \quad \underline{\underline{A_H = -F}} \ .$$

Probe:

$$\curvearrowleft C : \quad -(a+b)\,A_V - b\,B - c\,F = 0 \ ,$$

$$\rightsquigarrow \quad (c + \frac{b}{a} c)\,F - b\frac{c}{a} F - c\,F = 0 \ .$$

zu **b)**

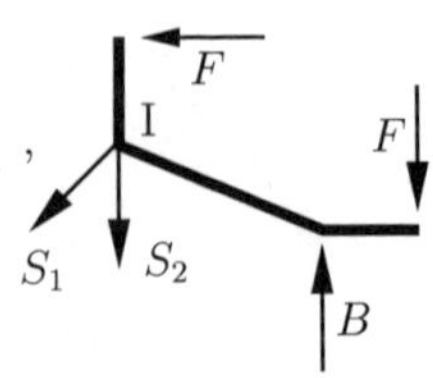

$$\curvearrowleft I : \quad 2a\,B + a\,F - 3a\,F = 0 \quad \rightsquigarrow \quad \underline{\underline{B = F}} \ ,$$

$$\rightarrow : \quad -F - S_1 \cos 45^\circ = 0 \quad \rightsquigarrow \quad \underline{\underline{S_1 = -\sqrt{2} F}} \ ,$$

$$\uparrow : \quad B - F - S_2 - S_1 \sin 45^\circ = 0 \quad \rightsquigarrow \quad \underline{\underline{S_2 = F}} \ .$$

Probe:

$$\curvearrowleft B : \quad 2a\,S_2 + a\,S_1 \cos 45^\circ + 2a\,S_1 \sin 45^\circ + 2a\,F - a\,F = 0 \ ,$$

$$\rightsquigarrow \quad 2a\,F - a\,F - 2a\,F + 2a\,F - a\,F = 0 \ .$$

Aufgabe 3.5: Eine homogene Dreiecksscheibe (spezifisches Gewicht pro Dickeneinheit ρg) wird in der dargestellten Lage gehalten.

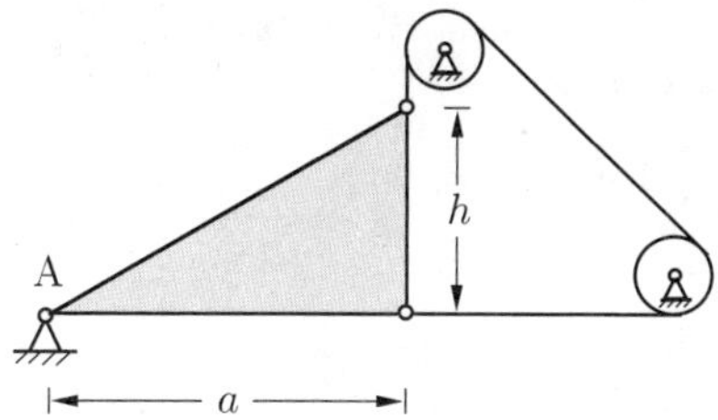

Unter der Voraussetzung, daß zwischen den Rollen und dem Seil keine Reibung herrscht, sind die Seilkraft und die Lagerreaktionen zu bestimmen.

Lösung: Im Freikörperbild

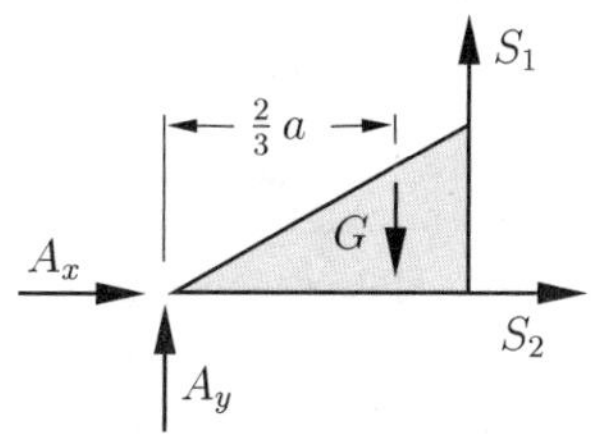

treten 4 Unbekannte auf. Aus dem Gleichgewicht an den Rollen

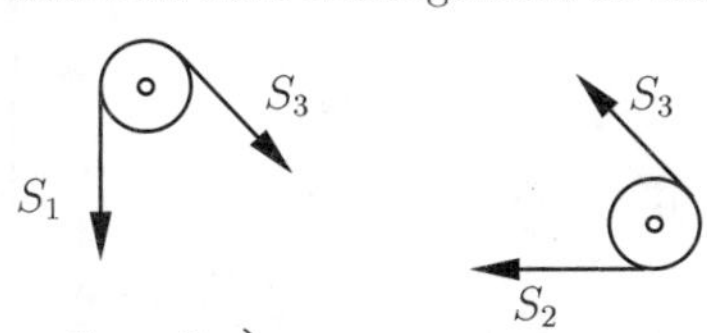

folgt aber

$$\left.\begin{array}{l} S_3 = S_1 \\ S_3 = S_2 \end{array}\right\} \rightsquigarrow \quad S_1 = S_2 = S \;,$$

so daß in Wirklichkeit nur 3 unbekannte Kräfte existieren. Das resultierende Gewicht

$$G = \frac{1}{2}\,ah\rho g$$

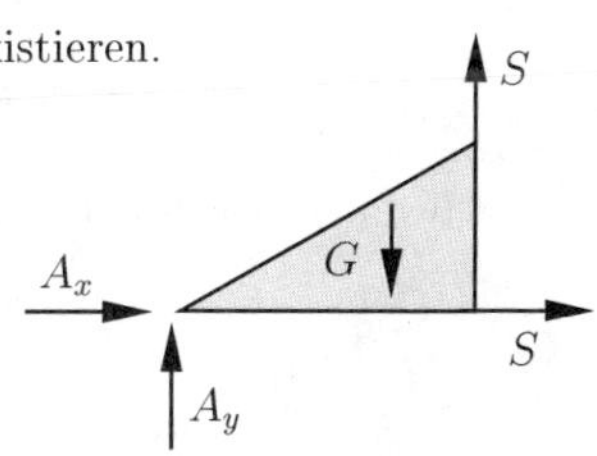

greift im Schwerpunkt an, der beim Dreieck bei $\frac{2}{3}a$ liegt. Damit folgt aus den Gleichgewichtsbedingungen:

$$\begin{aligned}
\overset{\curvearrowleft}{A} &: \quad \frac{2}{3}a\,G - a\,S = 0 &&\rightsquigarrow \quad \underline{\underline{S}} = \frac{2}{3}G = \underline{\underline{\frac{1}{3}\,ah\rho g}} \;, \\
\uparrow &: \quad A_y - G + S = 0 &&\rightsquigarrow \quad \underline{\underline{A_y}} = \frac{1}{3}G = \underline{\underline{\frac{1}{6}\,ah\rho g}} \;, \\
\rightarrow &: \quad A_x + S = 0 &&\rightsquigarrow \quad \underline{\underline{A_x = -\frac{1}{3}\,ah\rho g}} \;.
\end{aligned}$$

Aufgabe 3.6: Für den nebenstehenden Rahmen ermittle man die Lagerreaktionen.

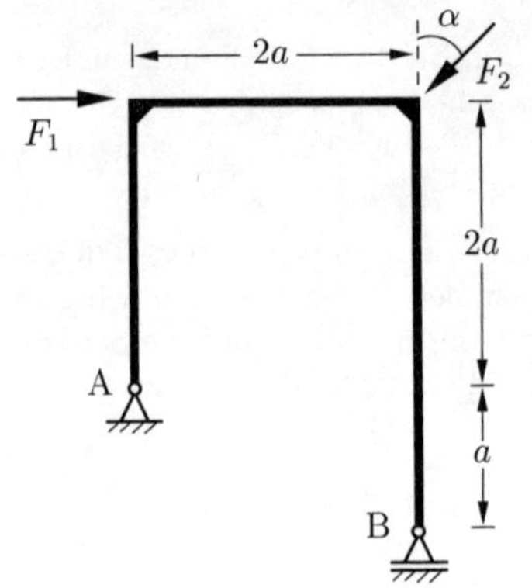

Gegeben: $F_1 = 2000$ N,
$F_2 = 3000\sqrt{2}$ N,
$\alpha = 45°$,
$a = 5$ m.

Lösung: Das Freikörperbild zeigt, daß die Wirkungslinie von F_2 zufällig durch das Lager A geht. Daher bietet sich die Momentengleichung um A als erste Gleichgewichtsbedingung an:

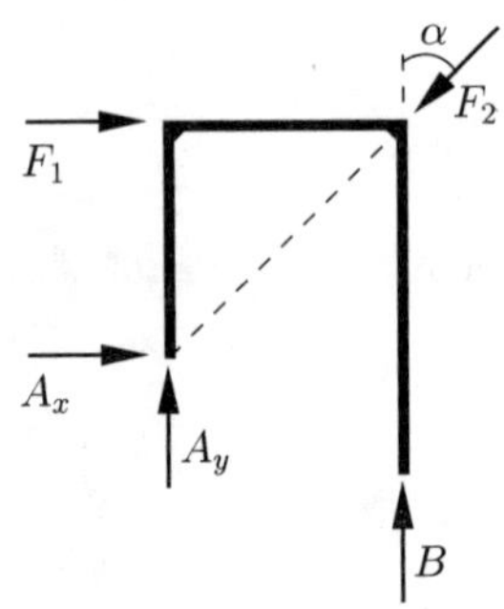

$$\stackrel{\curvearrowleft}{A}: \quad 2a\,B - 2a\,F_1 = 0 \quad \rightsquigarrow \quad B = F_1 \ .$$

Aus dem Kräftegleichgewicht folgt dann:

$$\uparrow: \quad A_y + B - F_2 \cos\alpha = 0 \quad \rightsquigarrow \quad A_y = F_2 \cos\alpha - F_1 \ ,$$

$$\rightarrow: \quad A_x + F_1 - F_2 \sin\alpha = 0 \quad \rightsquigarrow \quad A_x = F_2 \sin\alpha - F_1 \ .$$

Mit den gegebenen Zahlenwerten erhält man:

$$\underline{\underline{A_x}} = 3000\sqrt{2}\,\frac{1}{2}\,\sqrt{2} - 2000 = \underline{\underline{1000\text{ N}}} \ ,$$

$$\underline{\underline{A_y}} = 3000\sqrt{2}\,\frac{1}{2}\,\sqrt{2} - 2000 = \underline{\underline{1000\text{ N}}} \ ,$$

$$\underline{\underline{B}} = \underline{\underline{2000\text{ N}}} \ .$$

Probe:

$$\stackrel{\curvearrowleft}{B}: \quad 3a\,F_2 \sin\alpha - 3a\,F_1 - a\,A_x - 2a\,A_y = 0 \ ,$$

$$\rightsquigarrow \quad 15 \cdot 3000\,\sqrt{2}\,\frac{1}{2}\,\sqrt{2} - 15 \cdot 2000 - 5 \cdot 1000 - 10 \cdot 1000 = 0 \ .$$

Aufgabe 3.7: Wie groß sind die Lagerreaktionen für nebenstehenden Rahmen?

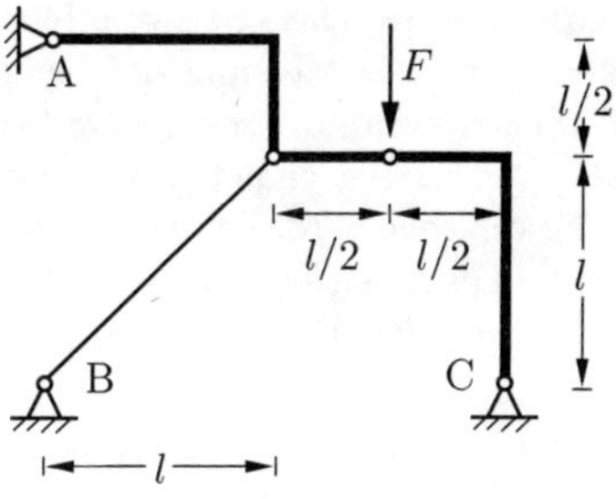

Lösung: Das Freikörperbild zeigt die 5 unbekannten Lagerkräfte (das Lager B ist wegen des gelenkigen Anschlusses in I eine Pendelstütze).
Man kann die Kräfte ohne Betrachtung der Gelenkkräfte berechnen, da die Gesamtreaktion in A durch I und die Gesamtreaktion in C durch II gehen muß (das Moment im Gelenk ist jeweils gleich Null):

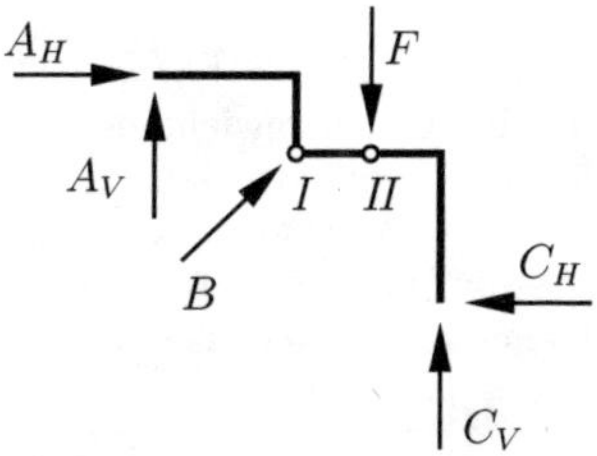

$$\curvearrowleft I : \quad -l\,A_V - \frac{l}{2}A_H = 0 \ , \qquad \uparrow : \quad B\,\frac{1}{2}\sqrt{2} + C_V + A_V - F = 0 \ ,$$

$$\curvearrowleft II : \quad \frac{l}{2}C_V - l\,C_H = 0 \ , \qquad \rightarrow : \quad A_H + B\,\frac{1}{2}\sqrt{2} - C_H = 0 \ ,$$

$$\curvearrowleft A : \ l\,B\frac{1}{2}\sqrt{2} + \frac{l}{2}\,B\frac{1}{2}\sqrt{2} - \frac{3}{2}l\,F - \frac{3}{2}l\,C_H + 2l\,C_V = 0 \ .$$

Auflösung der 5 Gleichungen nach den 5 Unbekannten ergibt:

$$\underline{\underline{A_H = \frac{F}{3}}} \ , \quad \underline{\underline{A_V = -\frac{F}{6}}} \ , \quad \underline{\underline{B = \frac{\sqrt{2}}{6}F}} \ , \quad \underline{\underline{C_H = \frac{F}{2}}} \ , \quad \underline{\underline{C_V = F}} \ .$$

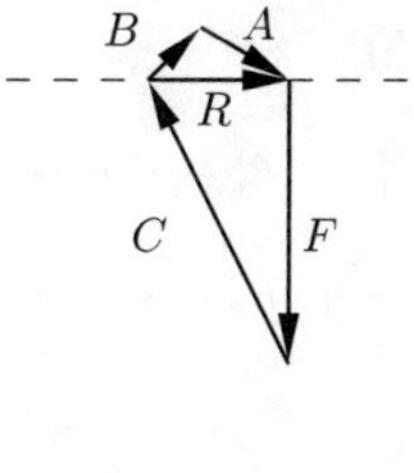

Grafische Lösung: Die Resultierende R aus C und F muß waagrecht verlaufen, da das Rahmenteil I-II ein Pendelstab ist.

Aufgabe 3.8: Das skizzierte Hebelsystem kann zur Messung der Seilkraft F dienen, wenn die senkrechte Stütze $\overline{BC}$ mit einer geeigneten Meßeinrichtung versehen wird. Zwischen den Rollen und dem Seil können die Reibungskräfte vernachlässigt werden.

Man bestimme:
a) die Lagerreaktionen in A und B,
b) die Kräfte in den Rollenlagern.

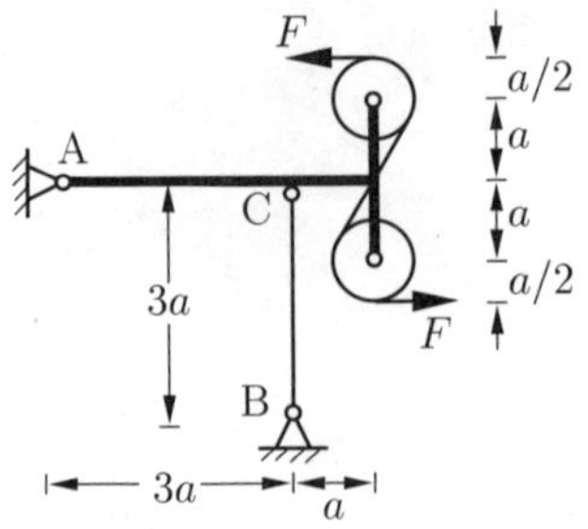

Lösung: zu **a)** Das Teil $\overline{BC}$ ist eine Pendelstütze. Die 3 Lagerreaktionen folgen aus den Gleichgewichtsbedingungen:

$$\rightarrow : \quad A_H = 0 \ ,$$

$$\uparrow : \quad A_V + B = 0 \ ,$$

$$\curvearrowleft A : \quad 3aB + 3aF = 0 \ ,$$

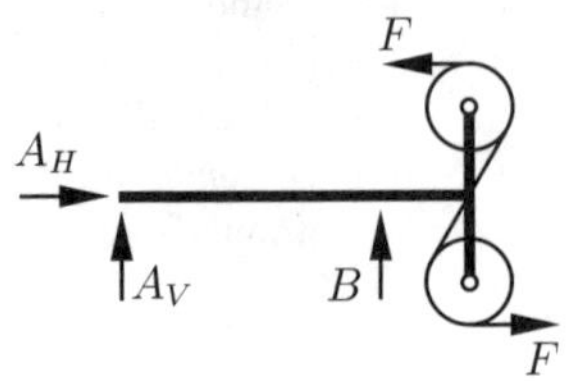

$$\rightsquigarrow \quad \underline{\underline{B = -F}} \ , \quad \underline{\underline{A_V = F}} \ .$$

zu **b)** Aus der gegebenen Geometrie folgt für den Hilfswinkel α:

$$\sin\alpha = \frac{a/2}{a} = \frac{1}{2} \quad \rightsquigarrow \quad \alpha = 30^\circ \ .$$

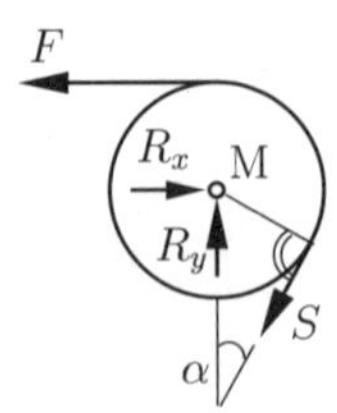

Damit liefern die Gleichgewichtsbedingungen:

$$\curvearrowleft M : \quad \frac{a}{2}F - \frac{a}{2}S = 0 \qquad \rightsquigarrow \quad \underline{\underline{S = F}} \ ,$$

$$\uparrow : \quad R_y - S\cos\alpha = 0 \qquad \rightsquigarrow \quad \underline{\underline{R_y = \frac{1}{2}\sqrt{3}F}} \ ,$$

$$\rightarrow : \quad R_x - S\sin\alpha - F = 0 \qquad \rightsquigarrow \quad \underline{\underline{R_x = \frac{3}{2}F}} \ .$$

Aufgabe 3.9: Für das dargestellte Tragwerk ermittle man die Lagerreaktionen.

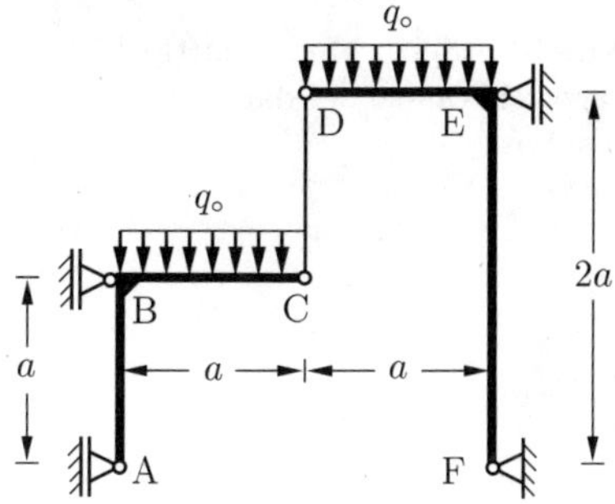

Lösung: Die beiden Teilkörper $\overline{ABC}$ und $\overline{DEF}$ sind durch die Pendelstütze $\overline{CD}$ verbunden. Mit $n = 2$, $v = 1$ und $r = 3 \cdot 1 + 1 \cdot 2 = 5$ erhält man: $f = 3 \cdot 2 - (5 + 1) = 0$. Die notwendige Bedingung für statische Bestimmtheit ist danach erfüllt.
Aus dem Freikörperbild liest man für die Gleichgewichtsbedingungen ab:

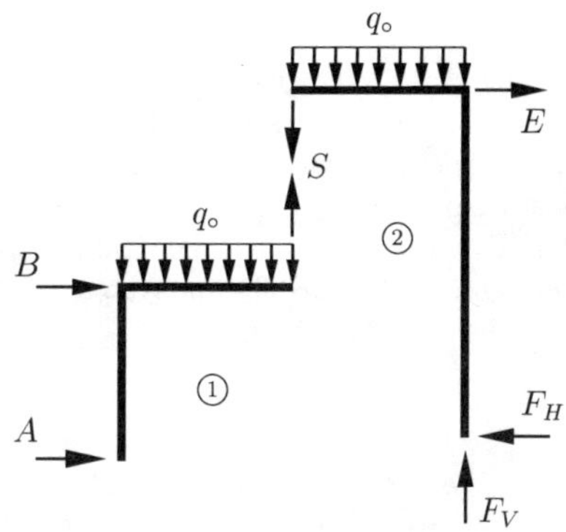

Gleichgewicht für Teilsystem ① :

$$\left.\begin{aligned} \rightarrow &: \quad A + B = 0 \\ \uparrow &: \quad S = q_\circ a \\ \curvearrowleft A &: \quad aS - \frac{q_\circ a^2}{2} - aB = 0 \end{aligned}\right\} \rightsquigarrow \quad \underline{\underline{B = \frac{q_\circ a}{2}}}\ , \quad \underline{\underline{A = -\frac{q_\circ a}{2}}}\ .$$

Gleichgewicht für Teilsystem ② :

$$\left.\begin{aligned} \curvearrowleft F &: \quad aS + \frac{q_\circ a^2}{2} - 2aE = 0 \\ \uparrow &: \quad F_V - S - q_\circ a = 0 \\ \rightarrow &: \quad E - F_H = 0 \end{aligned}\right\} \rightsquigarrow \quad \underline{\underline{F_V = 2q_\circ a}}\ , \quad \underline{\underline{E = \frac{3}{4} q_\circ a}}\ , \quad \underline{\underline{F_H = \frac{3}{4} q_\circ a}}\ .$$

Probe: Momentengleichgewicht am Gesamtsystem

$$\curvearrowleft D : \quad 2aA + aB + \frac{q_\circ a^2}{2} - \frac{q_\circ a^2}{2} - 2aF_H + aF_V = 0\ ,$$

$$\rightsquigarrow \quad -q_\circ a^2 + \frac{q_\circ a^2}{2} - \frac{3}{2} q_\circ a^2 + 2q_\circ a^2 = 0\ .$$

Aufgabe 3.10: Man ermittle die Lagerreaktionen des dargestellten Systems.

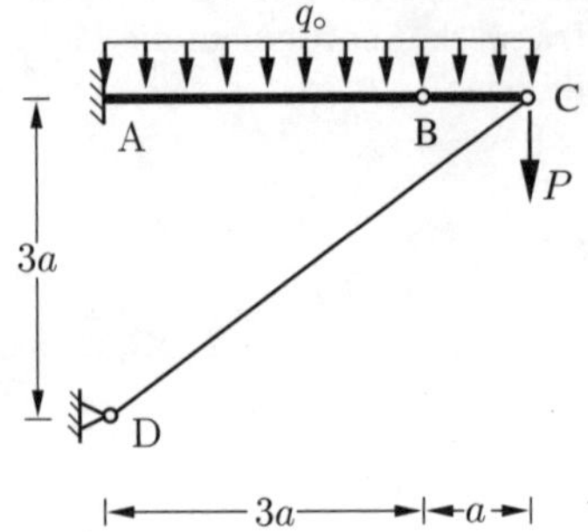

Lösung: Das Freikörperbild zeigt die auf das System wirkenden Kräfte (der Körper $\overline{CD}$ wirkt wie eine Pendelstütze).
Damit lauten die Gleichgewichtsbedingungen für das Gesamtsystem bzw. für das Teilsystem ②

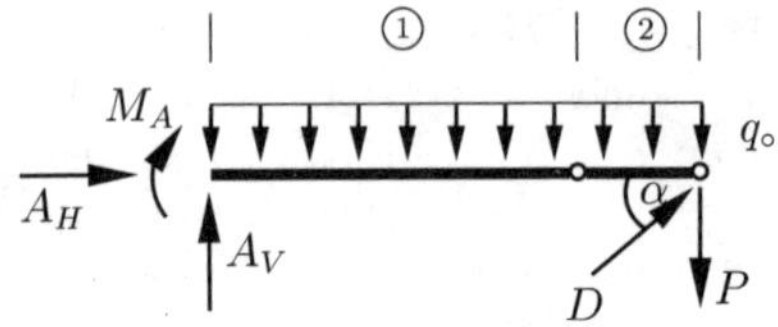

$$\downarrow \; : \quad -D\sin\alpha - A_V + P + q_\circ 4a = 0 \ ,$$

$$\rightarrow \; : \quad A_H + D\cos\alpha = 0 \ ,$$

$$\stackrel{\frown}{A} \; : \quad -M_A + 4aD\sin\alpha - 2aq_\circ 4a - 4aP = 0 \ ,$$

$$\stackrel{\frown}{B} \; : \quad aD\sin\alpha - Pa - \frac{1}{2}aq_\circ a = 0 \ .$$

Auflösung der 4 Gleichungen nach den 4 Unbekannten ergibt mit $\sin\alpha = 3/5$ und $\cos\alpha = 4/5$ die gesuchten Lagerreaktionen:

$$\underline{\underline{D = \frac{5}{3}P + \frac{5}{6}q_\circ a}} \ , \quad \underline{\underline{A_V = \frac{7}{2}q_\circ a}} \ , \quad \underline{\underline{A_H = -\frac{4}{3}P - \frac{2}{3}q_\circ a}} \ , \quad \underline{\underline{M_A = -6q_\circ a^2}} \ .$$

Aufgabe 3.11: An dem nebenstehend dargestellten Tragwerk wirkt auf Teilkörper $\overline{BC}$ eine dreiecksförmige Linienlast. Weiterhin greift im Bereich $\overline{AB}$ ein Einzelmoment $M_\circ$ an.

Wie groß sind die Lagerreaktionen in A und in C ?

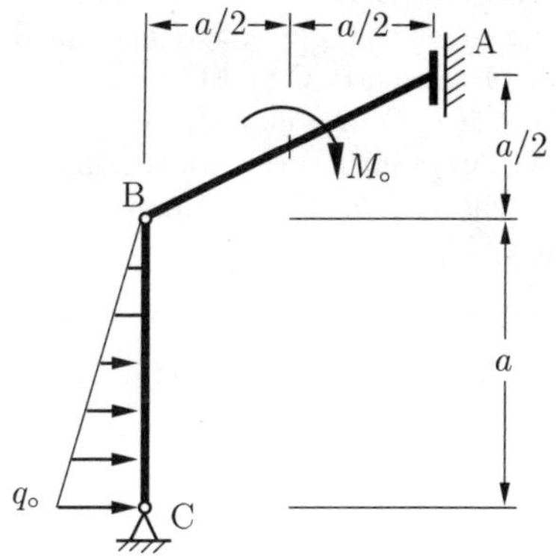

Lösung: Das Freikörperbild zeigt sämtliche am System angreifenden Kräfte. Dabei wurde die dreiecksförmige Linienlast durch ihre Resultierende R ersetzt. Damit lauten die Gleichgewichtsbedingungen für das Gesamtsystem und für das Teilsystem ② :

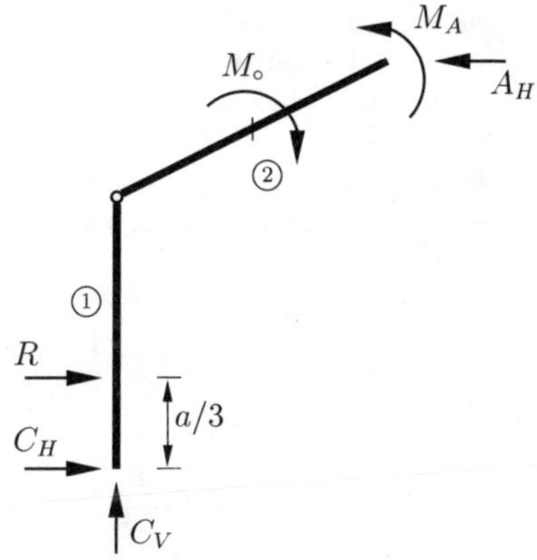

$$\uparrow : \quad C_V = 0 \,,$$

$$\rightarrow : \quad -A_H + C_H + R = 0 \,,$$

$$\stackrel{\curvearrowleft}{C} : \quad M_A - M_\circ + \frac{3}{2}aA_H - \frac{1}{3}aR = 0 \,,$$

$$\stackrel{\curvearrowleft}{B} : \quad -a\,C_H - \frac{2}{3}aR = 0 \,.$$

Daraus folgt mit $R = \frac{a}{2}q_\circ$ für die Lagerreaktionen:

$$\underline{\underline{C_H = -\frac{1}{3}aq_\circ}} \;, \quad \underline{\underline{C_V = 0}} \;, \quad \underline{\underline{A_H = \frac{1}{6}aq_\circ}} \;, \quad \underline{\underline{M_A = M_0 - \frac{1}{12}a^2q_\circ}} \;.$$

Aufgabe 3.12: An dem nebenstehenden Tragwerk greifen in den Punkten B, C und D die Einzelkräfte P_1, P_2 und P_3 an. Die Wirkungslinien der Kräfte sind jeweils parallel zu den Koordinatenachsen.

Wie lauten die Lagerreaktionen an der Einspannstelle?

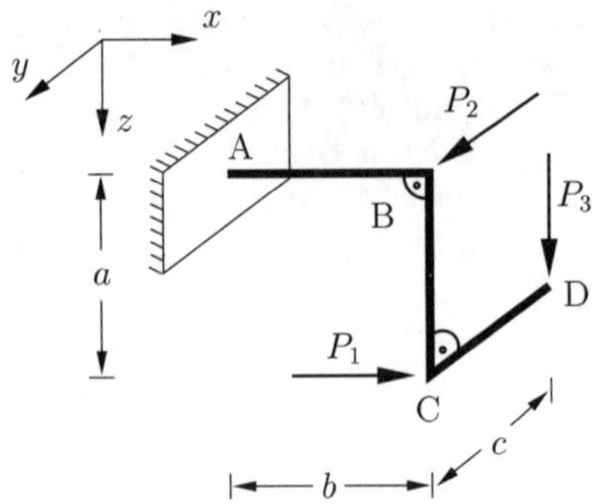

Lösung: Aus dem Freikörperbild erkennt man, daß an der Einspannstelle A je drei Kraftkomponenten und drei Momentenkomponenten wirken. Damit ergibt sich aus dem Kräftegleichgewicht und aus dem Momentengleichgewicht:

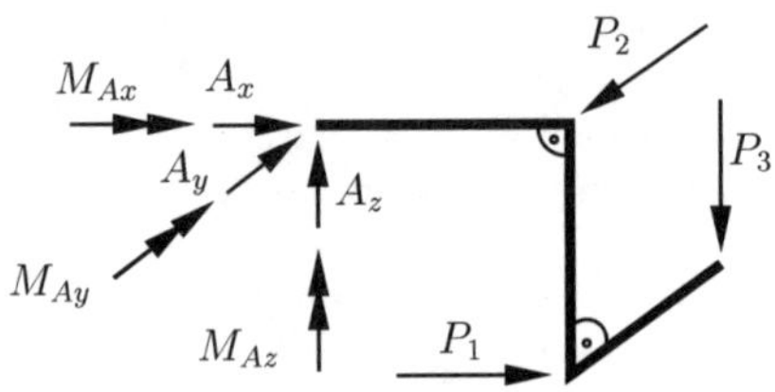

$$\sum F_x = 0 \quad : \quad \underline{\underline{A_x = -P_1}} \ ,$$

$$\sum F_y = 0 \quad : \quad \underline{\underline{A_y = P_2}} \ ,$$

$$\sum F_z = 0 \quad : \quad \underline{\underline{A_z = P_3}} \ ,$$

$$\sum M_x^{(A)} = 0 \quad : \quad \underline{\underline{M_{Ax} = cP_3}} \ ,$$

$$\sum M_y^{(A)} = 0 \quad : \quad \underline{\underline{M_{Ay} = aP_1 - bP_3}} \ ,$$

$$\sum M_z^{(A)} = 0 \quad : \quad \underline{\underline{M_{Az} = bP_2}} \ .$$

Aufgabe 3.13: Man ermittle die Lagerkräfte für die nebenstehende Anzeigentafel. Die Gewichtskraft G und die Windlast W greifen im Flächenschwerpunkt der Tafel an.

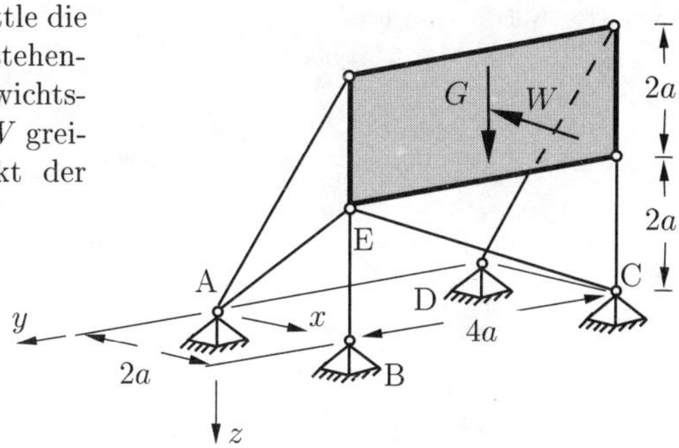

Lösung: Aus der Geometrie ermitteln wir zunächst die Winkel

$$\cos\alpha_1 = \frac{1}{\sqrt{5}}, \quad \cos\alpha_2 = \frac{1}{\sqrt{5}},$$

$$\cos\alpha_3 = \frac{1}{\sqrt{2}}, \quad \cos\alpha_5 = \frac{2}{\sqrt{5}}.$$

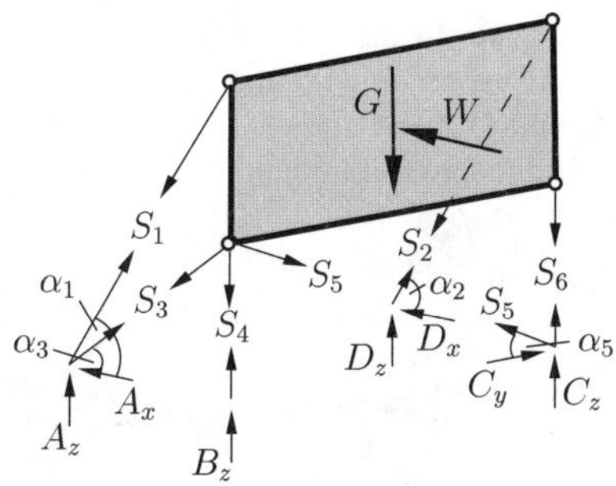

Dann lauten die Gleichgewichtsbedingungen:

$$\sum F_y = 0 \quad : -S_5 \cos\alpha_5 = 0 \qquad \rightsquigarrow S_5 = 0\,,$$

$$\sum M_z^{(B)} = 0 : -S_2 \cos\alpha_2\, 4a - W\, 2a = 0 \qquad \rightsquigarrow S_2 = -\frac{\sqrt{5}}{2} W,$$

$$\sum M_x^{(E)} = 0 : -G\, 2a - S_6\, 4a - S_2 \sin\alpha_2\, 4a = 0 \qquad \rightsquigarrow S_6 = -\frac{1}{2} G + W,$$

$$\sum M_y^{(E)} = 0 : +S_1 \cos\alpha_1\, 2a + S_2 \cos\alpha_2\, 2a + W a = 0 \qquad \rightsquigarrow S_1 = 0,$$

$$\sum F_x = 0 \quad : -S_1 \cos\alpha_1 - S_3 \cos\alpha_3 - S_2 \cos\alpha_2 - W = 0 \rightsquigarrow S_3 = -\frac{\sqrt{2}}{2} W,$$

$$\sum F_z = 0 \quad : +G + S_4 + S_6 + S_2 \sin\alpha_2 + S_5 \sin\alpha_5 + $$

$$+ S_1 \sin\alpha_1 + S_3 \sin\alpha_3 = 0 \qquad \rightsquigarrow S_4 = -\frac{1}{2} G + \frac{1}{2} W.$$

Daraus folgt für die Lagerkräfte:

$$\underline{\underline{A_x = -\frac{1}{2} W}}\,, \qquad \underline{\underline{D_x = -\frac{1}{2} W}}\,,$$

$$\underline{\underline{A_z = \frac{1}{2} W}}\,, \quad \underline{\underline{B_z = \frac{1}{2} G - \frac{1}{2} W}}\,, \quad \underline{\underline{C_z = \frac{1}{2} G - W}}\,, \quad \underline{\underline{D_z = W}}\,.$$

Alle übrigen Komponenten der Lagerkräfte sind Null.

Aufgabe 3.14: Man ermittle die Lagerkräfte für das dargestellte räumliche System.

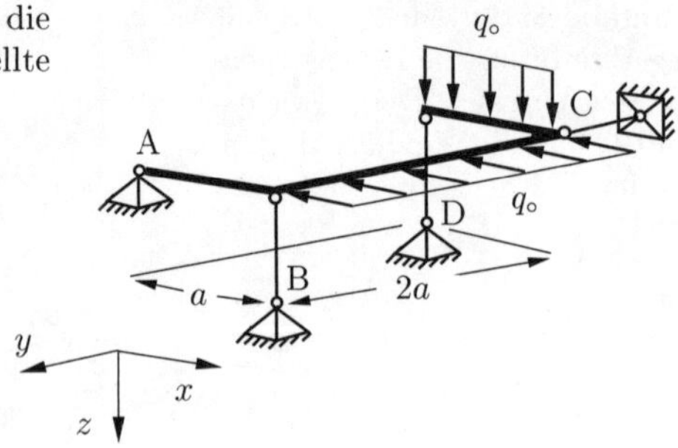

Lösung: Die Lagerreaktionen werden freigeschnitten und zusammen mit den auf das System einwirkenden Kräften im Freikörperbild angetragen. Die Lager B, C und D sind Pendelstützen und können daher nur Kräfte in Richtung der Anschlußstäbe aufnehmen.

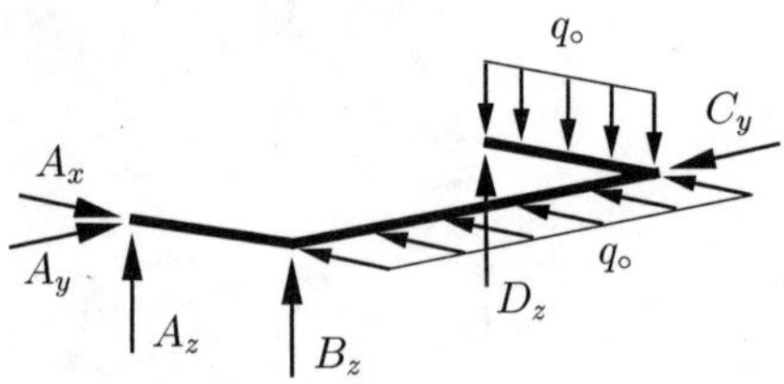

Mit Hilfe der 3 Kräfte- und der 3 Momentengleichgewichtsbedingungen ergeben sich die folgenden Ergebnisse für die 6 unbekannten Lagerreaktionen. Dabei ist es zweckmäßig auf eine geeignete Wahl der Momentenbezugspunkte zu achten.

$$\sum F_x = 0 \quad : \; A_x - 2q_\circ a = 0 \quad \rightsquigarrow \quad \underline{\underline{A_x = 2q_\circ a}} \;,$$

$$\sum M_x^{(A)} = 0 \; : \; +D_z 2a - q_\circ a\, 2a = 0 \quad \rightsquigarrow \quad \underline{\underline{D_z = +q_\circ a}} \;,$$

$$\sum M_y^{(A)} = 0 \; : \; +B_z\, a - q_\circ a \frac{a}{2} = 0 \quad \rightsquigarrow \quad \underline{\underline{B_z = +\frac{q_\circ a}{2}}} \;,$$

$$\sum M_z^{(A)} = 0 \; : \; C_y a \,-\, 2q_\circ a\, a = 0 \quad \rightsquigarrow \quad \underline{\underline{C_y = 2q_\circ a}} \;,$$

$$\sum F_y = 0 \quad : \; -A_y + C_y = 0 \quad \rightsquigarrow \quad \underline{\underline{A_y = +2q_\circ a}} \;,$$

$$\sum F_z = 0 \quad : \; -A_z - B_z - D_z + q_\circ a = 0 \rightsquigarrow \quad \underline{\underline{A_z = -q_\circ \frac{a}{2}}} \;.$$

4 Fachwerke

Annahmen:
- Stäbe sind gerade
- Stäbe sind an den Knoten gelenkig miteinander verbunden
- Äußere Kräfte wirken nur an den Knoten

Ebenes Fachwerk: Sowohl Fachwerkstäbe als auch Kräfte liegen in ein und derselben Ebene.

Vorzeichenfestlegung:

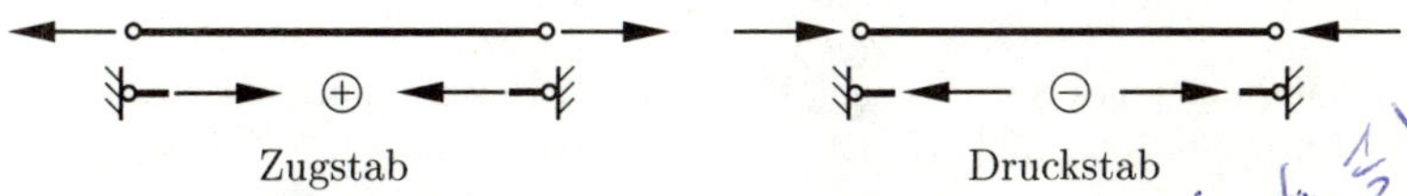

Kontrolle der statischen Bestimmtheit:

$$\boxed{f = 2k - (s + r)}$$ ebenes Fachwerk,

$$\boxed{f = 3k - (s + r)}$$ räumliches Fachwerk.

Darin sind:

f = Zahl der Freiheitsgrade,
k = Zahl der Knoten,
s = Zahl der Stäbe,
r = Zahl der Lagerreaktionen.

Merke:

$$f = \begin{cases} > 0 : & \text{f-fach verschieblich} \\ = 0 : & \text{stat. bestimmt} \\ < 0 : & \text{f-fach stat. unbest.} \end{cases}$$

Nullstäbe: Stäbe für welche die Stabkraft Null ist. Im ebenen Fall gilt:

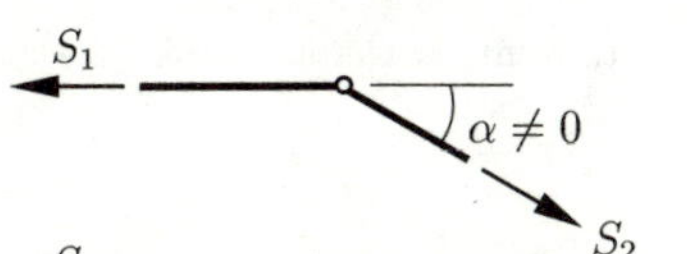

$S_1 = S_2 = 0$

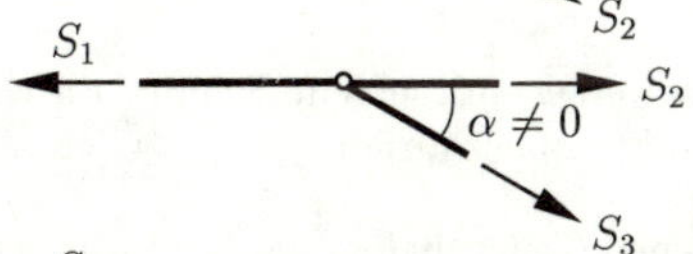

$S_3 = 0$

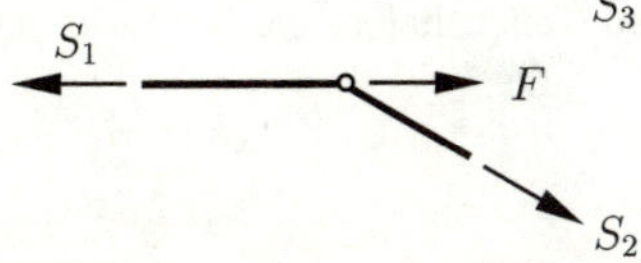

$S_2 = 0$

Zur Ermittlung der Stabkräfte stehen folgende Methoden zur Verfügung:

I Knotenpunktverfahren

Wird angewendet, wenn *alle* Stabkräfte gesucht sind.

a) Analytisches Lösungsverfahren

Für jeden Knoten werden die Gleichgewichtsbedingungen angeschrieben. Bei vielen Stäben entstehen dann große Gleichungssysteme.

b) Grafisches Lösungsverfahren für ebene Fachwerke (Cremona-Plan)

1. Ermittlung der Lagerreaktionen.
2. Festlegung des Umfahrungssinnes: $\curvearrowleft$ oder $\curvearrowright$.
3. Zeichnen eines geschlossenen Kraftecks aus Lasten und Lagerreaktionen im Umfahrungssinn (Kraftmaßstab geeignet wählen!).
4. Stäbe numerieren und Nullstäbe ermitteln.
5. Beginnend an einem Knoten mit nur *zwei* unbekannten Stabkräften wird für jeden Knoten das Kräftepolygon gezeichnet. Die Kräfte werden dabei in der Reihenfolge aufgetragen, die durch den Umlaufsinn gegeben ist.
6. Richtung der Kräfte am Knoten ins Freikörperbild übertragen und feststellen, ob ein Zug- oder ein Druckstab vorliegt.
7. Die letzten Kraftecke dienen der Kontrolle.
8. Angabe aller Stabkräfte mit Vorzeichen in einer Tabelle.

II Rittersches Schnittverfahren

Wird beim ebenen Fachwerk angewendet, wenn *einzelne* Stabkräfte gesucht sind.

1. Ermittlung der Lagerreaktionen.
2. Vollständige Trennung des Fachwerkes mit einem Schnitt durch *drei* Stäbe, die nicht durch *einen* Punkt gehen dürfen.
3. Gleichgewicht an den geschnittenen Teilen liefert die Kräfte in den geschnittenen Stäben.

Aufgabe 4.1: Für das dargestellte Fachwerk sind die Stabkräfte mit dem Knotenpunktverfahren zu bestimmen.

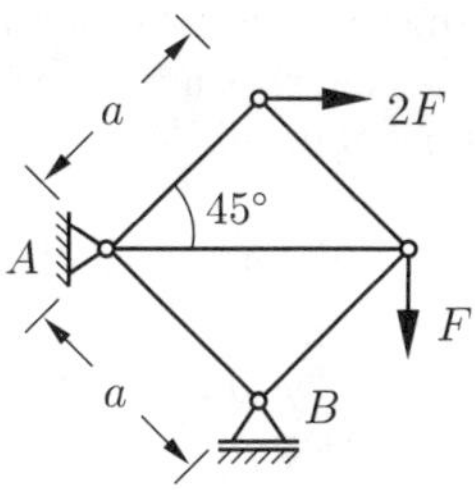

Lösung: Die Lagerreaktionen ergeben sich aus den Gleichgewichtsbedingungen für das Gesamtsystem

$$\rightarrow : \quad A_H + 2F = 0 \,,$$
$$\uparrow : \quad A_V + B - F = 0 \,,$$
$$\overset{\curvearrowright}{A} : \quad \sqrt{2}aF + \frac{\sqrt{2}}{2}a2F - \frac{\sqrt{2}}{2}aB = 0$$

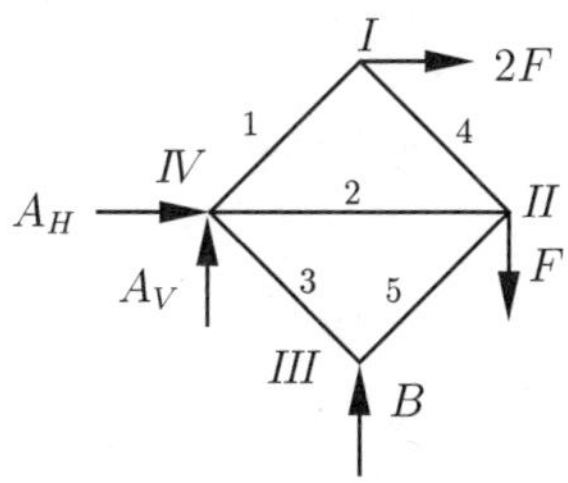

zu

$$\underline{\underline{A_V = -3F}} \,, \quad \underline{\underline{A_H = -2F}} \,, \quad \underline{\underline{B = 4F}} \,.$$

Gleichgewicht an den Knoten *I*, *III* und *II* liefert:

$$I \quad \swarrow : \quad S_1 - 2F\frac{\sqrt{2}}{2} = 0 \quad \leadsto \quad \underline{\underline{S_1 = \sqrt{2}F}} \,,$$
$$\searrow : \quad S_4 + 2F\frac{\sqrt{2}}{2} = 0 \quad \leadsto \quad \underline{\underline{S_4 = -\sqrt{2}F}} \,,$$
$$III \quad \nwarrow : \quad S_3 + B\frac{\sqrt{2}}{2} = 0 \quad \leadsto \quad \underline{\underline{S_3 = -2\sqrt{2}F}} \,,$$
$$\nearrow : \quad S_5 + B\frac{\sqrt{2}}{2} = 0 \quad \leadsto \quad \underline{\underline{S_5 = -2\sqrt{2}F}} \,,$$
$$II \quad \leftarrow : \quad S_2 + \frac{\sqrt{2}}{2}S_4 + \frac{\sqrt{2}}{2}S_5 = 0 \,,$$
$$\underline{\underline{S_2 = 3F}} \,.$$

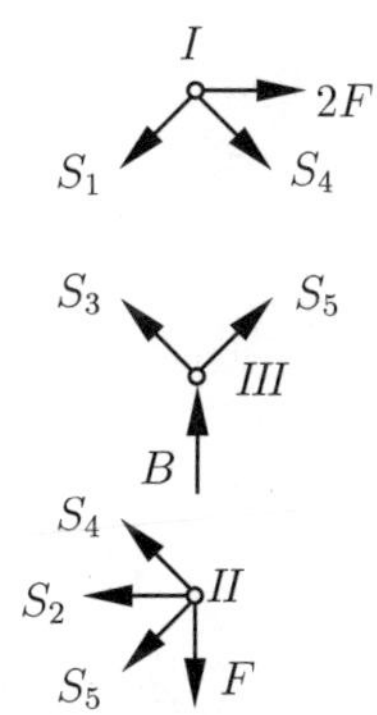

Zur Kontrolle überzeugen wir uns, daß die Gleichgewichtsbedingungen am Knoten *IV* erfüllt sind:

$$IV \quad \rightarrow : \quad A_H + \frac{\sqrt{2}}{2}S_1 + S_2 + \frac{\sqrt{2}}{2}S_3 = -2F + F + 3F - 2F = 0 \,,$$
$$\uparrow : \quad A_V + \frac{\sqrt{2}}{2}S_1 - \frac{\sqrt{2}}{2}S_3 = -3F + F + 2F = 0 \,.$$

Tabelle:

i	1	2	3	4	5
S_i	$\sqrt{2}F$	$3F$	$-2\sqrt{2}F$	$-\sqrt{2}F$	$-2\sqrt{2}F$

Aufgabe 4.2: Für das dargestellte Fachwerk sind die Stabkräfte zu bestimmen.

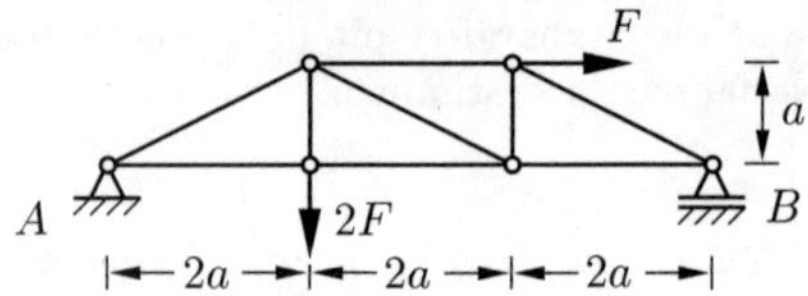

Lösung: Die Lagerreaktionen ergeben sich aus den Gleichgewichtsbedingungen am Gesamtsystem

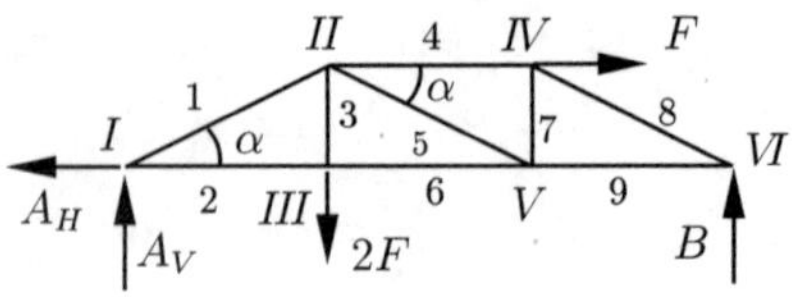

$$\overset{\curvearrowright}{A}\;:\quad 4aF + aF - 6aB = 0\,,$$

$$\uparrow\;:\quad A_V + B - 2F = 0\,,$$

$$\rightarrow\;:\quad -A_H + F = 0\,.$$

Es folgt

$$\underline{\underline{B = \frac{5}{6}F}}\,,\qquad \underline{\underline{A_V = \frac{7}{6}F}}\,,\qquad \underline{\underline{A_H = F}}\,.$$

Die Stabkräfte erhält man aus den Knotengleichgewichtsbedingungen. Mit

$$\sin\alpha = \frac{1}{\sqrt{5}} \quad \text{und} \quad \cos\alpha = \frac{2}{\sqrt{5}}$$

folgt daraus

$$I \quad \uparrow\;:\quad A_V + S_1\frac{1}{\sqrt{5}} = 0\,,$$

$$\rightarrow\;:\quad S_2 + S_1\frac{2}{\sqrt{5}} - A_H = 0\,,$$

$$\leadsto\quad \underline{\underline{S_1 = -\frac{7\sqrt{5}}{6}F}}\,,\qquad \underline{\underline{S_2 = \frac{10}{3}F}}\,.$$

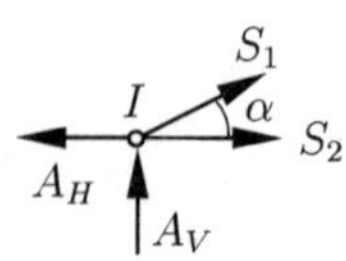

$$III \quad \rightarrow\;:\quad S_6 - S_2 = 0\,,$$

$$\uparrow\;:\quad S_3 - 2F = 0\,,$$

$$\leadsto\quad \underline{\underline{S_6 = \frac{10}{3}F}}\,,\qquad \underline{\underline{S_3 = 2F}}\,.$$

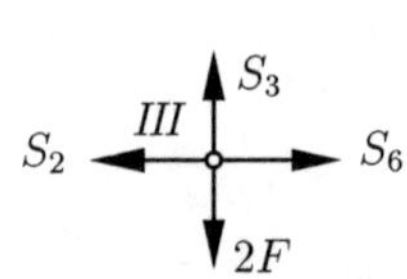

$$II \quad \downarrow : \quad S_1 \frac{1}{\sqrt{5}} + S_5 \frac{1}{\sqrt{5}} + S_3 = 0 \, ,$$

$$\rightarrow : \quad -S_1 \frac{2}{\sqrt{5}} + S_5 \frac{2}{\sqrt{5}} + S_4 = 0 \, ,$$

$$\leadsto \quad \underline{\underline{S_5 = -\frac{5\sqrt{5}}{6} F}} \, , \qquad \underline{\underline{S_4 = -\frac{2}{3} F}} \, .$$

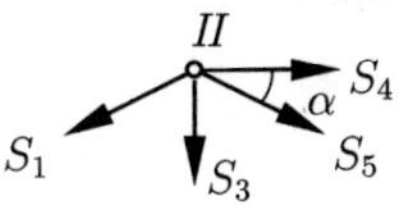

$$IV \quad \rightarrow : \quad -S_4 + F + S_8 \frac{2}{\sqrt{5}} = 0 \, ,$$

$$\downarrow : \quad S_7 + S_8 \frac{1}{\sqrt{5}} = 0 \, ,$$

$$\leadsto \quad \underline{\underline{S_8 = -\frac{5\sqrt{5}}{6} F}} \, , \qquad \underline{\underline{S_7 = \frac{5}{6} F}} \, .$$

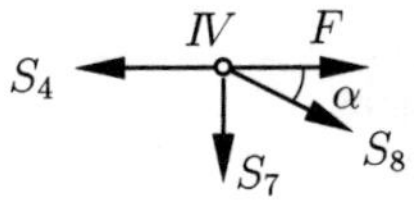

$$VI \quad \leftarrow : \quad S_9 + S_8 \frac{2}{\sqrt{5}} = 0 \, ,$$

$$\leadsto \quad \underline{\underline{S_9 = \frac{5}{3} F}} \, .$$

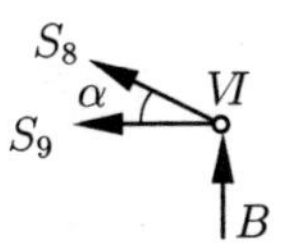

Zur Kontrolle werden noch die zweite Gleichgewichtsbedingung am Knoten *VI* und die Gleichgewichtsbedingungen am Knoten *V* überprüft:

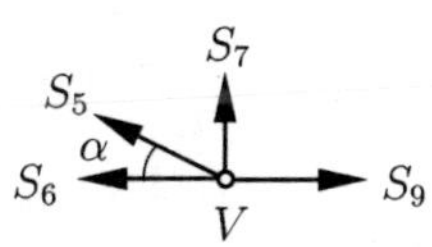

$$VI \quad \uparrow : \quad S_8 \frac{1}{\sqrt{5}} + B = -\frac{5}{6} F + \frac{5}{6} F = 0 \, ,$$

$$V \quad \rightarrow : \quad S_9 - S_5 \frac{2}{\sqrt{5}} - S_6 = \frac{5}{3} F + \frac{5}{3} F - \frac{10}{3} F = 0 \, ,$$

$$\uparrow : \quad S_7 + S_5 \frac{1}{\sqrt{5}} = \frac{5}{6} F - \frac{5}{6} F = 0 \, .$$

Die Ergebnisse sind in der folgenden Tabelle zusammengefaßt:

i	1	2	3	4	5	6	7	8	9
S_i/F	-2,61	3,33	2	-0,67	-1,86	3,33	0,83	-1,86	1,67

Die größten Kräfte treten in den Stäben 2 und 6 auf.

Aufgabe 4.3: Beim dargestellten Fachwerk sind die Stabkräfte zu bestimmen.

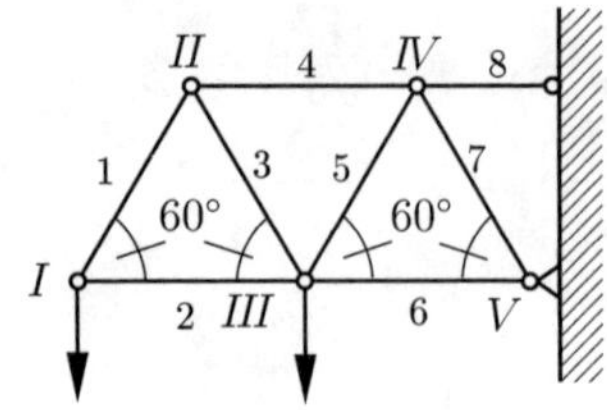

Lösung: Beginnend am belasteten Knoten I werden der Reihe nach für alle Knoten die Gleichgewichtsbedingungen aufgestellt:

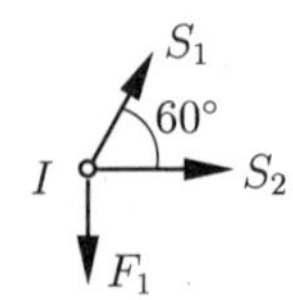

$$I \quad \uparrow: \quad S_1 \sin 60^o - F_1 = 0\,,$$

$$\rightarrow: \quad S_2 + S_1 \cos 60^o = 0\,,$$

$$\rightsquigarrow \quad \underline{\underline{S_1}} = -\tfrac{2}{\sqrt{3}} F_1 = \underline{\underline{11,6\ \text{kN}}}\,, \qquad \underline{\underline{S_2}} = -\tfrac{1}{2} S_1 = \underline{\underline{-5,8\ \text{kN}}}\,.$$

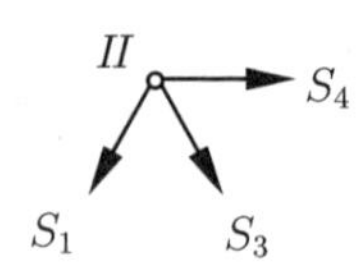

$$II \quad \downarrow: \quad S_1 \sin 60^o + S_3 \sin 60^o = 0\,,$$

$$\rightarrow: \quad S_4 - S_1 \cos 60^o + S_3 \cos 60^o = 0\,,$$

$$\rightsquigarrow \underline{\underline{S_3}} = -S_1 = \underline{\underline{-11,6\ \text{kN}}}\,, \qquad \underline{\underline{S_4}} = S_1 = \underline{\underline{11,6\ \text{kN}}}\,.$$

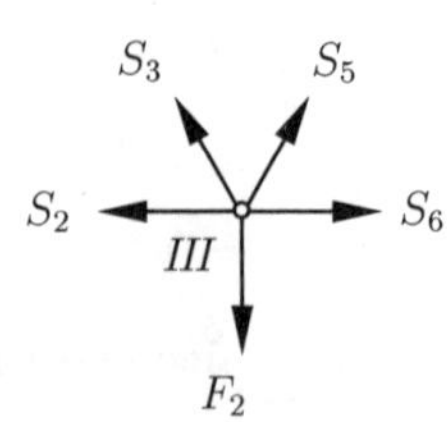

$$III \quad \uparrow: \quad (S_3 + S_5) \sin 60^o + S_6 = 0\,,$$

$$\rightarrow: \quad -S_2 + (S_5 - S_3) \cos 60^o + S_6 = 0\,,$$

$$\rightsquigarrow \underline{\underline{S_5}} = \tfrac{2}{\sqrt{3}}(F_1 + F_2) = \underline{\underline{34,6\ \text{kN}}}\,, \qquad \underline{\underline{S_6}} = \underline{\underline{-28,9\ \text{kN}}}\,.$$

$IV \quad \downarrow: \quad S_5 \sin 60^o + S_7 \sin 60^o = 0 \,,$

$\rightarrow: \quad -S_4 + (S_7 - S_5)\cos 60^o + S_8 = 0 \,,$

$\rightsquigarrow \underline{\underline{S_7}} = -S_5 = \underline{\underline{-34,6 \text{ kN}}} \,, \qquad S_8 = \underline{\underline{46,2 \text{ kN}}} \,.$

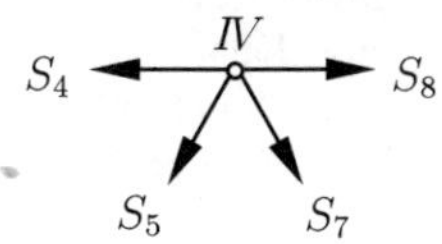

Tabelle:

i	1	2	3	4	5	6	7	8
S_i/kN	11,6	-5,8	-11,6	11,6	34,6	-28,9	-34,6	46,2

Zur Probe bestimmen wir noch die Kräfte in den Stäben 6, 7 und 8 durch einen RITTER-Schnitt:

$\stackrel{\curvearrowleft}{IV}: \quad \frac{3}{2}aF_1 + \frac{a}{2}F_2 + a\sin 60° S_6 = 0 \,,$

$\rightsquigarrow \underline{\underline{S_6 = -28,9 \text{ kN}}} \,.$

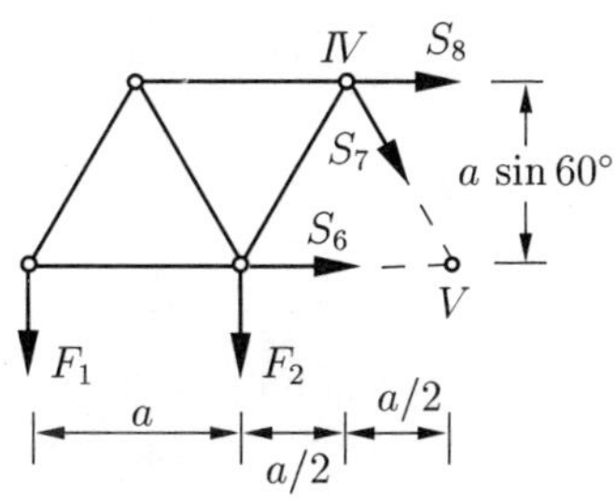

$\stackrel{\curvearrowleft}{V}: \quad 2aF_1 + aF_2 - a\sin 60° S_8 = 0 \,,$

$\rightsquigarrow \underline{\underline{S_8 = 46,2 \text{ kN}}} \,.$

$\downarrow: \quad F_1 + F_2 + S_7 \cos 30° = 0 \,,$

$\rightsquigarrow \underline{\underline{S_7 = -34,6 \text{ kN}}} \,.$

Anmerkung: Beim auskragenden Fachwerk kann man die Stabkräfte ohne vorherige Berechnung der Lagerkräfte ermitteln.

Aufgabe 4.4: Für das dargestellte Fachwerk sollen die Lagerreaktionen und die Stabkräfte S_1, S_2 und S_3 bestimmt werden.

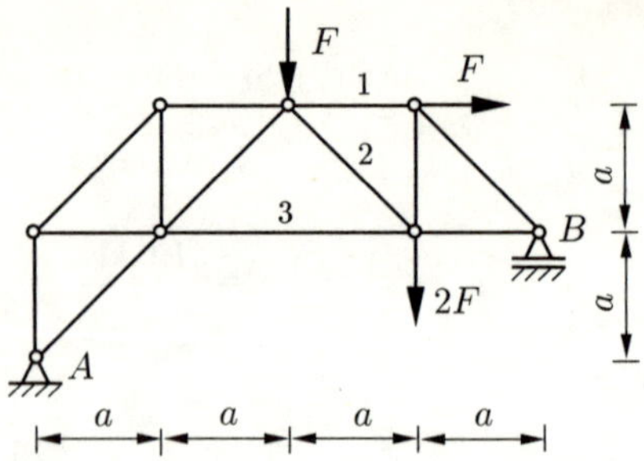

Lösung: Die Lagerreaktionen bestimmen sich aus den Gleichgewichtsbedingungen für das Gesamtsystem

$$\rightarrow: \quad F - A_H = 0\,,$$

$$\uparrow: \quad A_V + B - F - 2F = 0\,,$$

$$\overset{\curvearrowright}{A}: \quad 2aF + 6aF + 2aF - 4aB = 0\,.$$

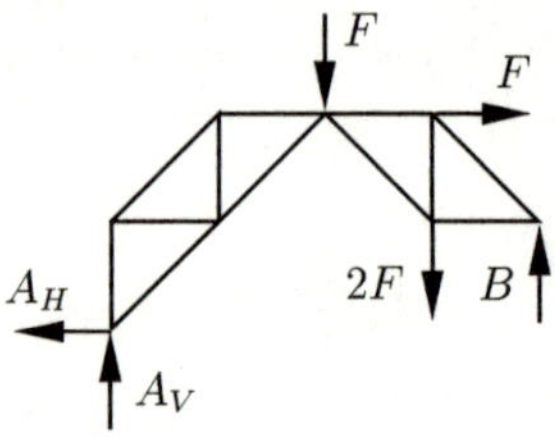

Man erhält hieraus

$$\underline{\underline{A_V = \frac{1}{2}F}}\,, \qquad \underline{\underline{B = \frac{5}{2}F}}\,, \qquad \underline{\underline{A_H = F}}\,.$$

Die gesuchten Stabkräfte folgen aus dem Gleichgewicht für das geschnittene System. Der Einfachheit halber wird das rechte Teilsystem verwendet:

$$\uparrow: \quad \frac{\sqrt{2}}{2}S_2 + B - 2F = 0\,,$$

$$\rightsquigarrow \quad \underline{\underline{S_2 = -\frac{\sqrt{2}}{2}F}}\,,$$

$$\overset{\curvearrowright}{I}: \quad aF - aS_1 - aB = 0\,,$$

$$\rightsquigarrow \quad \underline{\underline{S_1 = -\frac{3}{2}F}}\,,$$

$$\leftarrow: \quad S_3 + S_1 + \frac{\sqrt{2}}{2}S_2 - F = 0\,,$$

$$\rightsquigarrow \quad \underline{\underline{S_3 = 3F}}\,.$$

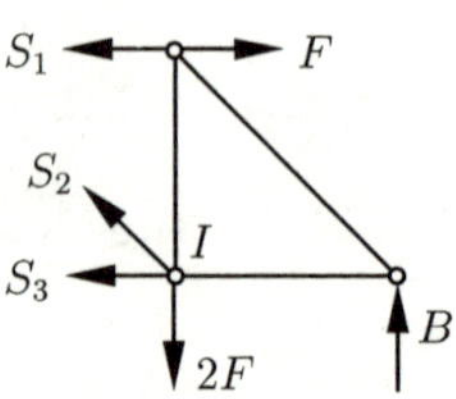

Zur Kontrolle überprüfen wir die Gleichgewichtsbedingung in vertikaler Richtung für das linke Teilsystem:

$$\uparrow: \quad A_V - F - \frac{\sqrt{2}}{2}S_2 = \frac{1}{2}F - F + \frac{1}{2}F = 0\,.$$

Aufgabe 4.5: Wie groß sind die Stabkräfte S_1, S_2 und S_3 für das dargestellte System? Wie ändern sie sich, wenn die Last F_2 im Knoten *II* angreift?

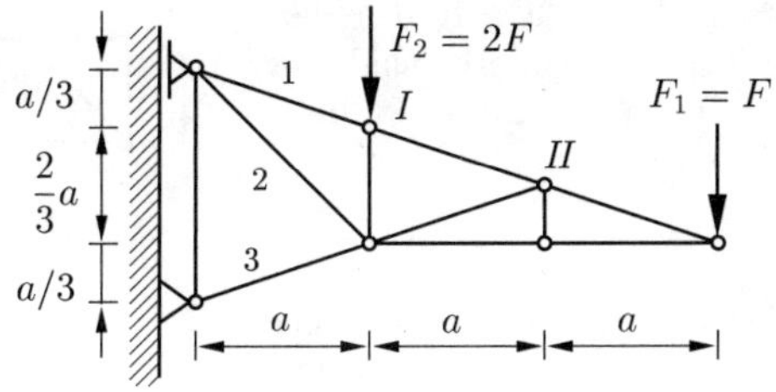

Lösung: Die Gleichgewichtsbedingungen für das geschnittene System lauten nach Einführen der Hilfswinkel α und β

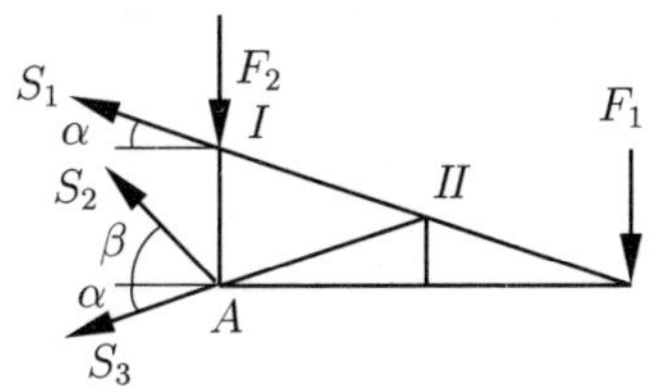

$$\leftarrow: \quad S_1 \cos\alpha + S_2 \cos\beta + S_3 \cos\alpha = 0\ ,$$

$$\uparrow: \quad S_1 \sin\alpha + S_2 \sin\beta - S_3 \sin\alpha - F_1 - F_2 = 0\ ,$$

$$\overset{\curvearrowright}{A}: \quad 2aF_1 - \frac{2}{3}aS_1 \cos\alpha = 0\ .$$

Mit

$$\sin\alpha = \frac{1}{\sqrt{10}}\ , \qquad \cos\alpha = \frac{3}{\sqrt{10}}\ , \qquad \sin\beta = \cos\beta = \frac{\sqrt{2}}{2}$$

folgen daraus

$$\underline{\underline{S_1 = \sqrt{10}F = 3,16\ F}}\ , \qquad \underline{\underline{S_2 = \frac{3\sqrt{2}}{4}F = 1,06\ F}}\ ,$$

$$\underline{\underline{S_3 = -\frac{5\sqrt{10}}{4}F = -3,95\ F}}\ .$$

Wird die Last F_2 in den Knoten II verschoben, so ändert sich nur die Momentengleichgewichtsbedingung:

$$\overset{\curvearrowright}{A}: \quad 2aF_1 + aF_2 - \frac{2}{3}aS_1 \cos\alpha = 0\ .$$

Für die Stabkräfte erhält man in diesem Fall

$$\underline{\underline{S_1 = 2\sqrt{10}F = 6,32\ F}}\ , \qquad \underline{\underline{S_2 = -\frac{3\sqrt{2}}{4}F = -1,06\ F}}\ ,$$

$$\underline{\underline{S_3 = -\frac{7\sqrt{10}}{4}F = -5,53\ F}}\ .$$

Anmerkung: Unter dem größeren Moment werden S_1 und S_3 größer und aus dem Zugstab S_2 wird jetzt ein Druckstab.

Aufgabe 4.6: Für das dargestellte Fachwerk sind die Kräfte in den Stäben 1 bis 7 zu bestimmen.

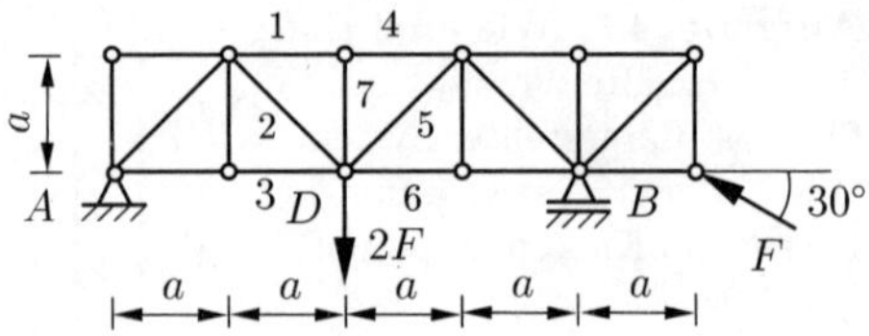

Lösung: Die Lagerreaktionen folgen aus den Gleichgewichtsbedingungen am Gesamtsystem:

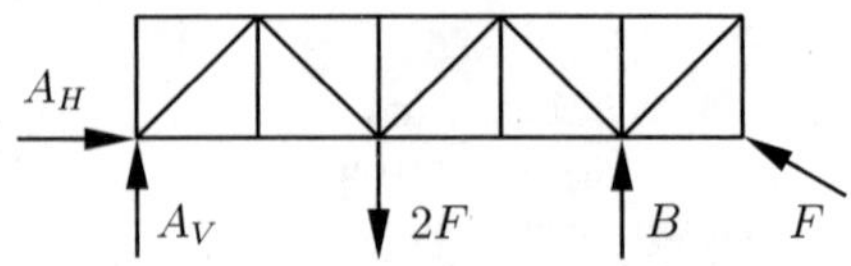

$$\overset{\frown}{A} : \quad 2a2F - 4aB - 5a\frac{1}{2}F = 0 \quad \rightsquigarrow \quad \underline{\underline{B = \frac{3}{8}F}} \,,$$

$$\uparrow : \quad A_V + B - 2F + \frac{1}{2}F = 0 \quad \rightsquigarrow \quad \underline{\underline{A_V = \frac{9}{8}F}} \,,$$

$$\rightarrow : \quad A_H - \frac{\sqrt{3}}{2}F = 0 \quad \rightsquigarrow \quad \underline{\underline{A_H = \frac{\sqrt{3}}{2}F}} \,.$$

Die Stabkräfte 1 bis 3 werden am geschnittenen System ermittelt:

$$\overset{\frown}{C} : \quad aA_V - aA_H - aS_3 = 0 \,,$$

$$\uparrow : \quad A_V - \frac{\sqrt{2}}{2}S_2 = 0 \,,$$

$$\rightarrow : \quad A_H + S_1 + S_3 + \frac{\sqrt{2}}{2}S_2 = 0 \,,$$

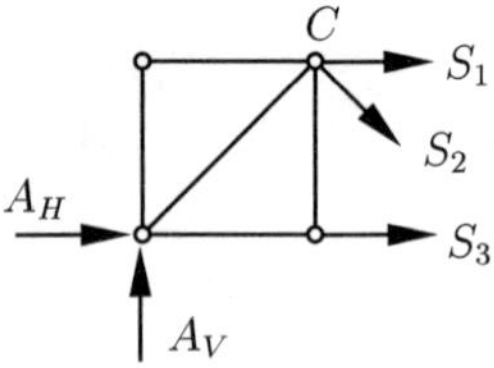

$$\rightsquigarrow \quad \underline{\underline{S_3 = \left(\frac{9}{8} - \frac{\sqrt{3}}{2}\right)F}} \,, \qquad \underline{\underline{S_2 = \frac{9}{8}\sqrt{2}F}} \,, \qquad \underline{\underline{S_1 = -\frac{9}{4}F}} \,.$$

Der Stab 7 ist ein Nullstab: $S_7 = 0$. Außerdem gilt $S_4 = S_1$. Gleichgewicht am Knoten D liefert schließlich

$$\uparrow : \quad \frac{\sqrt{2}}{2}S_2 + \frac{\sqrt{2}}{2}S_5 - 2F = 0 \,,$$

$$\rightarrow : \quad \frac{\sqrt{2}}{2}S_5 - \frac{\sqrt{2}}{2}S_2 + S_6 - S_3 = 0 \,,$$

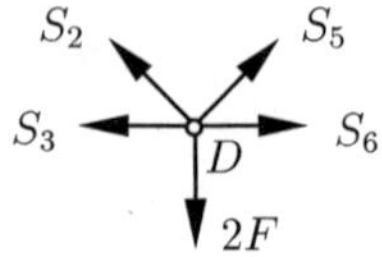

$$\rightsquigarrow \quad \underline{\underline{S_5 = \frac{7}{8}\sqrt{2}F}} \,, \qquad \underline{\underline{S_6 = \left(\frac{11}{8} - \frac{\sqrt{3}}{2}\right)F}} \,.$$

Aufgabe 4.7: Es sind die Stabkräfte S_1 bis S_7 zu bestimmen.

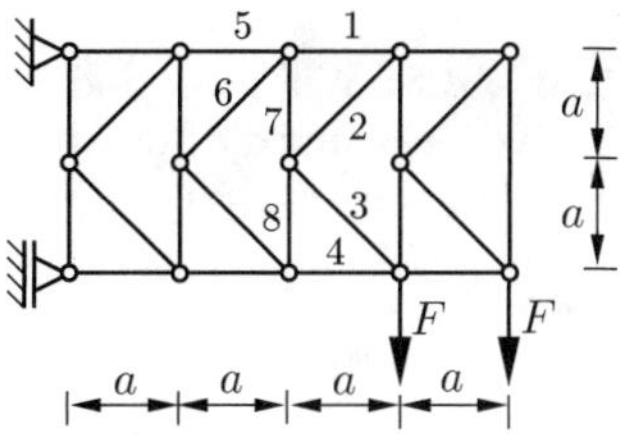

Lösung: Zunächst werden die Stabkräfte S_1 und S_5 mit Hilfe geeigneter Schnitte bestimmt. Dazu werden ausnahmsweise *vier* Stäbe so geschnitten, daß jeweils drei Kräfte durch einen Punkt gehen. Die vierte Kraft folgt dann aus dem Momentengleichgewicht um diesen Punkt (beim Schnitt durch 1, 4, 7 und 8 ist es der Punkt B):

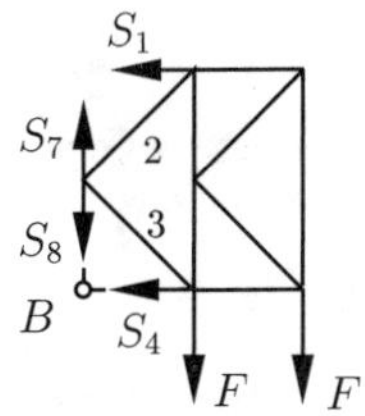

$$\overset{\curvearrowright}{B}: \quad 2aF + aF - 2aS_1 = 0\,,$$

$$\leadsto \quad \underline{\underline{S_1 = \frac{3}{2}F}}\,.$$

Analog folgt aus dem Moment um C:

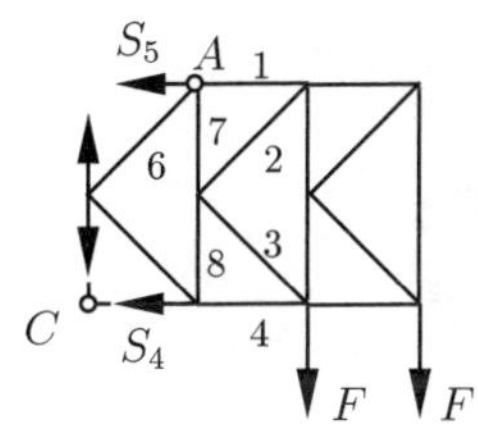

$$\overset{\curvearrowright}{C}: \quad 3aF + 2aF - 2aS_5 = 0\,,$$

$$\leadsto \quad \underline{\underline{S_5 = \frac{5}{2}F}}\,.$$

Der Schnitt durch 1, 2, 3 und 4 liefert:

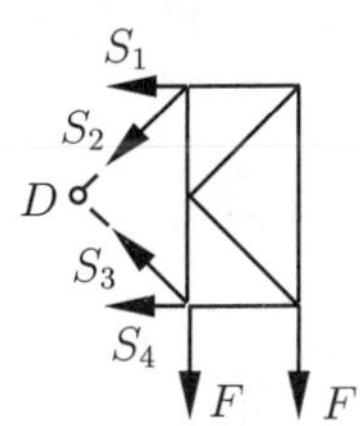

$$\overset{\curvearrowright}{D} \quad : \quad 2aF + aF - aS_1 + aS_4 = 0\,,$$

$$\uparrow \quad : \quad \frac{\sqrt{2}}{2}S_3 - \frac{\sqrt{2}}{2}S_2 - 2F = 0\,,$$

$$\leftarrow \quad : \quad S_1 + S_4 + \frac{\sqrt{2}}{2}S_2 + \frac{\sqrt{2}}{2}S_3 = 0\,,$$

$$\leadsto \quad \underline{\underline{S_4 = -\frac{3}{2}F}}\,, \qquad \underline{\underline{S_3 = \sqrt{2}F}}\,, \qquad \underline{\underline{S_2 = -\sqrt{2}F}}\,.$$

Aus dem Gleichgewicht am Knoten A werden S_6 und S_7 berechnet:

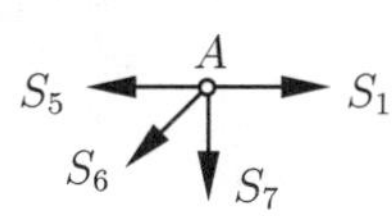

$$\rightarrow \quad : \quad S_1 - S_5 - \frac{\sqrt{2}}{2}S_6 = 0\,,$$

$$\downarrow \quad : \quad S_7 + \frac{\sqrt{2}}{2}S_6 = 0\,,$$

$$\leadsto \quad \underline{\underline{S_6 = -\sqrt{2}F}}\,, \qquad \underline{\underline{S_7 = F}}\,.$$

Aufgabe 4.8: Wie groß sind die Lagerreaktionen und die Stabkräfte für den dargestellten Kranausleger?

Gegeben: $F_1 = 20$ kN ,
$F_2 = 10$ kN ,
$a = 1$ m .

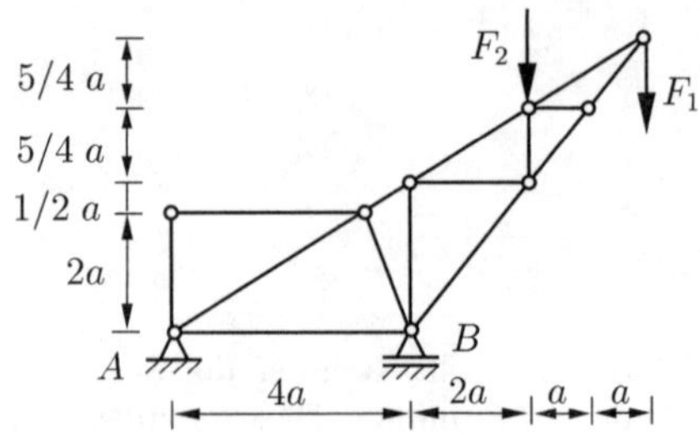

Lösung: Aus den Gleichgewichtsbedingungen für das Gesamtsystem

$$\rightarrow \; : \quad A_H = 0 \, ,$$

$$\uparrow \; : \quad A_V + B - F_2 - F_1 = 0 \, ,$$

$$\overset{\curvearrowright}{A} \; : \quad 6aF_2 + 8aF_1 - 4aB = 0$$

ergeben sich die Lagerreaktionen zu

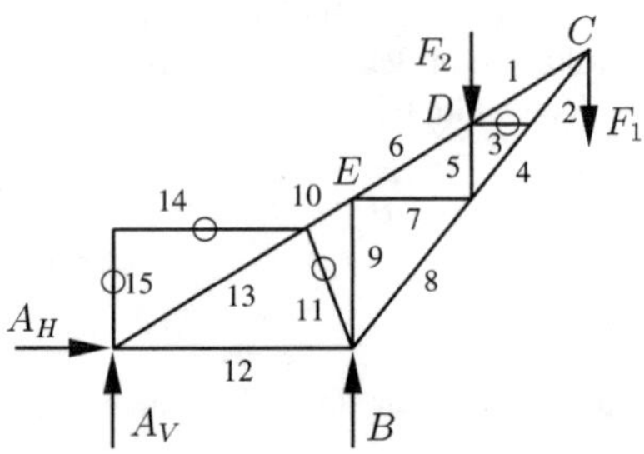

$$\underline{\underline{A_H = 0}} \, , \qquad \underline{\underline{A_V = -25 \text{ kN}}} \, , \qquad \underline{\underline{B = 55 \text{ kN}}} \, .$$

Die Stäbe 3, 14, 15 und 11 sind Nullstäbe. Damit gilt

$$\underline{\underline{S_2 = S_4}} \quad \text{und} \quad \underline{\underline{S_{10} = S_{13}}} \, .$$

Gleichgewicht am Knoten C

$$\leftarrow \; : \quad S_1 \cos\alpha + S_2 \cos\beta = 0 \, ,$$

$$\downarrow \; : \quad F_1 + S_1 \sin\alpha + S_2 \sin\beta = 0$$

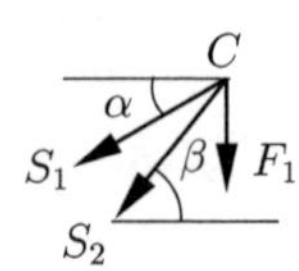

liefert mit

$$\sin\alpha = \frac{5}{\sqrt{89}} \, , \qquad \cos\alpha = \frac{8}{\sqrt{89}} \, ,$$
$$\sin\beta = \frac{5}{\sqrt{41}} \, , \qquad \cos\beta = \frac{4}{\sqrt{41}}$$

die Stabkräfte

$$\underline{\underline{S_1 = \frac{\sqrt{89}}{5} F_1 = 37,7 \text{ kN}}} \, , \qquad \underline{\underline{S_2 = -\frac{2}{5}\sqrt{41}\; F_1 = -51,2 \text{ kN}}} \, .$$

Gleichgewicht am Knoten D:

$$\rightarrow : \quad S_1 \cos\alpha - S_6 \cos\alpha = 0 \,,$$

$$\uparrow : \quad S_1 \sin\alpha - S_6 \sin\alpha - F_2 - S_5 = 0 \,,$$

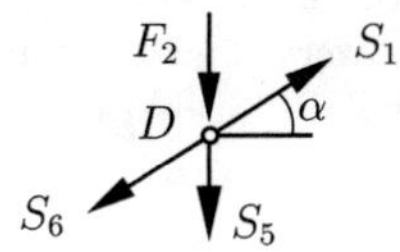

$$\rightsquigarrow \quad \underline{\underline{S_6 = S_1}} \,, \qquad \underline{\underline{S_5 = -F_2 = -10 \text{ kN}}} \,.$$

Gleichgewicht am Knoten A:

$$\uparrow : \quad A_V + S_{13} \sin\alpha = 0 \,,$$

$$\rightarrow : \quad S_{12} + S_{13} \cos\alpha = 0 \,,$$

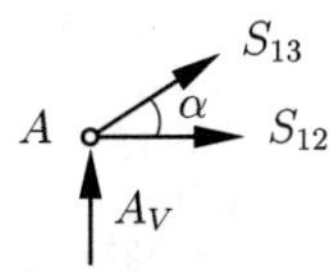

$$\rightsquigarrow \quad \underline{\underline{S_{13} = 5\sqrt{89} \text{ kN} = 47{,}2 \text{ kN}}} \,, \qquad \underline{\underline{S_{12} = -40 \text{ kN}}} \,.$$

Schnitt durch die Stäbe 6, 7 und 8:

$$\overset{\curvearrowright}{E} : \quad 4aA_V - \frac{5}{2} a S_8 \cos\beta = 0 \,,$$

$$\rightarrow : \quad S_7 + S_6 \cos\alpha + S_8 \cos\beta = 0 \,,$$

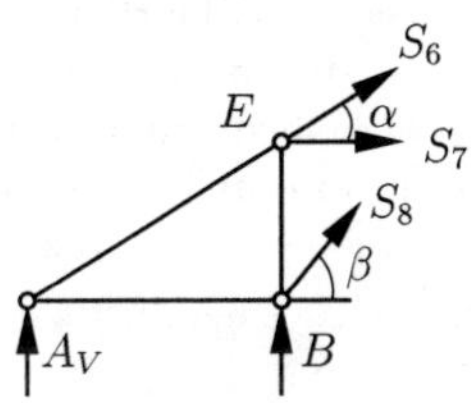

$$\rightsquigarrow \quad \underline{\underline{S_8 = -10\sqrt{41} = -64 \text{ kN}}} \,, \qquad \underline{\underline{S_7 = 8 \text{ kN}}} \,.$$

Schließlich liefert das Gleichgewicht in vertikaler Richtung am Knoten E

$$\uparrow : \quad S_6 \sin\alpha - S_{10} \sin\alpha - S_9 = 0 \,,$$

$$\rightsquigarrow \quad \underline{\underline{S_9 = -5 \text{ kN}}} \,.$$

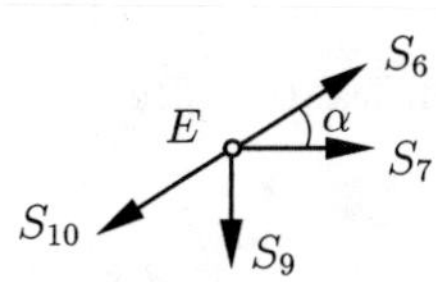

Der Kontrolle dient das Gleichgewicht in horizontaler Richtung am Knoten E

$$\begin{aligned} \rightarrow : \quad S_7 + S_6 \cos\alpha - S_{10} \cos\alpha &= 8 + \frac{\sqrt{89}}{5} 20 \frac{8}{\sqrt{89}} - 5\sqrt{89} \frac{8}{\sqrt{89}} \\ &= 8 + 32 - 40 = 0 \,. \end{aligned}$$

Tabelle der Stabkräfte:

i	1	2	4	5	6	7	8	9	10	12	13
S_i/kN	37,7	-51,2	-51,2	-10	37,7	8	-64	-5	47,2	-40	47,2

Aufgabe 4.9: Für das nebenstehende Fachwerk sind die Lagerreaktionen und die Stabkräfte zu bestimmen.

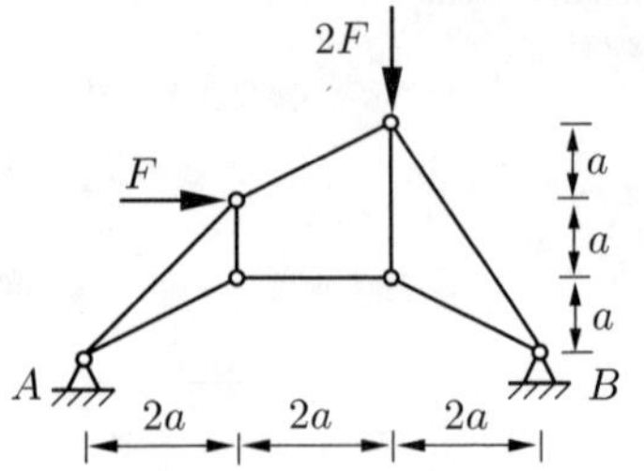

Lösung: Das Fachwerk hat $k = 6$ Knoten, $s = 8$ Stäbe und $r = 4$ Lagerreaktionen. Die Bedingung für statische Bestimmtheit
$f = 2k - (s + r) = 12 - (8 + 4) = 0$
ist demnach erfüllt.

Die *vier* Lagerreaktionen können nicht alleine aus dem Gleichgewicht am Gesamtsystem bestimmt werden. Wir trennen daher das System mit einem Schnitt durch zwei Stäbe. Uns stehen dann $2 \times 3 = 6$ Gleichgewichtsbedingungen für die vier Lagerkräfte und die zwei Stabkräfte S_4 und S_5 zur Verfügung.

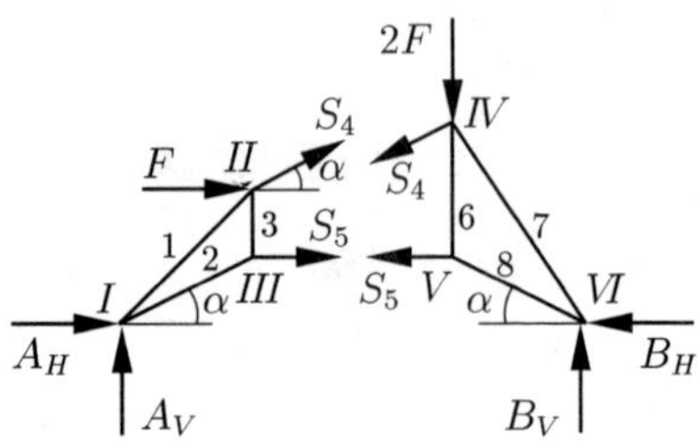

Aus den Gleichgewichtsbedingungen für das Gesamtsystem

$$\uparrow: \quad A_V + B_V - 2F = 0\,,$$

$$\rightarrow: \quad A_H - B_H + F = 0\,,$$

$$\overset{\curvearrowright}{A}: \quad 2aF + 4a\,2F - 6aB_V = 0$$

und für das rechte Teilsystem

$$\uparrow: \quad B_V - 2F - S_4 \sin\alpha = 0\,,$$

$$\leftarrow: \quad S_4 \cos\alpha + S_5 + B_H = 0\,,$$

$$\overset{\curvearrowright}{IV}: \quad 2aS_5 + 3aB_H - 2aB_V = 0$$

erhält man mit $\sin\alpha = 1/\sqrt{5}$ und $\cos\alpha = 2/\sqrt{5}$ die Ergebnisse

$$\underline{\underline{A_V = \frac{1}{3}F}}\,, \quad \underline{\underline{B_V = \frac{5}{3}F}}\,, \quad \underline{\underline{A_H = F}}\,, \quad \underline{\underline{B_H = 2F}}\,,$$

$$\underline{\underline{S_4 = -\frac{\sqrt{5}}{3}F = -0,75\,F}}\,, \quad \underline{\underline{S_5 = -\frac{4}{3}F = -1,33\,F}}\,.$$

Die restlichen Stabkräfte werden mit dem Knotenpunktverfahren ermittelt. Unter Verwendung von

$$\sin\beta = \cos\beta = 1/\sqrt{2}\,, \quad \sin\gamma = 3/\sqrt{13}\,, \quad \cos\gamma = 2/\sqrt{13}$$

ergibt sich:

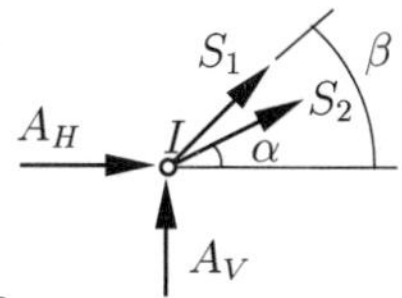

$$I \quad \rightarrow: \quad A_H + S_2\cos\alpha + S_1\cos\beta = 0\,,$$

$$\uparrow: \quad A_V + S_2\sin\alpha + S_1\sin\beta = 0\,,$$

$$\leadsto \quad \underline{\underline{S_1 = \frac{\sqrt{2}}{3}F = 0,47\,F}}\,, \qquad \underline{\underline{S_2 = -\frac{2}{3}\sqrt{5}F = -1,49\,F}}\,.$$

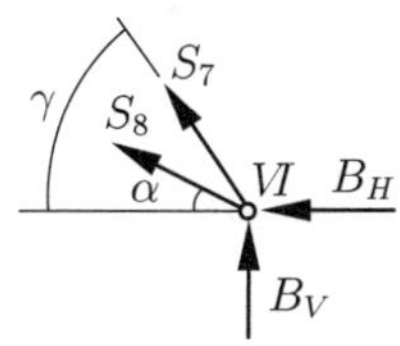

$$VI \quad \leftarrow: \quad B_H + S_8\cos\alpha + S_7\cos\gamma = 0\,,$$

$$\uparrow: \quad B_V + S_8\sin\alpha + S_7\sin\gamma = 0\,,$$

$$\leadsto \quad \underline{\underline{S_7 = -\frac{\sqrt{13}}{3}F = -1,20\,F}}\,, \qquad \underline{\underline{S_8 = -\frac{2}{3}\sqrt{5}F = -1,49\,F}}\,.$$

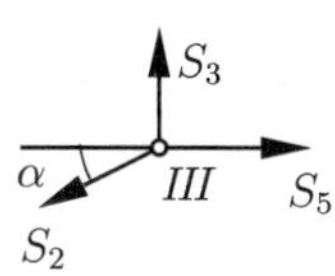

$$III \quad \uparrow: \quad S_3 - S_2\sin\alpha = 0\,,$$

$$\leadsto \quad \underline{\underline{S_3 = -\frac{2}{3}F = -0,67\,F}}\,.$$

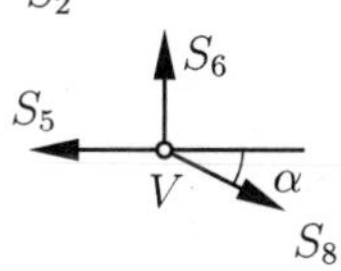

$$V \quad \uparrow: \quad S_6 - S_8\sin\alpha = 0\,,$$

$$\leadsto \quad \underline{\underline{S_6 = -\frac{2}{3}F = -0,67\,F}}\,.$$

Das RITTERsche Schnittverfahren lässt sich bei dieser Aufgabe nur anwenden, wenn man die Lagerreaktionen bereits kennt. Man erhält dann zum Beispiel bei einem Schnitt durch die Stäbe 5, 6 und 7:

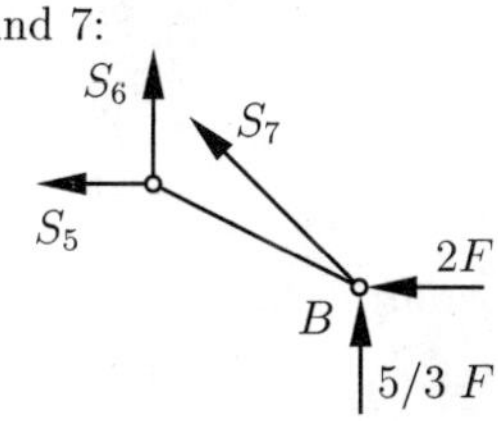

$$\leftarrow: \quad S_5 + S_7\cos\gamma + 2F = 0\,,$$

$$\uparrow: \quad S_6 + \frac{5}{3}F + S_7\sin\gamma = 0\,,$$

$$\overset{\frown}{B}: \quad 2aS_6 - aS_5 = 0\,,$$

$$\leadsto \quad \underline{\underline{S_5 = -\frac{4}{3}F}}\,, \qquad \underline{\underline{S_6 = -\frac{2}{3}F}}\,, \qquad \underline{\underline{S_7 = -\frac{\sqrt{13}}{3}F}}\,.$$

Aufgabe 4.10: Für das dargestellte Fachwerk sind die Stabkräfte zu bestimmen.

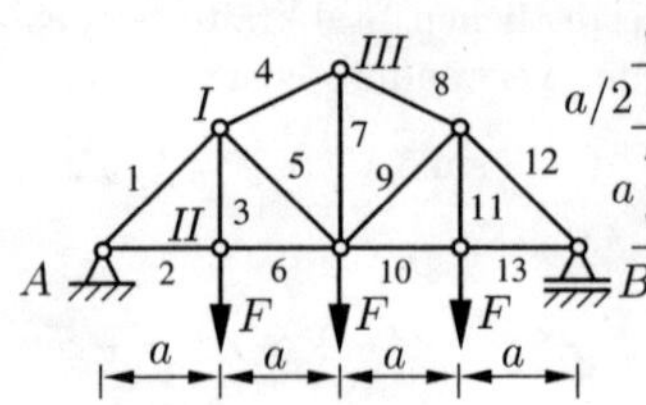

Lösung: Das Fachwerk ist symmetrisch aufgebaut und belastet. Demnach gilt $S_4 = S_8$, $S_5 = S_9$, $S_1 = S_{12}$ u.s.w.. Die vertikalen Lagerreaktionen in A und B ergeben sich zu $A = B = 3F/2$.

Gleichgewicht am geschnittenen System

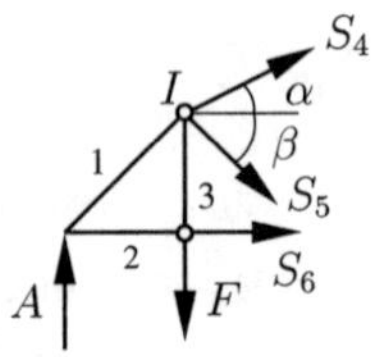

$$\overset{\curvearrowright}{I} : \quad aA - aS_6 = 0 \,,$$

$$\uparrow : \quad A - F + S_4 \sin\alpha - S_5 \sin\beta = 0 \,,$$

$$\rightarrow : \quad S_6 + S_4 \cos\alpha + S_5 \cos\beta = 0$$

liefert mit $\sin\alpha = 1/\sqrt{5}$, $\cos\alpha = 2/\sqrt{5}$, $\sin\beta = \cos\beta = 1/\sqrt{2}$ die Stabkräfte

$$\underline{\underline{S_6 = A = \frac{3}{2}F}} \,, \qquad \underline{\underline{S_4 = -\frac{2}{3}\sqrt{5}F}} \,, \qquad \underline{\underline{S_5 = -\frac{\sqrt{2}}{6}F}} \,.$$

Die restlichen Stabkräfte werden mit dem Knotenpunktverfahren bestimmt:

$$III \ \downarrow : \quad S_7 + 2S_4 \sin\alpha = 0 \,,$$

$$\leadsto \quad \underline{\underline{S_7 = \frac{4}{3}F}} \,,$$

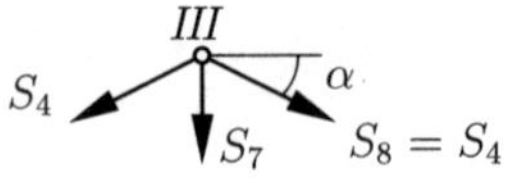

$$II \ \rightarrow : \quad \underline{\underline{S_2 = S_6 = \frac{3}{2}F}} \,,$$

$$\uparrow : \quad \underline{\underline{S_3 = F}} \,,$$

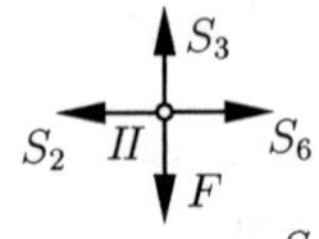

$$A \ \uparrow : \quad A + S_1 \sin\beta = 0 \,,$$

$$\leadsto \quad \underline{\underline{S_1 = -\frac{3}{2}\sqrt{2}F}} \,.$$

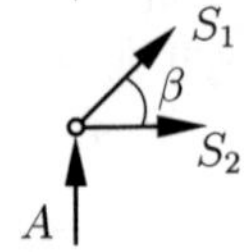

Stabkrafttabelle:

i	1	2	3	4	5	6	7
S_i/F	$-3\sqrt{2}/2$	$3/2$	1	$-2\sqrt{5}/3$	$-\sqrt{2}/6$	$3/2$	$4/3$

Anmerkung: Die betragsmäßig größte Schnittkraft tritt im Stab 1 auf.

Aufgabe 4.11: Für den dargestellten Dachbinder sind die Stabkräfte mit Hilfe des CREMONA-Planes zu bestimmen.
Gegeben: $F = 10$ kN.

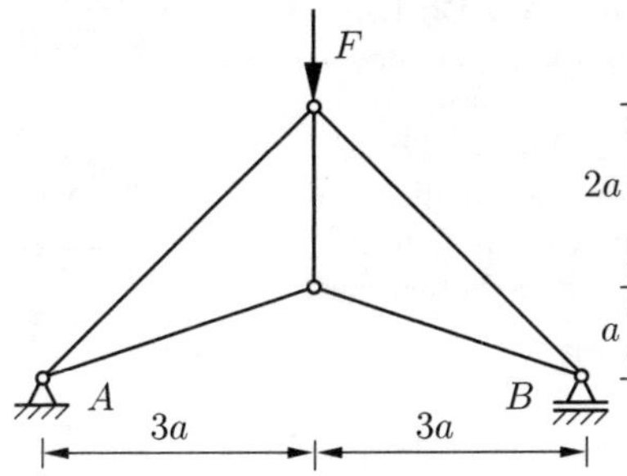

Lösung: Es treten nur die vertikalen Lagerreaktionen

$$A = B = \frac{1}{2}F = 5 \text{ kN}$$

auf.
Freikörperbild:

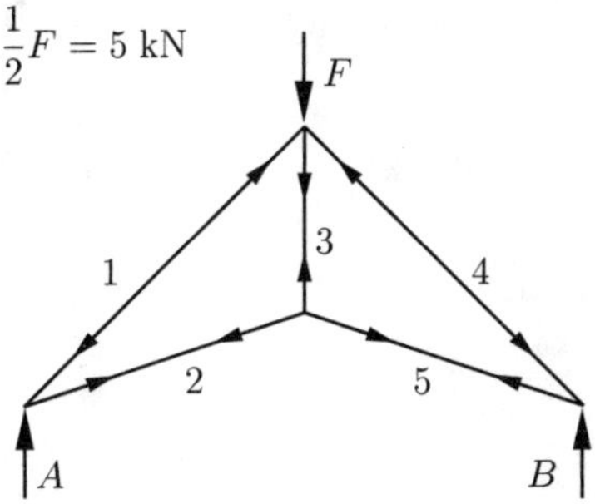

CREMONA-Plan

Maßstab: 2 kN

Umlaufsinn:

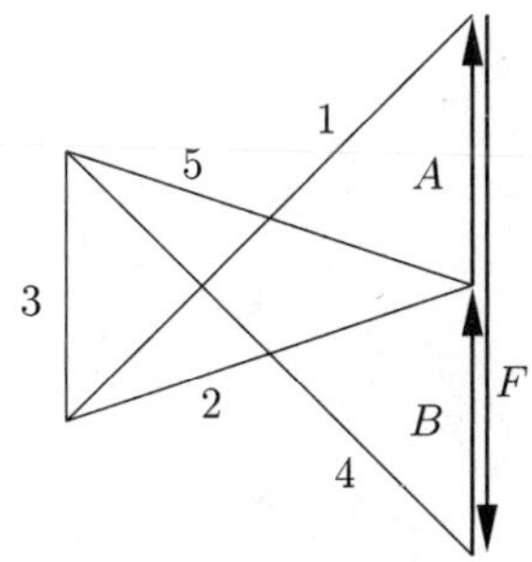

Stabkrafttabelle:

i	1	2	3	4	5
S_i/kN	-10,6	7,9	5,0	-10,6	7,9

Anmerkung: Wegen der Symmetrie sind $S_1 = S_4$ und $S_2 = S_5$.

Aufgabe 4.12: Es sind die Stabkräfte für das dargestellte Fachwerk zu bestimmen. Wie ändern sich die Kräfte, wenn die Kraft $2F$ vom Knoten I in den Knoten II verschoben wird?

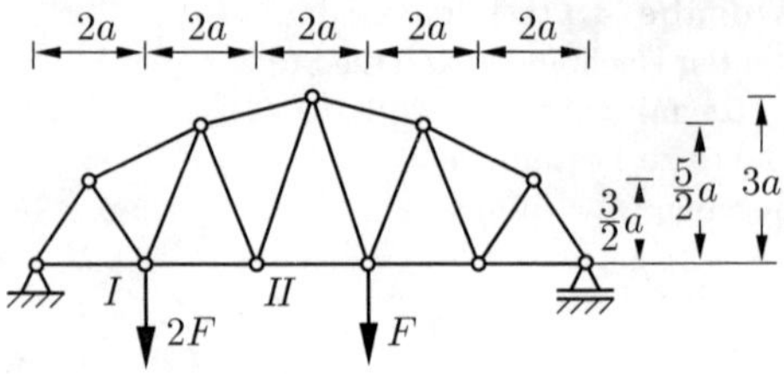

Lösung: Im dargestellten Fall ergeben sich die Lagerreaktionen aus den Gleichgewichtsbedingungen zu

$$A = 2F\ , \qquad B = F\ .$$

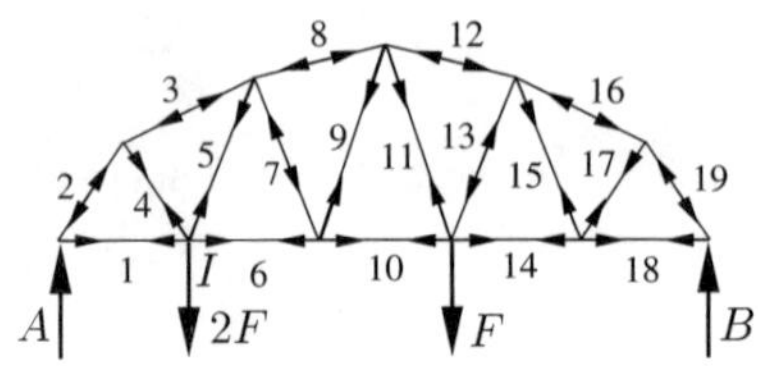

Die Stabkräfte werden mit Hilfe des CREMONA-Planes bestimmt.

Maßstab: F

Umlaufsinn:

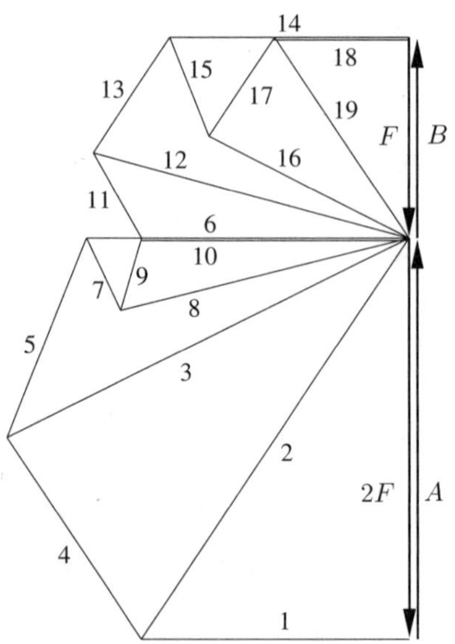

i	S_i/F
1	1,33
2	-2,39
3	-2,22
4	1,21
5	1,07
6	1,58
7	-0,38
8	-1,48
9	0,37
10	1,33
11	0,38
12	-1,48
13	0,69
14	1,19
15	-0,54
16	-1,10
17	0,59
18	0,67
19	-1,17

Greift die Kraft $2F$ im Knoten II an, so haben die Lagerreaktionen die Größe

$$A = 1,6F\ , \qquad B = 1,4F\ .$$

Bei gleichem Maßstab und Umlaufsinn ergibt sich der folgende CREMONA-Plan:

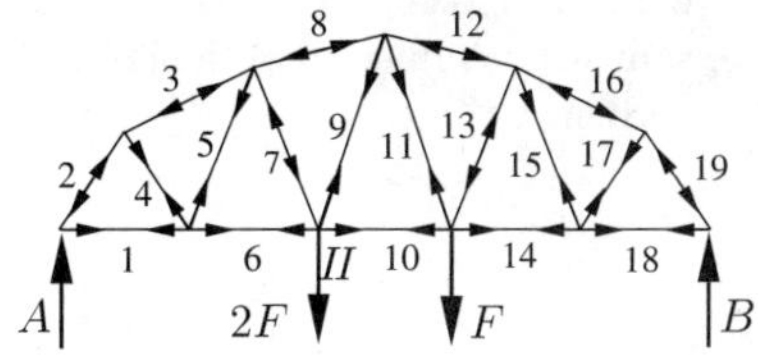

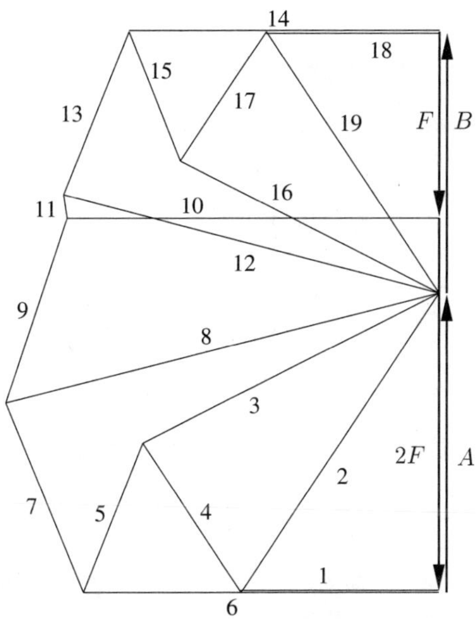

i	S_i/F
1	1,06
2	-1,92
3	-1,78
4	0,96
5	-0,86
6	1,91
7	1,09
8	-2,38
9	1,04
10	2,00
11	0,12
12	-2,08
13	0,94
14	1,67
15	-0,72
16	-1,57
17	0,83
18	0,93
19	-1,67

Zur Kontrolle kann man einzelne Stabkräfte mit Hilfe des RITTERschen Schnittverfahrens analytisch bestimmen. So erhält man z. B. für S_{10}

$$\overset{\curvearrowright}{C}:\quad 3aS_{10} + aF - 5aB = 0$$

$$\rightsquigarrow \quad S_{10} = \frac{6}{3}F = 2F\ .$$

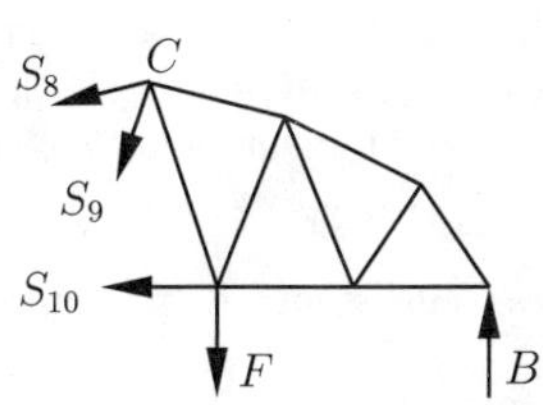

Aufgabe 4.13: Für das in der Abbildung dargestellte Fachwerk sollen die Nullstäbe, sämtliche Auflagerreaktionen und die Stabkräfte S_1, S_2, S_3 und S_4 berechnet werden.

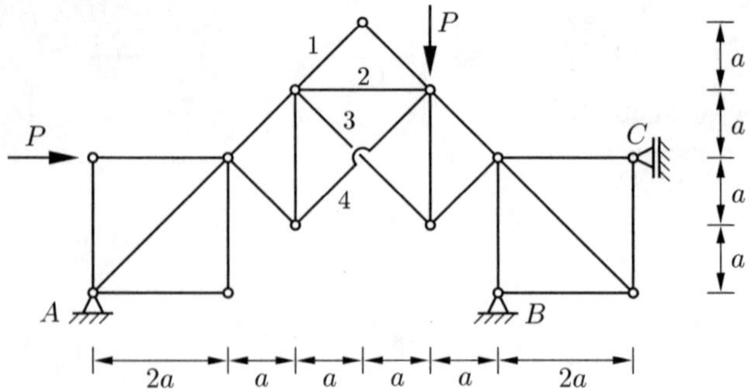

Lösung: Die Nullstäbe können durch Überprüfung der einzelnen Knoten ermittelt werden.

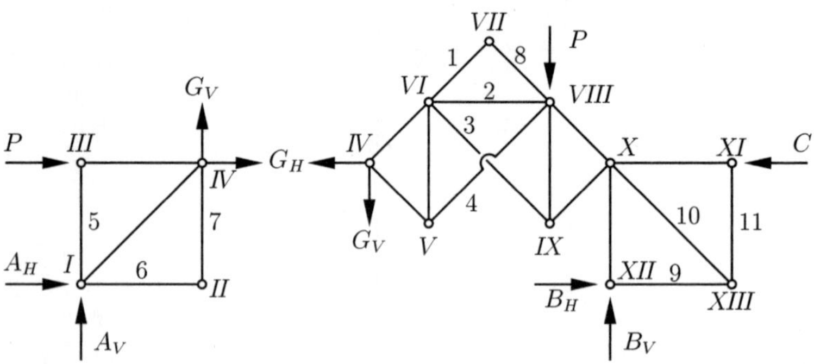

Eine Betrachtung des Knotengleichgewichts an den Knoten *II*, *III*, *VII* und *XI* zeigt, dass die Stabkräfte S_6, S_7, S_5, S_1, S_8 und S_{11} Nullstäbe sind. Da $S_{11} = 0$ ist, können bei Betrachtung von Knoten *XIII* auch S_9 und S_{10} als Nullstäbe identifiziert werden. Des weiteren erkennt man dann, dass $\underline{\underline{B_H = 0}}$ sein muss.

Für die Ermittlung der Auflagerreaktionen wird zweckmäßig zuerst am linken Teilsystem das Momentengleichgewicht am Knoten *IV* und dann am Gesamtsystem das Momentengleichgewicht am Knoten *X* gebildet:

$$\text{linkes Teilsystem} \quad \overset{\curvearrowright}{IV}: \quad 2\,a\,A_V - 2\,a\,A_H = 0 \quad \leadsto \quad A_V = A_H\,,$$

$$\text{Gesamtsystem} \quad \overset{\curvearrowright}{X}: \quad -a\,P + 6\,a\,A_V - 2\,a\,A_H = 0 \quad \leadsto \quad \underline{\underline{A_V = A_H = \frac{P}{4}}}\,.$$

Die restlichen Auflagerkräfte werden durch Bilden des Gleichgewichts in horizontaler und vertikaler Richtung am Gesamtsystem ermittelt:

$$\rightarrow \; : \; P + A_H - C = 0 \quad \leadsto \quad \underline{\underline{C = \frac{5}{4} P}} \, ,$$

$$\uparrow \; : \; A_V - P - B_V = 0 \quad \leadsto \quad \underline{\underline{B_V = \frac{3}{4} P}} \, .$$

Die noch zu bestimmenden Stabkräfte S_2, S_3 und S_4 können durch Anwendung des RITTERschen Schnittverfahrens berechnet werden:

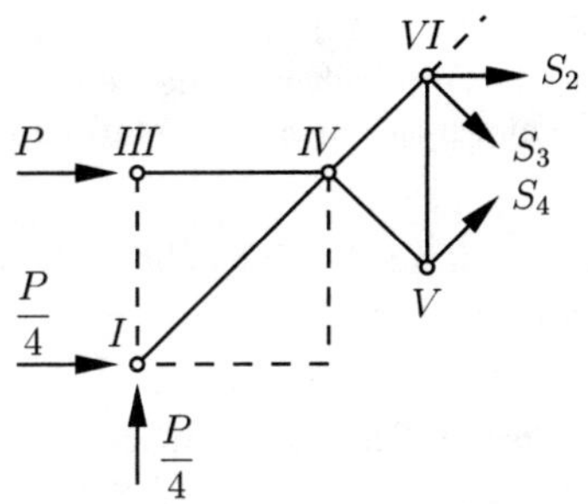

$$\overset{\curvearrowright}{VI} \; : \; -a\,P - 3\,a\,\frac{P}{4} + 3\,a\,\frac{P}{4} - 2\,a\,\frac{\sqrt{2}}{2}\,S_1 = 0 \, ,$$

$$\leadsto \quad \underline{\underline{S_1 = -\frac{\sqrt{2}\,P}{2}}} \, ,$$

$$\uparrow \; : \; \frac{P}{4} + \frac{\sqrt{2}}{2}\,S_1 - \frac{\sqrt{2}}{2}\,S_3 = 0 \, ,$$

$$\leadsto \quad \underline{\underline{S_3 = -\frac{\sqrt{2}\,P}{4}}} \, ,$$

$$\rightarrow \; : \; P + \frac{P}{4} + S_2 + \frac{\sqrt{2}}{2}\,S_3 + \frac{\sqrt{2}}{2}\,S_1 = 0 \, ,$$

$$\leadsto \quad \underline{\underline{S_2 = -\frac{P}{2}}} \, .$$

Aufgabe 4.14: Für das dargestellte Fachwerk sollen die Anzahl der Freiheitsgrade und die Nullstäbe ermittelt werden. Anschließend sind die restlichen Stabkräfte zu berechnen.

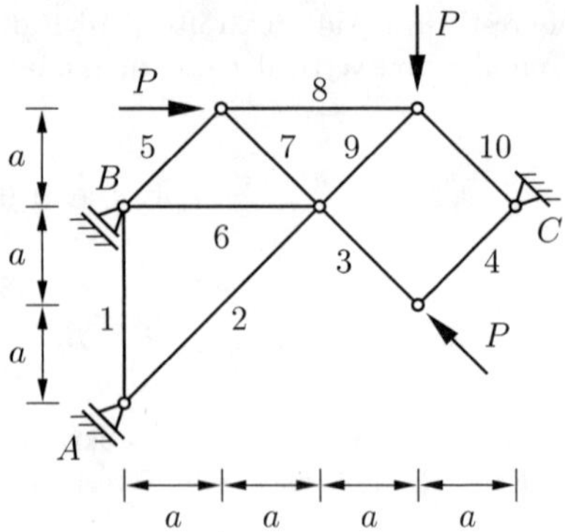

Lösung: Das Fachwerk hat $k = 7$ Knoten, $s = 10$ Stäbe und $r = 4$ Lagerreaktionen. Die Anzahl der Freiheitsgrade beträgt $f = 2k - (s + r) = 2 \cdot 7 - (10 + 4) = 0$. Demnach ist das System statisch bestimmt.

Durch Anwenden der Regeln für die Nullstäbe ergeben sich ohne Rechnung die Stabkräfte S_1, S_4 und S_6 zu Null.

Verwendung des RITTERschen Schnittverfahrens (Schnitt durch die Stäbe 2, 7 und 8) teilt das Gesamtsystem in ein linkes und ein rechtes Teilsystem. Das freigeschnittene System ergibt sich zu

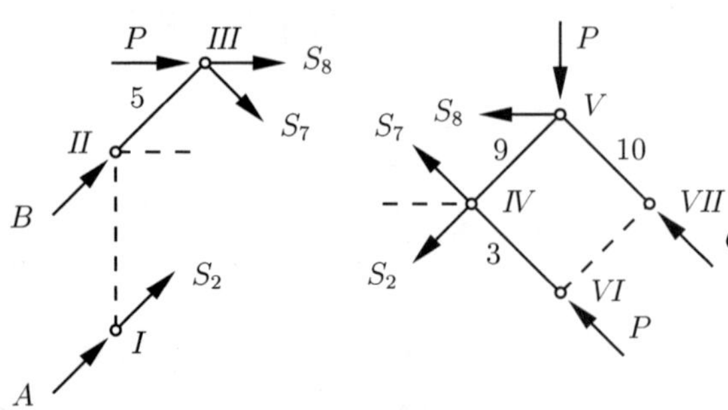

Durch Gleichgewichtsbetrachtungen am Gesamtsystem folgt für die Lagerreaktion im Punkt C:

$$\nwarrow: \quad C + P - \frac{\sqrt{2}}{2}P - \frac{\sqrt{2}}{2}P = 0 \quad \rightsquigarrow \quad \underline{\underline{C = (\sqrt{2} - 1)\,P}}\,.$$

Betrachtung des rechten Teilsystems liefert

$$\overset{\curvearrowright}{IV} \quad : \quad -a\,S_8 + a\,P - \sqrt{2}\,a\,C = 0 \quad \rightsquigarrow \quad \underline{\underline{S_8 = (\sqrt{2}-1)\,P}}\,,$$

$$\overset{\curvearrowright}{V} \quad : \quad \sqrt{2}\,a\,S_7 + \sqrt{2}\,a\,P = 0 \quad \rightsquigarrow \quad \underline{\underline{S_7 = -P}}\,,$$

$$\nearrow \quad : \quad -S_2 - \frac{\sqrt{2}}{2}\,S_8 - \frac{\sqrt{2}}{2}\,P = 0 \quad \rightsquigarrow \quad \underline{\underline{S_2 = -P}}\,.$$

Die restlichen Stabkräfte werden mit dem Knotenpunktverfahren ermittelt:

$$III \quad \nearrow \quad : \quad -S_5 + \frac{\sqrt{2}}{2}\,P + \frac{\sqrt{2}}{2}\,S_8 = 0\,,$$

$$\rightsquigarrow \quad \underline{\underline{S_5 = P}}\,,$$

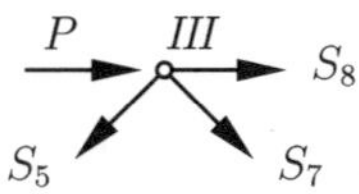

$$V \quad \nearrow \quad : \quad -S_9 - \frac{\sqrt{2}}{2}\,P - \frac{\sqrt{2}}{2}\,S_8 = 0\,,$$

$$\rightsquigarrow \quad \underline{\underline{S_9 = -P}}\,,$$

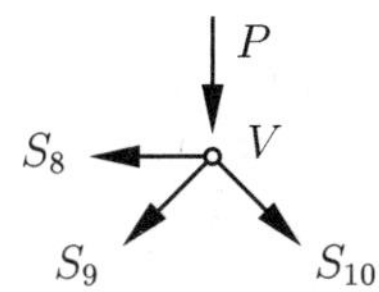

$$VI \quad \nwarrow \quad : \quad S_3 + P = 0\,,$$

$$\rightsquigarrow \quad \underline{\underline{S_3 = -P}}\,,$$

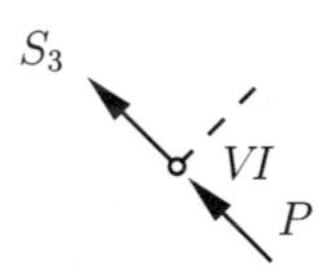

$$VII \quad \nwarrow \quad : \quad S_{10} + C = 0\,,$$

$$\rightsquigarrow \quad \underline{\underline{S_{10} = (1-\sqrt{2})\,P}}\,.$$

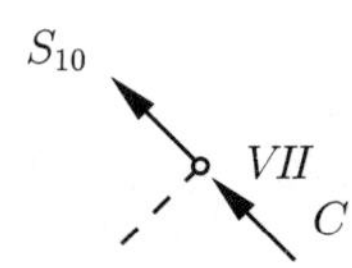

Zur Kontrolle kann das Gleichgewicht am Knoten *IV* überprüft werden:

$$IV \quad \nwarrow \quad : \quad S_7 - S_3 = 0\,, \quad \checkmark$$

$$\nearrow \quad : \quad S_9 - S_2 = 0\,. \quad \checkmark$$

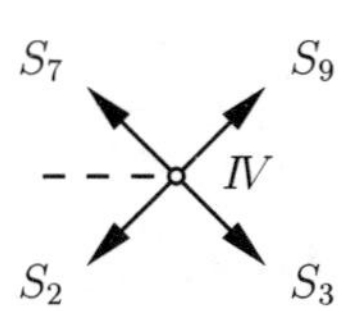

Aufgabe 4.15: Es sind die Lagerreaktionen und die Stabkräfte für das dargestellte Raumfachwerk zu bestimmen.

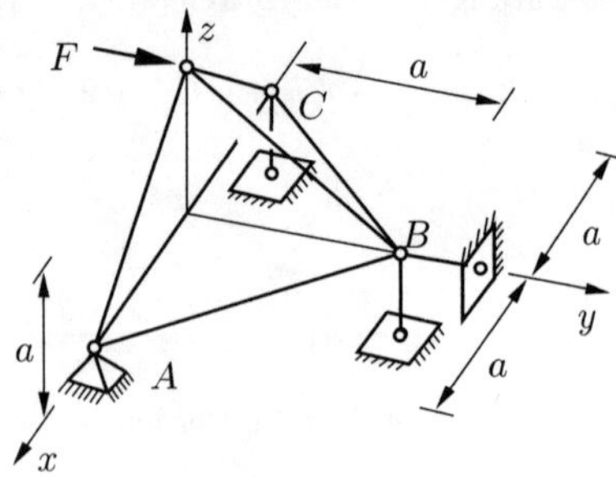

Lösung: Das Fachwerk hat $k = 4$ Knoten, $s = 6$ Stäbe und $r = 6$ Lagerreaktionen. Demnach ist die notwendige Bedingung für statische Bestimmtheit erfüllt:

$$f = 3k - (s + r) = 12 - (6 + 6) = 0 .$$

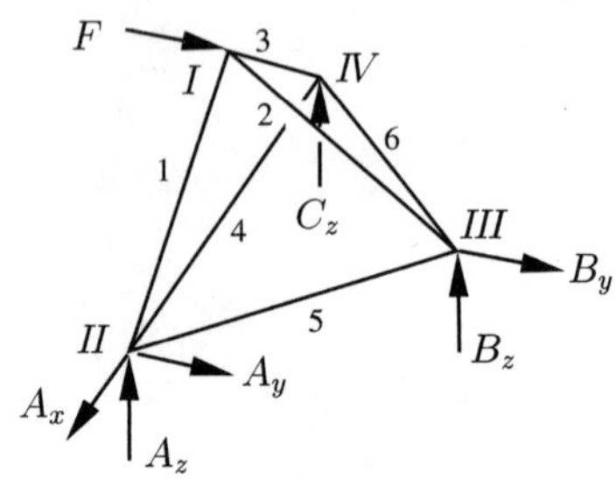

Aus den Gleichgewichtsbedingungen für das Gesamtsystem

$$\begin{aligned}
\sum F_x &= 0: \quad A_x = 0 , \\
\sum F_y &= 0: \quad A_y + B_y + F = 0 , \\
\sum F_z &= 0: \quad A_z + B_z + C_z = 0 , \\
\sum M_x &= 0: \quad aF - aB_z = 0 , \\
\sum M_y &= 0: \quad aC_z - aA_z = 0 , \\
\sum M_z &= 0: \quad aA_y = 0
\end{aligned}$$

folgen die Lagerreaktionen zu

$$\underline{\underline{A_x = 0}} , \qquad \underline{\underline{A_y = 0}} , \qquad \underline{\underline{A_z = -\frac{1}{2}F}} ,$$

$$\underline{\underline{B_y = -F}} , \qquad \underline{\underline{B_z = F}} , \qquad \underline{\underline{C_z = -\frac{1}{2}F}} .$$

Die Stabkräfte erhält man aus den Gleichgewichtsbedingungen an den

Knoten. Unter Beachtung, dass mit Ausnahme von Stab 4 alle Stäbe unter 45° zu den entsprechenden Koordinatenachsen geneigt sind, ergibt sich an den Knoten *I* und *II*:

$$I \qquad \sum F_x = 0 : \quad \frac{1}{\sqrt{2}} S_1 - \frac{1}{\sqrt{2}} S_3 = 0 \, ,$$

$$\sum F_y = 0 : \quad \frac{1}{\sqrt{2}} S_2 + F = 0 \, ,$$

$$\sum F_z = 0 : \quad -\frac{1}{\sqrt{2}} S_1 - \frac{1}{\sqrt{2}} S_2 - \frac{1}{\sqrt{2}} S_3 = 0 \, ,$$

$$\rightsquigarrow \quad \underline{\underline{S_1 = S_3 = \frac{\sqrt{2}}{2} F}} \, , \qquad \underline{\underline{S_2 = -\sqrt{2} F}} \, .$$

$$II \qquad \sum F_x = 0 : \quad A_x - \frac{1}{\sqrt{2}} S_1 - S_4 - \frac{1}{\sqrt{2}} S_5 = 0 \, ,$$

$$\sum F_y = 0 : \quad A_y + \frac{1}{\sqrt{2}} S_5 = 0 \, ,$$

$$\rightsquigarrow \quad \underline{\underline{S_4 = -\frac{1}{2} F}} \, ; \qquad \underline{\underline{S_5 = 0}} \, .$$

Wegen der vorhandenen Symmetrie muss gelten

$$\underline{\underline{S_6 = S_5 = 0}} \, .$$

Zur Kontrolle prüfen wir noch die Gleichgewichtsbedingungen am Knoten *IV*:

$$\sum F_x = 0 : \quad \frac{1}{\sqrt{2}} S_6 + S_4 + \frac{1}{\sqrt{2}} S_3 = 0 \quad \rightsquigarrow \quad 0 - \frac{F}{2} + \frac{F}{2} = 0 \, ,$$

$$\sum F_y = 0 : \quad \frac{1}{\sqrt{2}} S_6 = 0 \, ,$$

$$\sum F_z = 0 : \quad C_z + \frac{1}{\sqrt{2}} S_3 = 0 \quad \rightsquigarrow \quad -\frac{F}{2} + \frac{F}{2} = 0 \, .$$

Aufgabe 4.16: Für das nachstehende räumliche Fachwerk ermittle man alle Stabkräfte.

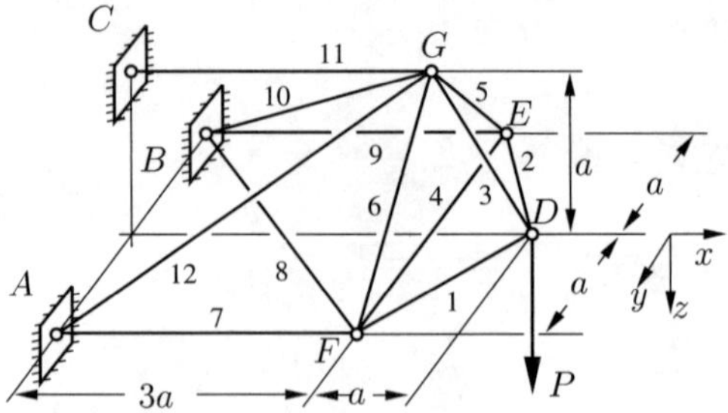

Lösung: Das Fachwerk hat $k = 7$ Knoten, $s = 12$ Stäbe und $r = 9$ Lagerkräfte. Daher ist es statisch bestimmt:

$$f = 3k - (r + s) \quad \rightsquigarrow \quad f = 21 - (9 + 12) = 0\,.$$

Wir ermitteln die Stabkräfte nach dem Knotenpunktverfahren aus dem räumlichen Gleichgewicht an den Knoten:

Knoten D

$$\begin{aligned} \sum F_x = 0 &: \quad -S_1 \cos 45° - S_2 \cos 45° - S_3 \cos 45° &= 0\,,\\ \sum F_y = 0 &: \quad S_1 \sin 45° - S_2 \sin 45° &= 0\,,\\ \sum F_z = 0 &: \quad P - S_3 \sin 45° &= 0 \end{aligned}$$

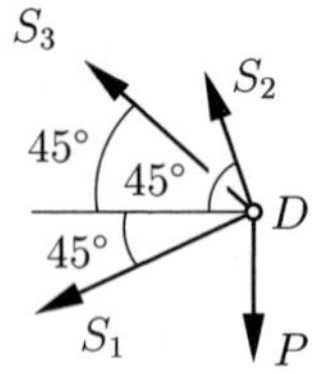

$$\rightsquigarrow \quad \underline{\underline{S_3 = \sqrt{2}\,P}}\,, \quad \underline{\underline{S_1 = S_2 = -\frac{1}{2}\sqrt{2}\,P}}\,.$$

Knoten E

$$\begin{aligned} \sum F_x = 0 &: \quad -S_9 + S_2 \sin 45° &= 0\,,\\ \sum F_y = 0 &: \quad S_4 + S_5 \cos 45° + S_2 \cos 45° &= 0\,,\\ \sum F_z = 0 &: \quad S_5 \sin 45° &= 0 \end{aligned}$$

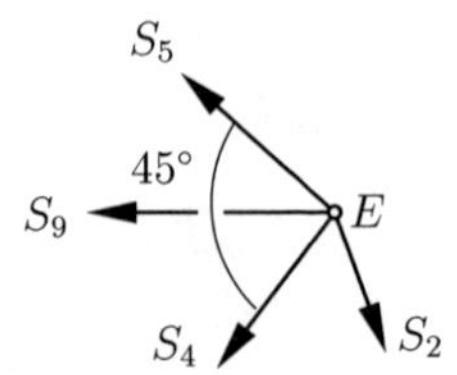

$$\rightsquigarrow \quad \underline{\underline{S_9 = -\frac{1}{2}P}}\,, \quad \underline{\underline{S_5 = 0}}\,, \quad \underline{\underline{S_4 = \frac{1}{2}P}}\,.$$

Knoten F

$$\sum F_x = 0 \quad : \quad S_1 \sin 45° - S_7 - S_8 \cos\gamma = 0 \,,$$

$$\sum F_y = 0 \quad : \quad -S_1 \cos 45° - S_6 \cos 45° + S_8 \sin\gamma - S_4 = 0 \,,$$

$$\sum F_z = 0 \quad : \quad S_6 \sin 45° = 0$$

$$\leadsto \quad \underline{\underline{S_6 = 0}} \,, \quad \underline{\underline{S_7 = -\frac{1}{2} P}} \,, \quad \underline{\underline{S_8 = 0}} \,.$$

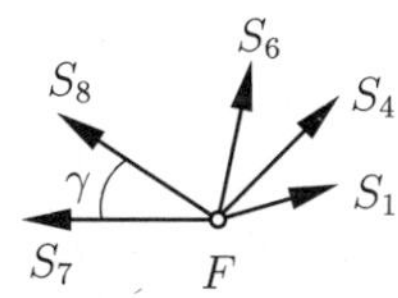

(Dieselben Ergebnisse erhält man auch durch Beachtung der Symmetrie der Belastung: $S_6 = S_5$, $S_7 = S_9$, $S_8 = 0$.)

Knoten G
Wir führen die Hilfswinkel α (zwischen Stab 12 und der Vertikalen in G) und β (zwischen der Projektion von 12 auf die x-y-Ebene und der x-Achse) ein.
Aus der Geometrie folgt

$$\cos\alpha = \frac{1}{\sqrt{11}} \,, \qquad \sin\alpha = \frac{\sqrt{10}}{\sqrt{11}} \,, \qquad \cos\beta = \frac{3}{\sqrt{10}} \,.$$

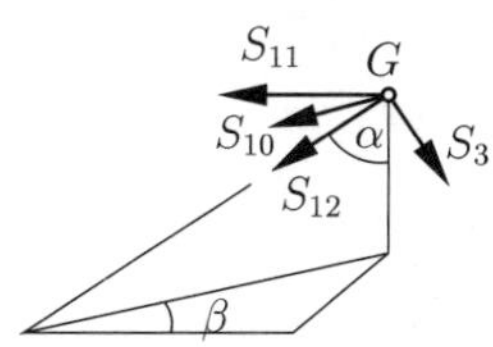

Die Gleichgewichtsbedingung $\sum F_y = 0$ liefert mit $S_6 = S_5 = 0$ wieder eine Symmetrieausage: $S_{10} = S_{12}$.

$$\sum F_z = 0 \quad : \quad S_3 \cos 45° + 2\, S_{12} \cos\alpha = 0 \,,$$

$$\sum F_x = 0 \quad : \quad -S_{11} - 2\, S_{12} \sin\alpha \cos\beta + S_3 \sin 45° = 0$$

$$\leadsto \quad \underline{\underline{S_{10} = S_{12} = -\frac{\sqrt{11}}{2} P}} \,, \quad \underline{\underline{S_{11} = 4\, P}} \,.$$

Zur Kontrolle ermitteln wir S_{11} aus dem Gleichgewicht am Gesamtsystem. Hierzu formulieren wir die Momentenbedingung um eine zur y-Achse parallele Achse durch die Lager A und B:

$$\sum M_y = 0 : \quad 4\, a\, P - a\, S_{11} = 0 \quad \leadsto \quad S_{11} = 4P \,.$$

Aufgabe 4.17: Das Raumfachwerk ist durch die Kraft F belastet.

Wie groß sind die Stabkräfte?

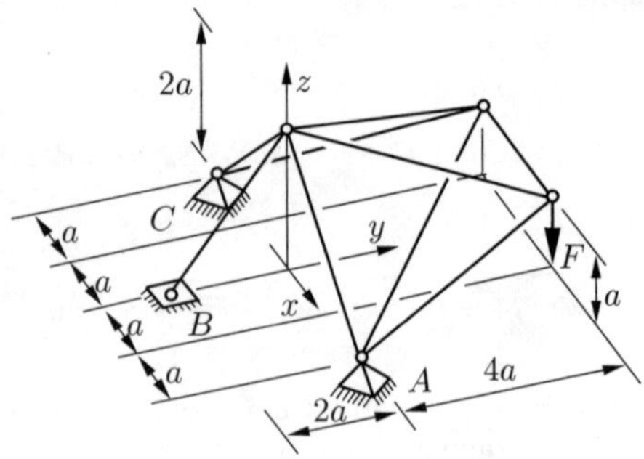

Lösung: Wir fassen die Kraft in Stab 9 (Pendelstütze) als Lagerreaktion auf. Dann hat das Fachwerk $k = 5$ Knoten, $s = 8$ Stäbe und $r = 1 + 2 \times 3 = 7$ Lagerreaktionen. Demnach ist die notwendige Bedingung für statische Bestimmtheit erfüllt:

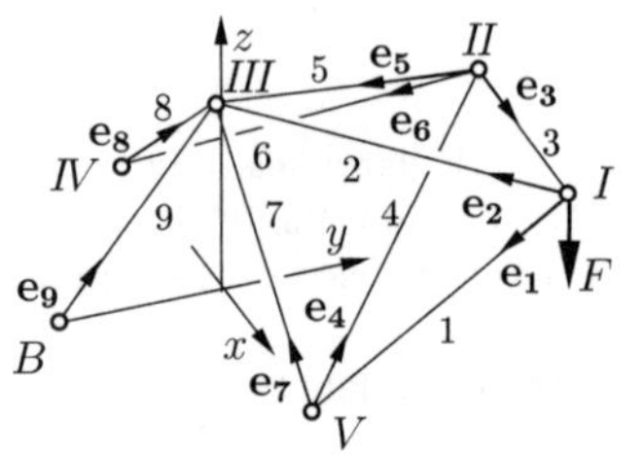

$$f = 3k - (s + r)$$
$$= 15 - (8 + 7) = 0\,.$$

Um die Stabrichtungen und damit die Komponenten der Stabkräfte ausdrücken zu können, führen wir die Einheitvektoren $\mathbf{e_1}$ bis $\mathbf{e_9}$ ein:

$$\mathbf{e}_1 = \frac{1}{\sqrt{18}}\begin{pmatrix} 1 \\ -4 \\ -1 \end{pmatrix}, \quad \mathbf{e}_2 = \frac{1}{\sqrt{18}}\begin{pmatrix} -1 \\ -4 \\ 1 \end{pmatrix}, \quad \mathbf{e}_3 = \begin{pmatrix} 1 \\ 0 \\ 0 \end{pmatrix},$$

$$\mathbf{e}_4 = \frac{1}{\sqrt{26}}\begin{pmatrix} -3 \\ 4 \\ 1 \end{pmatrix}, \quad \mathbf{e}_5 = \frac{1}{\sqrt{18}}\begin{pmatrix} 1 \\ -4 \\ 1 \end{pmatrix}, \quad \mathbf{e}_6 = \frac{1}{\sqrt{18}}\begin{pmatrix} -1 \\ -4 \\ -1 \end{pmatrix},$$

$$\mathbf{e}_7 = \frac{1}{\sqrt{2}}\begin{pmatrix} -1 \\ 0 \\ 1 \end{pmatrix}, \quad \mathbf{e}_8 = \frac{1}{\sqrt{2}}\begin{pmatrix} 1 \\ 0 \\ 1 \end{pmatrix}, \quad \mathbf{e}_9 = \frac{1}{\sqrt{2}}\begin{pmatrix} 0 \\ 1 \\ 1 \end{pmatrix}.$$

Unter Berücksichtigung der Festlegung, daß Zugkräfte positiv sind, lauten die Gleichgewichtsbedingungen an den Knoten *I*, *II* und *III* in Vektorform bzw. in Komponenten folgendermaßen:

Knoten *I*:

$$\begin{aligned} S_1\mathbf{e}_1 + S_2\mathbf{e}_2 - S_3\mathbf{e}_3 - F\mathbf{e}_z &= 0\,, \\ \rightsquigarrow \qquad \frac{1}{\sqrt{18}}S_1 - \frac{1}{\sqrt{18}}S_2 - S_3 &= 0\,, \\ -\frac{4}{\sqrt{18}}S_1 - \frac{4}{\sqrt{18}}S_2 &= 0\,, \\ -\frac{1}{\sqrt{18}}S_1 + \frac{1}{\sqrt{18}}S_2 - F &= 0\,, \end{aligned}$$

$$\rightsquigarrow \quad \underline{\underline{S_1 = -\frac{3}{2}\sqrt{2}F}}\,, \qquad \underline{\underline{S_2 = \frac{3}{2}\sqrt{2}F}}\,, \qquad \underline{\underline{S_3 = -F}}\,.$$

Knoten *II*:

$$\begin{aligned} -S_4\mathbf{e}_4 + S_5\mathbf{e}_5 + S_6\mathbf{e}_6 + S_3\mathbf{e}_3 &= 0\,, \\ \rightsquigarrow \qquad \frac{3}{\sqrt{26}}S_4 + \frac{1}{\sqrt{18}}S_5 - \frac{1}{\sqrt{18}}S_6 - F &= 0\,, \\ -\frac{4}{\sqrt{26}}S_4 - \frac{4}{\sqrt{18}}S_5 - \frac{4}{\sqrt{18}}S_6 &= 0\,, \\ -\frac{1}{\sqrt{26}}S_4 + \frac{1}{\sqrt{18}}S_5 - \frac{1}{\sqrt{18}}S_6 &= 0\,, \end{aligned}$$

$$\rightsquigarrow \quad \underline{\underline{S_4 = \frac{1}{4}\sqrt{26}F}}\,, \qquad \underline{\underline{S_5 = 0}}\,, \qquad \underline{\underline{S_6 = -\frac{3}{4}\sqrt{2}F}}\,.$$

Knoten *III*:

$$\begin{aligned} -S_7\mathbf{e}_7 - S_8\mathbf{e}_8 - S_9\mathbf{e}_9 - S_2\mathbf{e}_2 - S_5\mathbf{e}_5 &= 0\,, \\ \rightsquigarrow \qquad \frac{1}{\sqrt{2}}S_7 - \frac{1}{\sqrt{2}}S_8 + \frac{1}{\sqrt{18}}\,\frac{3}{2}\sqrt{2}F &= 0\,, \\ -\frac{1}{\sqrt{2}}S_9 + \frac{4}{\sqrt{18}}\,\frac{3}{2}\sqrt{2}F &= 0\,, \\ -\frac{1}{\sqrt{2}}S_7 - \frac{1}{\sqrt{2}}S_8 - \frac{1}{\sqrt{2}}S_9 - \frac{1}{\sqrt{18}}\,\frac{3}{2}\sqrt{2}F &= 0\,, \end{aligned}$$

$$\leadsto \quad \underline{\underline{S_7 = -\frac{3}{2}\sqrt{2}F}}\,, \quad \underline{\underline{S_8 = -\sqrt{2}F}}\,, \quad \underline{\underline{S_9 = 2\sqrt{2}F}}\,.$$

Die Gleichgewichtsbedingungen an den Knoten *IV* und *V* sowie am Lager *B* können benutzt werden, um die kartesischen Komponenten der Lagerreaktionen zu ermitteln:

Knoten *IV*:

$$\begin{aligned}
C_x\mathbf{e}_x + C_y\mathbf{e}_y + C_z\mathbf{e}_z + S_8\mathbf{e}_8 - S_6\mathbf{e}_6 &= 0\,,\\
\leadsto \qquad C_x - \frac{1}{\sqrt{2}}\sqrt{2}F - \frac{1}{\sqrt{18}}\frac{3}{4}\sqrt{2}F &= 0\,,\\
C_y - \frac{4}{\sqrt{18}}\frac{3}{4}\sqrt{2}F &= 0\,,\\
C_z - \frac{1}{\sqrt{2}}\sqrt{2}F - \frac{1}{\sqrt{18}}\frac{3}{4}\sqrt{2}F &= 0\,,
\end{aligned}$$

$$\leadsto \quad \underline{\underline{C_x = \frac{5}{4}F}}\,, \quad \underline{\underline{C_y = F}}\,, \quad \underline{\underline{C_z = \frac{5}{4}F}}\,.$$

Knoten *V*:

$$\begin{aligned}
A_x\mathbf{e}_x + A_y\mathbf{e}_y + A_z\mathbf{e}_z - S_1\mathbf{e}_1 + S_4\mathbf{e}_4 + S_7\mathbf{e}_7 &= 0\,,\\
\leadsto \qquad A_x + \frac{1}{\sqrt{18}}\frac{3}{2}\sqrt{2}F - \frac{3}{\sqrt{26}}\frac{1}{4}\sqrt{26}F + \frac{1}{\sqrt{2}}\frac{3}{2}\sqrt{2}F &= 0\,,\\
A_y - \frac{4}{\sqrt{18}}\frac{3}{2}\sqrt{2}F + \frac{4}{\sqrt{26}}\frac{1}{4}\sqrt{26}F &= 0\,,\\
A_z - \frac{1}{\sqrt{18}}\frac{3}{2}\sqrt{2}F + \frac{1}{\sqrt{26}}\frac{1}{4}\sqrt{26}F - \frac{1}{\sqrt{2}}\frac{3}{2}\sqrt{2}F &= 0\,,
\end{aligned}$$

$$\leadsto \quad \underline{\underline{A_x = -\frac{5}{4}F}}\,, \quad \underline{\underline{A_y = F}}\,, \quad \underline{\underline{A_z = \frac{7}{4}F}}\,.$$

Lager *B*:

$$\underline{\underline{B_x = 0}}\,, \qquad \underline{\underline{B_y = B_z = -\frac{1}{2}\sqrt{2}S_9 = -2F}}\,.$$

Anmerkungen:

- Die größte Kraft tritt im Stab 9 auf.
- Die Beträge der Lagerkräfte sind $A = \sqrt{90}F/4 = 2,37\ F$, $B = S_9 = 2\sqrt{2}F = 2,83\ F$ und $C = \sqrt{66}F/4 = 2,03\ F$.
- C liegt in der Ebene, in der S_6 und S_8 liegen.

5 Balken, Rahmen, Bogen

Durch die *Schnittgrößen* (Schnittkräfte, Schnittmomente) werden die über die Querschnittsfläche verteilten inneren Kräfte (Spannungen) statisch äquivalent ersetzt.

Ebene Tragwerke

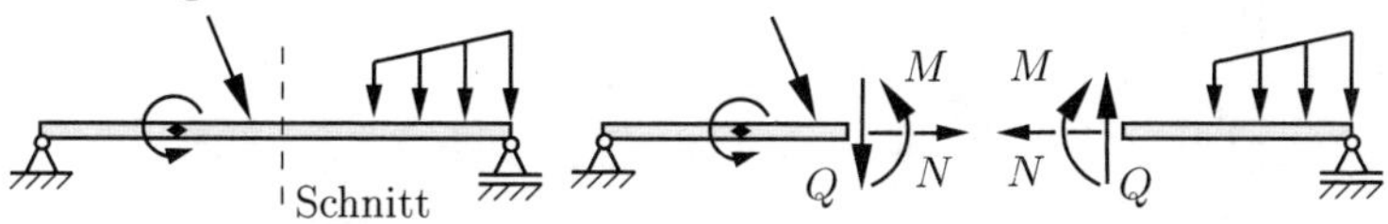

Schnittgrößen: Normalkraft N,
Querkraft Q,
Biegemoment M.

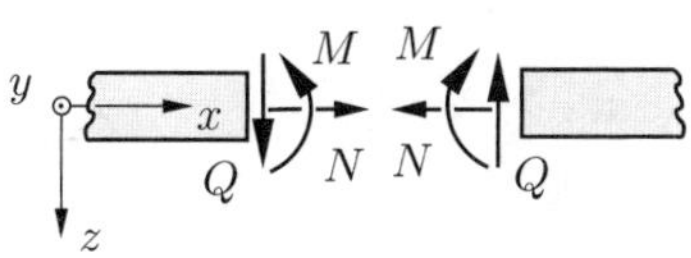

Vorzeichenkonvention: Positive Schnittgrößen zeigen am positiven Schnittufer in positive Koordinatenrichtung.

Koordinatensystem: x = Längsachse = Schwerachse (bei horizontalen Balken nach rechts), z bei horizontalen Balken nach unten.

Bei Rahmen, Bögen und verzweigten Tragwerken können die Koordinatenrichtungen durch eine *„gestrichelte Faser"* („Unterseite") gekennzeichnet werden: x in Richtung der Faser und z zur Faser hin.

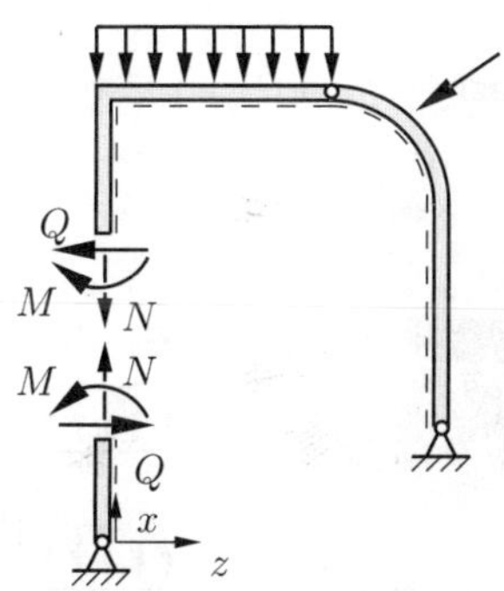

Bei **geraden Balken und Rahmenteilen** gilt folgender Zusammenhang zwischen Belastung und Schnittgrößen (lokale Gleichgewichtsbedingungen):

$$\boxed{\frac{\mathrm{d}Q}{\mathrm{d}x} = -q}\,, \qquad \boxed{\frac{\mathrm{d}M}{\mathrm{d}x} = Q} \qquad \text{oder} \qquad \boxed{\frac{\mathrm{d}^2M}{\mathrm{d}x^2} = -q}\,.$$

Die bei der Integration dieser Gleichungen anfallenden Integrationskonstanten werden aus den Randbedingungen bestimmt.

Randbedingungen:

gelenkiges Lager	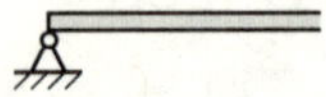	$(Q \neq 0)$,	$M = 0$
freies Ende		$Q = 0$,	$M = 0$
Einspannung		$(Q \neq 0)$,	$(M \neq 0)$
Parallelführung		$Q = 0$,	$(M \neq 0)$
Schiebehülse		$(Q \neq 0)$,	$(M \neq 0)$
verschiebbares Lager		$(Q \neq 0)$,	$M=0$

Abhängigkeit von Q und M von der äußeren Belastung :

Belastung		Q-Verlauf	M-Verlauf
$q = 0$		konstant	linear
$q =$ konst	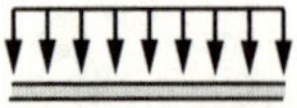	linear	quadr. Parabel
$q =$ linear	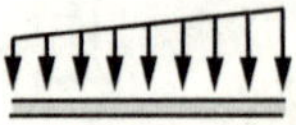	quadr. Parabel	kub. Parabel
q hat Sprung	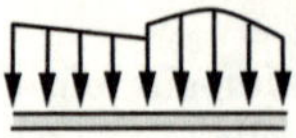	Knick	stetig
Einzelkraft	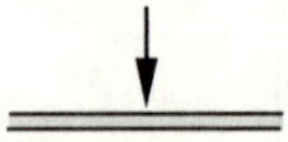	Sprung	Knick
Einzelmoment (Kräftepaar)		stetig, kein Knick	Sprung

FÖPPL-*Symbol:* Unstetigkeiten in der Belastung und in den Verläufen der Schnittgrößen (z.B. Sprünge, Knicke) kann man mit Hilfe des FÖPPL-Symbols

$$< x - a >^n = \begin{cases} 0 & \text{für } x < a \\ (x-a)^n & \text{für } x > a \end{cases}$$

darstellen. Es gelten die Rechenregeln für $n \geq 0$:

$$\begin{aligned} \int < x - a >^n \, \mathrm{d}x &= \frac{1}{n+1} < x - a >^{n+1} , \\ \frac{\mathrm{d}}{\mathrm{d}x} < x - a >^n &= n < x - a >^{n-1} . \end{aligned}$$

Räumliche Tragwerke

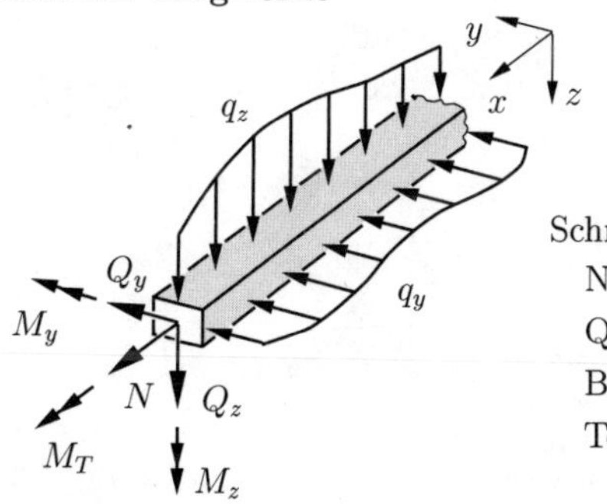

Schnittgrößen:

Normalkraft	N,
Querkräfte	Q_y, Q_z,
Biegemomente	M_y, M_z,
Torsionsmoment	$M_x = M_T$.

Beim **geraden Balken** gelten zwischen den Belastungen q_y, q_z und den Querkräften und Biegemomenten die Beziehungen

$$\boxed{\frac{\mathrm{d}Q_z}{\mathrm{d}x} = -q_z} , \quad \boxed{\frac{\mathrm{d}M_y}{\mathrm{d}x} = Q_z} , \quad \boxed{\frac{\mathrm{d}Q_y}{\mathrm{d}x} = -q_y} , \quad \boxed{\frac{\mathrm{d}M_z}{\mathrm{d}x} = -Q_y} .$$

Die Aussagen zu den Randbedingungen und zu den Folgen der äußeren Belastung können sinngemäß von den ebenen Tragwerken übernommen werden.

Aufgabe 5.1: Für einen Balken unter einer Dreieckslast ermittle man den Querkraft- und den Momentenverlauf für gelenkige Lagerung und für rechts- bzw. linksseitige Einspannung.

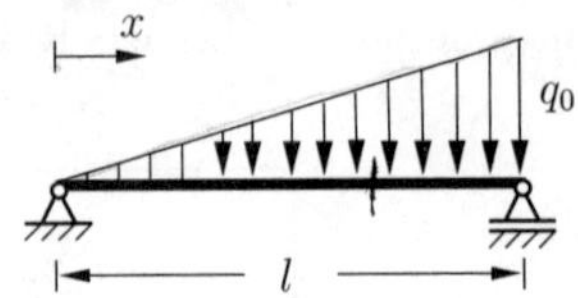

Lösung:

1. Balken auf zwei gelenkigen Lagern

Mit

$$q(x) = q_0 \frac{x}{l}$$

folgt durch Integration

$$\begin{aligned} Q(x) &= -\int q(x)\mathrm{d}x = -q_0 \frac{x^2}{2l} + C_1 \, , \\ M(x) &= \int Q(x)\mathrm{d}x = -q_0 \frac{x^3}{6l} + C_1 x + C_2 \, . \end{aligned}$$

Die Konstanten ergeben sich aus den Randbedingungen:

$$M(0) = 0 \quad \leadsto \quad C_2 = 0 \, ,$$

$$M(l) = 0 \quad \leadsto \quad C_1 = \frac{q_0 l}{6} \, .$$

Damit erhält man für die Querkraft

$$\underline{\underline{Q(x) = \frac{q_0 l}{6}\left[1 - 3\frac{x^2}{l^2}\right]}} \, .$$

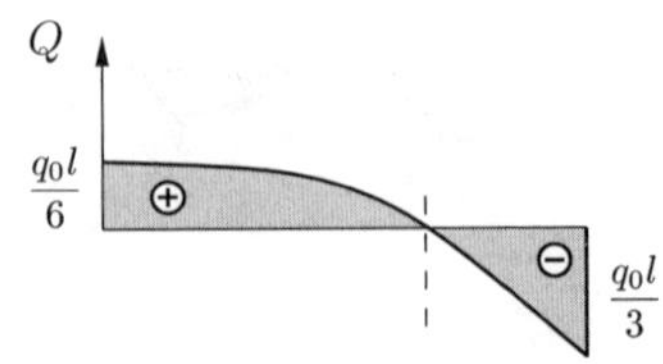

Die Endwerte $q_0 l/6$ und $q_0 l/3$ entsprechen den Lagerreaktionen. Die negative Querkraft am *rechten* Rand bedeutet nach der Vorzeichendefinition eine Kraft nach *oben*!

Für den Momentenverlauf ergibt sich

$$\underline{\underline{M(x) = \frac{q_0 l x}{6}\left[1 - \frac{x^2}{l^2}\right]}} \, .$$

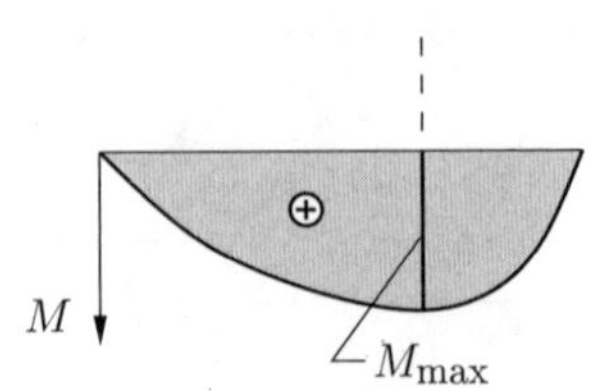

Das Maximum tritt dort auf, wo die Querkraft verschwindet: $Q = 0$ für $x = \sqrt{3}\, l/3 = 0,577\, l$. Damit folgt

$$M_{\max} = q_0 \frac{\sqrt{3}}{3} l^2 \frac{1}{6}(1 - \frac{1}{3}) = \frac{\sqrt{3}}{27} q_0 l^2 \, .$$

2. Der rechts eingespannte Balken

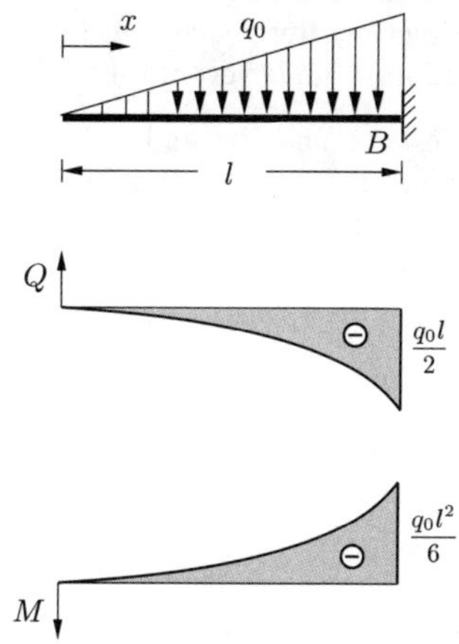

$$
\begin{aligned}
q(x) &= q_0 \frac{x}{l} , \\
Q(x) &= -q_0 \frac{x^2}{2l} + C_1 , \\
M(x) &= -q_0 \frac{x^3}{6l} + C_1 x + C_2 .
\end{aligned}
$$

Mit den Randbedingungen am linken Rand

$$Q(0) = 0 \rightsquigarrow C_1 = 0 , \quad M(0) = 0 \rightsquigarrow C_2 = 0$$

erhält man die Lösung

$$\underline{\underline{Q(x) = -\frac{q_0 x^2}{2l}}} , \qquad \underline{\underline{M(x) = -\frac{q_0 x^3}{6l}}} .$$

Als Kontrolle werden Lagerkraft und Einspannmoment aus dem Gleichgewicht für den ganzen Balken berechnet:

$$\uparrow: \ B - \frac{1}{2} q_0 l = 0 , \quad \overset{\frown}{B}: \ M_B + \frac{l}{3} \frac{q_0 l}{2} = 0 .$$

3. Der links eingespannte Balken

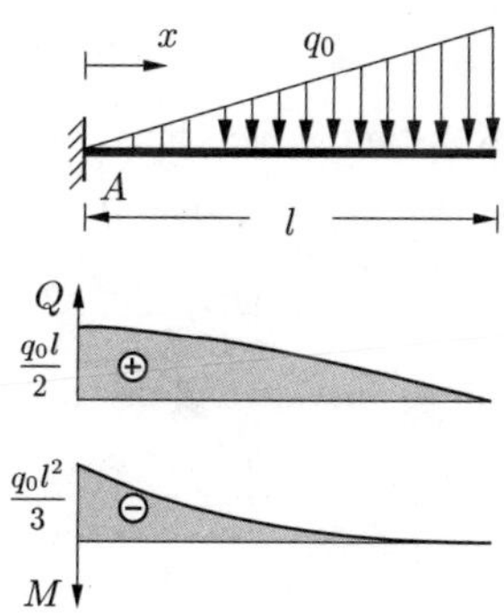

$$
\begin{aligned}
q(x) &= q_0 \frac{x}{l} , \\
Q(x) &= -\frac{q_0 x^2}{2l} + C_1 , \\
M(x) &= -\frac{q_0 x^3}{6l} + C_1 x + C_2 .
\end{aligned}
$$

Mit den Randbedingungen am rechten Rand

$$
\begin{aligned}
Q(l) = 0 \quad &\rightsquigarrow \quad C_1 = \frac{q_0 l}{2} , \\
M(l) = 0 \quad &\rightsquigarrow \quad C_2 = \frac{q_0 l^2}{6} - C_1 l = -\frac{q_0 l^2}{3}
\end{aligned}
$$

folgt die Lösung

$$\underline{\underline{Q(x) = \frac{q_0 l}{2} \left[1 - \frac{x^2}{l^2} \right]}} , \qquad \underline{\underline{M(x) = -\frac{q_0 l^2}{6} \left[2 - 3\frac{x}{l} + \frac{x^3}{l^3} \right]}} .$$

Zur Probe wird das Einspannmoment berechnet:

$$\overset{\frown}{A}: \ -M_A - \frac{2l}{3} \frac{q_0 l}{2} = 0 \rightsquigarrow M_A = -\frac{q_0 l^2}{3} .$$

Aufgabe 5.2: Ein beiderseits gelenkig gelagerter Balken wird durch eine trapezförmige verteilte Last belastet.

Gesucht sind Ort und Größe des maximalen Biegemoments für $q_1 = 2q_0$.

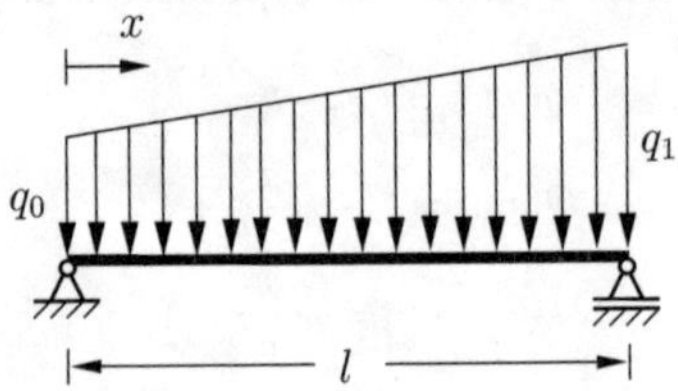

Lösung: Die Belastung verläuft linear:

$$q(x) = a + bx \; .$$

Aus den Randwerten folgt

$$q(0) = q_0 \quad \leadsto \quad a = q_0 \; ,$$

$$q(l) = q_1 \quad \leadsto \quad q_1 = a + bl \quad \leadsto \quad b = \frac{q_1 - q_0}{l}$$

und daher

$$q(x) = q_0 + \frac{q_1 - q_0}{l} x \; .$$

Durch Integration erhält man daraus

$$Q(x) = -q_0 x - \frac{q_1 - q_0}{l} \frac{x^2}{2} + C_1 \; ,$$

$$M(x) = -q_0 \frac{x^2}{2} - \frac{q_1 - q_0}{l} \frac{x^3}{6} + C_1 x + C_2 \; .$$

Die Konstanten berechnen sich aus den Randbedingungen:

$$M(0) = 0 \quad \leadsto \quad C_2 = 0 \; ,$$

$$M(l) = 0 \quad \leadsto \quad C_1 = \frac{q_0 l}{2} + \frac{q_1 - q_0}{l} \frac{l^2}{6} \; .$$

Für die Querkraft und das Moment folgt damit für $q_1 = 2q_0$:

$$Q(x) = -q_0 x - \frac{q_0}{l} \frac{x^2}{2} + \left(\frac{q_0 l}{2} + \frac{q_0 l}{6} \right) = -q_0 \frac{x^2}{2l} - q_0 x + \frac{2}{3} q_0 l \; ,$$

$$M(x) = -q_0 \frac{x^3}{6l} - q_0 \frac{x^2}{2} + \frac{2}{3} q_0 l x \; .$$

Das Maximum von M tritt wegen $M' = Q$ an der Nullstelle von Q auf:

$$Q = 0 \quad \leadsto \quad \underline{\underline{x^*}} = -l \pm \sqrt{l^2 + \frac{4}{3} l^2} = l \left(\sqrt{\frac{7}{3}} - 1 \right) = \underline{\underline{0,53\, l}} \; .$$

Einsetzen in $M(x)$ liefert schließlich

$$\underline{\underline{M_{max}}} = M(x^*) = \underline{\underline{0,19\, q_0 l^2}} \; .$$

Aufgabe 5.3: Für den Kragbalken unter sinusförmiger Last ermittle man den Momentenverlauf.

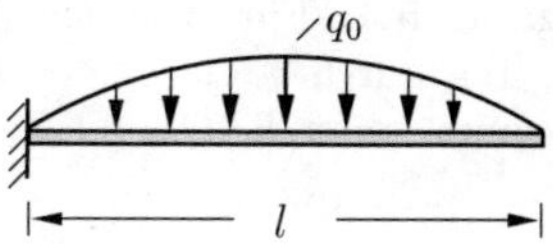

Lösung: Zweckmäßig zählt man die Koordinate x vom freien Rand, da dort die Querkraft und das Moment verschwinden:

$$q(x) = q_0 \sin \frac{\pi x}{l} \,.$$

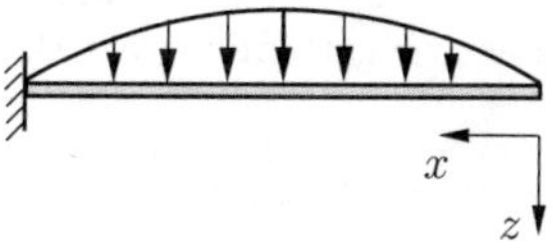

Durch Integration folgt

$$\begin{aligned} Q(x) &= -\int q_0 \sin \frac{\pi x}{l} \mathrm{d}x = q_0 \frac{l}{\pi} \cos \frac{\pi x}{l} + C_1 \,, \\ M(x) &= q_0 \left(\frac{l}{\pi}\right)^2 \sin \frac{\pi x}{l} + C_1 x + C_2 \,. \end{aligned}$$

Die Randbedingungen liefern:

$$\begin{aligned} Q(0) = 0 \quad &\leadsto \quad C_1 = -q_0 \frac{l}{\pi} \,, \\ M(0) = 0 \quad &\leadsto \quad C_2 = 0 \,. \end{aligned}$$

Damit lautet die Lösung

$$Q(x) = q_0 \frac{l}{\pi} \left(\cos \frac{\pi x}{l} - 1\right) \,, \qquad M(x) = -q_0 \frac{l^2}{\pi} \left(\frac{x}{l} - \sin \frac{\pi x}{l}\right) \,.$$

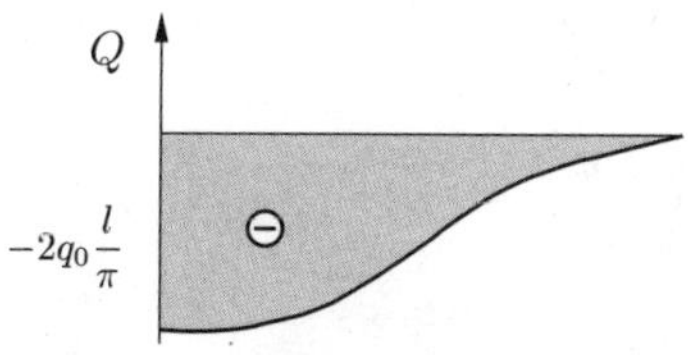

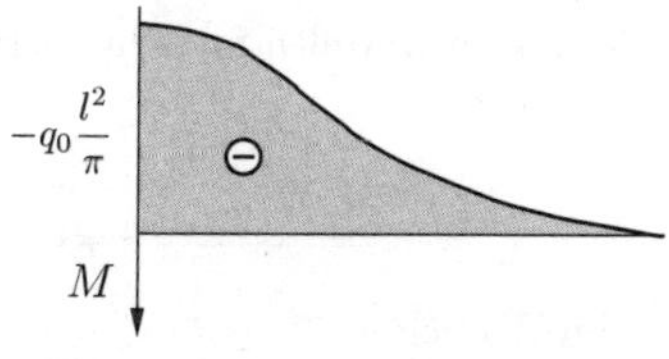

Anmerkung: Die Querkraft erscheint hier mit negativem Vorzeichen, da x von *rechts* gezählt wird (positives Schnittufer!).

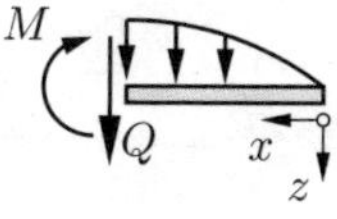

Aufgabe 5.4: Für den nur über einen Teil durch q_0 belasteten Balken ermittle man die Q- und die M-Linie.

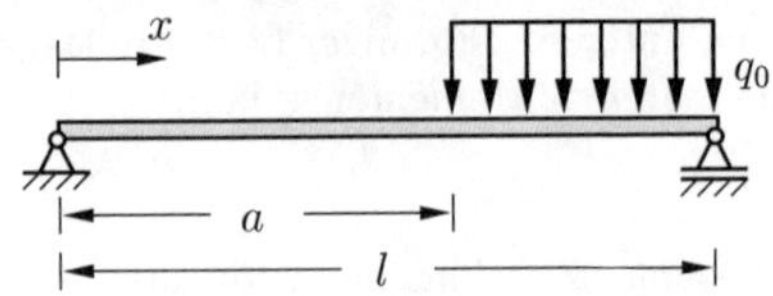

Lösung: Da die Belastung unstetig ist, teilen wir den Balken in zwei Bereiche, in denen wir getrennt integrieren:

$$0 \le x \le a: \quad q = 0\,, \qquad\qquad a \le x \le l: \quad q = q_0\,,$$
$$Q = C_1\,, \qquad\qquad Q = -q_0 x + C_3\,,$$
$$M = C_1 x + C_2\,, \qquad\qquad M = -\frac{1}{2} q_0 x^2 + C_3 x + C_4\,.$$

Die 4 Integrationskonstanten ergeben sich aus den 2 Randbedingungen

$$M(0) = 0 \leadsto C_2 = 0\,, \qquad M(l) = 0 \leadsto -\frac{1}{2} q_0 l^2 + C_3 l + C_4 = 0$$

und den 2 Übergangsbedingungen bei $x = a$. Dort müssen Q und M stetig sein (keine Sprünge, da keine Einzelkraft bzw. kein Einzelmoment):

$$Q(a^-) = Q(a^+) \quad \leadsto \quad C_1 = -q_0 a + C_3\,,$$
$$M(a^-) = M(a^+) \quad \leadsto \quad C_1 a = -\frac{1}{2} q_0 a^2 + C_3 a + C_4\,.$$

Damit erhält man

$$C_1 = \frac{q_0 l}{2} \frac{(l-a)^2}{l^2}\,, \quad C_2 = 0\,, \quad C_3 = \frac{q_0 l}{2} \frac{l^2 + a^2}{l^2}\,, \quad C_4 = -\frac{q_0 a^2}{2}\,.$$

Für die Schnittgrößen folgt im Bereich $0 \le x \le a$

$$\underline{\underline{Q = \frac{q_0 l}{2} \frac{(l-a)^2}{l^2}}}\,, \qquad \underline{\underline{M = \frac{q_0 l^2}{2} \frac{(l-a)^2 x}{l^3}}}$$

und im Bereich $a \le x \le l$

$$\underline{\underline{Q = \frac{q_0}{2}\left[\frac{(l-a)^2}{l} - 2(x-a)\right]}}\,, \qquad \underline{\underline{M = \frac{q_0}{2}\left[\frac{(l-a)^2 x}{l} - (x-a)^2\right]}}\,.$$

Für $a = l/2$ haben die Q- und die M-Linie das folgende Aussehen:

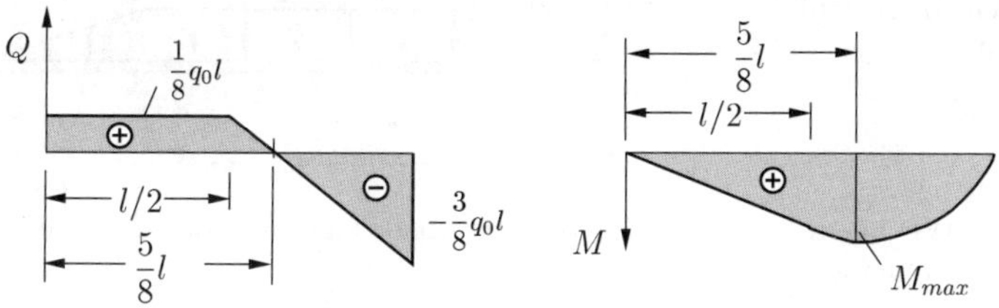

Anmerkungen:

- Anstelle der über die gesamte Balkenlänge laufenden Koordinate x kann man auch getrennte Koordinaten (x_1, x_2) in den einzelnen Bereichen einführen.

- Im Sonderfall $a = 0$ verschwindet der erste Bereich. Dann werden

$$Q = \frac{1}{2}q_0(l - 2x) , \qquad M = \frac{1}{2}q_0(lx - x^2) .$$

Lösungsvariante: Einfacher lassen sich die Verläufe mit Hilfe des FÖPPL-Symbols ermitteln. Hierzu stellen wir zunächst die unstetige Belastung über die gesamte Balkenlänge durch

$$q = q_0 < x - a >^0 \qquad \text{für} \qquad 0 \le x \le l$$

dar. Die Integration liefert dann unter Beachtung der Rechenregeln für das FÖPPL-Symbol

$$\begin{aligned} Q &= -q_0 < x - a >^1 + C_1 , \\ M &= -\frac{q_0}{2} < x - a >^2 + C_1 x + C_2 . \end{aligned}$$

Aus den Randbedingungen ergibt sich (die Übergangsbedingungen sind automatisch erfüllt!)

$$M(0) = 0 \quad \leadsto \quad C_2 = 0 \qquad \text{(Die FÖPPL-Klammer ist dort Null!)} ,$$

$$M(l) = 0 \quad \leadsto \quad 0 = -\frac{q_0}{2}(l - a)^2 + C_1 l \quad \leadsto \quad C_1 = \frac{q_0}{2}\frac{(l - a)^2}{l} .$$

Damit lautet die Lösung über die gesamte Balkenlänge

$$\underline{\underline{Q = \frac{q_0}{2}\left[\frac{(l - a)^2}{l} - 2 < x - a >^1\right]}} , \qquad \underline{\underline{M = \frac{q_0}{2}\left[\frac{(l - a)^2 x}{l} - < x - a >^2\right]}} .$$

Aufgabe 5.5: Man bestimme den Q- und den M-Verlauf für den dargestellten Balken.

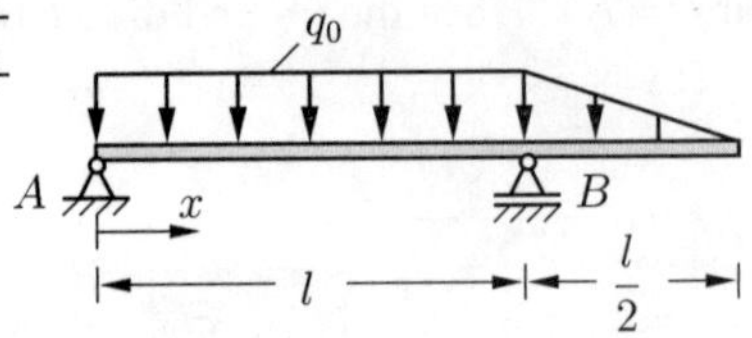

Lösung: Wir bestimmen zunächst die Lagerreaktionen (A und B werden positiv nach oben angenommen):

$$A = \frac{11}{24}\,q_0 l\,, \qquad B = \frac{19}{24}\,q_0 l\,.$$

Damit liefert Schneiden und Anwenden der Gleichgewichtsbedingungen im Bereich zwischen den beiden Lagern

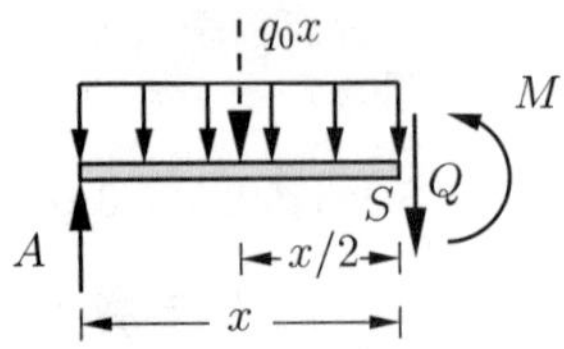

$$\uparrow: \quad A - q_0 x - Q = 0\,,$$

$$\overset{\curvearrowleft}{S}: \quad -xA + \frac{x}{2}\,(q_0 x) + M = 0\,,$$

$$\leadsto \quad \underline{\underline{Q = A - q_0 x}}\,, \qquad \underline{\underline{M = Ax - \frac{q_0}{2}\,x^2}}$$

und rechts vom Lager B (zweckmäßig zählen wir eine neue Koordinate $\bar{x}$ vom freien Ende)

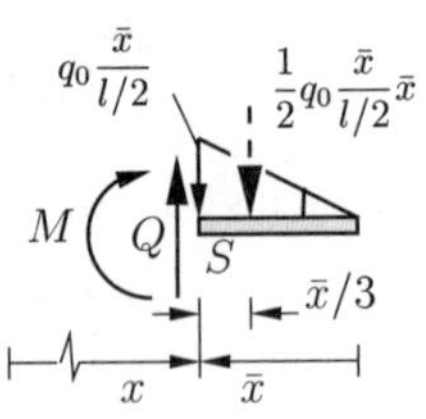

$$\uparrow: \quad -\frac{1}{2}(q_0 \frac{\bar{x}}{l/2})\bar{x} + Q = 0\,,$$

$$\overset{\curvearrowleft}{S}: \quad -\frac{\bar{x}}{3}\,\frac{1}{2}(q_0 \frac{\bar{x}}{l/2})\bar{x} - M = 0\,,$$

$$\leadsto \quad \underline{\underline{Q = \frac{q_0}{l}\,\bar{x}^2}}\,, \qquad \underline{\underline{M = -\frac{q_0}{3l}\,\bar{x}^3}}\,.$$

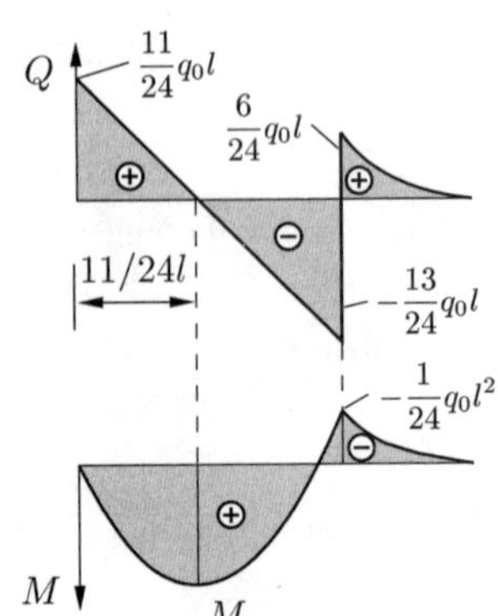

Anmerkungen:

- Die Querkraft fällt vom Lager A linear bis zum Lager B ab. Dort erfährt sie einen Sprung von der Größe der Lagerkraft, und sie fällt dann zum freien Ende in Form einer quadratischen Parabel auf Null ab.
- Am freien Ende ist $q = 0$. Daher ist wegen $dQ/dx = -q$ dort der Anstieg von Q Null (horizontale Tangente!).
- Am Lager B hat der Momentenverlauf einen Knick (Einzelkraft!).

- M_{max} tritt bei $x = \frac{11}{24}l$ (wegen $Q = 0$) auf und hat den Wert
$M_{max} = \frac{1}{2}\left(\frac{11}{24}\right)^2 q_0 l^2$.
- Aufgrund von $\mathrm{d}M/\mathrm{d}x = Q$ ist der Anstieg von M bei A positiv (Q ist positiv!) und am freien Ende Null (Q ist Null!).
- Das Moment am Lager B ergibt sich zu

$$M_B = -\frac{q_0}{3l}(l/2)^3 = -\frac{1}{24}q_0 l^2 \,.$$

In einer *2. Lösungsvariante* bestimmen wir die Q- und die M-Linie mit Hilfe des FÖPPL-Symbols. Hierbei brauchen die Lagerkräfte nicht vorab berechnet zu werden. Wir stellen zuerst die Belastung über die gesamte Balkenlänge als Differenz aus Gleichstrecken- und Dreieckslast dar:

$$q = q_0 - \frac{2q_0}{l} < x - l >^1$$

(der Faktor 2 ist notwendig, damit q über die Länge $l/2$ auf Null abgebaut wird!). Durch Integration erhält man

$$Q = -q_0 x + \frac{q_0}{l} < x - l >^2 + B < x - l >^0 + C_1$$

(der Sprung in der Querkraft infolge der noch unbekannten Lagerkraft B muss durch eine FÖPPL-Klammer berücksichtigt werden!),

$$M = -q_0\frac{x^2}{2} + \frac{q_0}{3l} < x - l >^3 + B < x - l >^1 + C_1 x + C_2 \ .$$

Für die 3 Unbekannten C_1, C_2 und B stehen 3 Randbedingungen zur Verfügung:

$$M(0) = 0 \quad \rightsquigarrow \quad C_2 = 0 \,,$$

$$Q\left(\tfrac{3}{2}l\right) = 0 \quad \rightsquigarrow \quad -\frac{3}{2}q_0 l + \frac{1}{4}q_0 l + B + C_1 = 0 \,,$$

$$M\left(\tfrac{3}{2}l\right) = 0 \quad \rightsquigarrow \quad -\frac{9}{8}q_0 l^2 + \frac{1}{24}q_0 l^2 + B\frac{l}{2} + \frac{3}{2}C_1 l = 0 \,.$$

Hieraus folgen

$$B = \frac{19}{24}q_0 l \,, \qquad C_1 = \frac{11}{24}q_0 l \,,$$

womit die Verläufe festliegen.

Anmerkung: Die Konstante C_1 gibt die Querkraft am Lager A an und entspricht daher der dort wirkenden Lagerkraft.

Aufgabe 5.6: Für den Mehrfeldträger bestimme man den Querkraft- und den Momentenverlauf und berechne ausgezeichnete Werte.
Gegeben: $q_0 = F/a$.

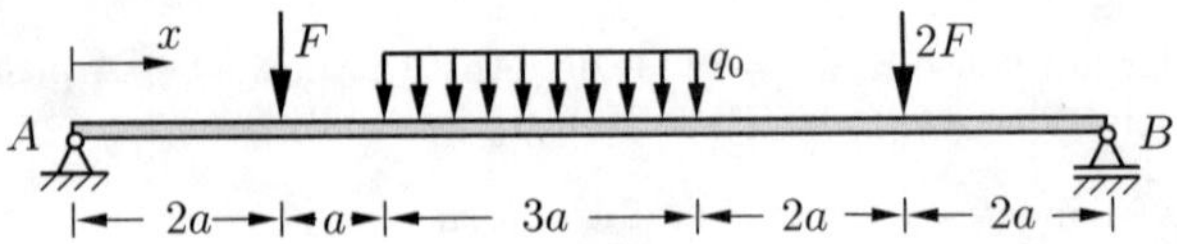

Lösung: Wir ermitteln zunächst die Auflagerreaktionen (nach oben positiv angenommen):

$$\overset{\curvearrowleft}{A}: \quad -2a\,F - 4,5a\,(3q_0a) - 8a\,2F + 10a\,B = 0 \quad \rightsquigarrow \quad B = 3,15\,F\,,$$

$$\uparrow: \quad A + B - F - 3q_0a - 2F = 0 \quad \rightsquigarrow \quad A = 2,85\,F\,.$$

Hiermit liefert Schneiden und Gleichgewicht in den einzelnen Bereichen:

$0 < x < 2a$:

$$\uparrow: \quad Q = A = 2,85\,F\,,$$

$$\overset{\curvearrowleft}{S}: \quad M = xA = 2,85\,Fx\,,$$

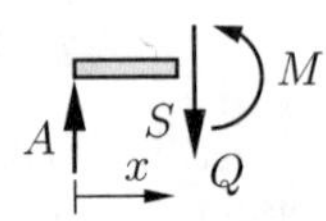

$2a < x < 3a$:

$$\uparrow: \quad Q = A - F = 1,85\,F\,,$$

$$\overset{\curvearrowleft}{S}: \quad M = xA - (x-2a)F\,,$$

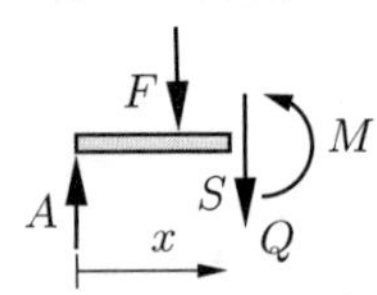

$3a < x < 6a$:

$$\uparrow: \quad Q = 1,85\,F - q_0(x-3a)\,,$$

$$\overset{\curvearrowleft}{S}: \quad M = xA - (x-2a)F - \tfrac{1}{2}q_0(x-3a)^2\,,$$

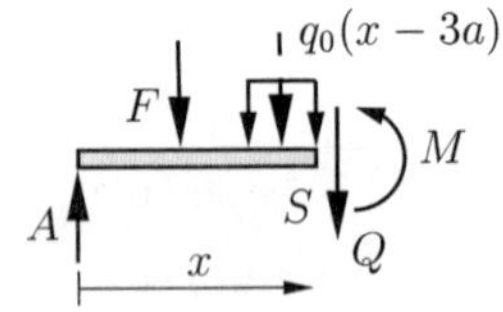

$6a < x < 8a$:

$$\uparrow: \quad Q = -B + 2F = -1,15\,F\,,$$

$$\overset{\curvearrowright}{S}: \quad M = (10a - x)\,B - (8a - x)\,2F\,,$$

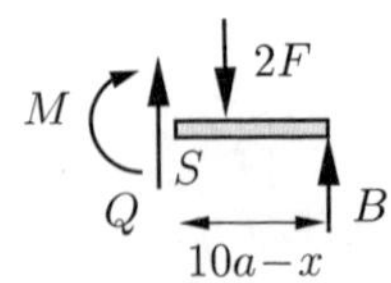

$8a < x < 10a$:

$$\uparrow: \quad Q = -B = -3,15\,F\,,$$

$$\overset{\curvearrowright}{S}: \quad M = (10a - x)\,B\,.$$

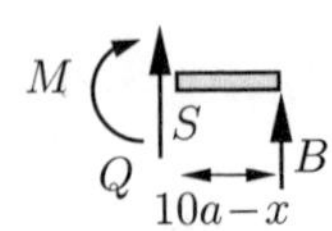

Das Maximum von M liegt wegen $M' = Q$ an der Nullstelle von Q im

3. Bereich ($3a < x < 6a$):

$$Q = 1,85\,F - q_0(x - 3a) = 0 \quad \rightsquigarrow \quad x^* = 1,85\,F/q_0 + 3a = 4,85\,a\,.$$

Damit finden wir

$$\underline{\underline{M_{max}}} = M(x^*) = 4,85\;a\;2,85F - 2,85\;a\;F - \frac{1}{2}\,q_0(1,85\;a)^2 = \underline{\underline{9,26\,Fa}}\,.$$

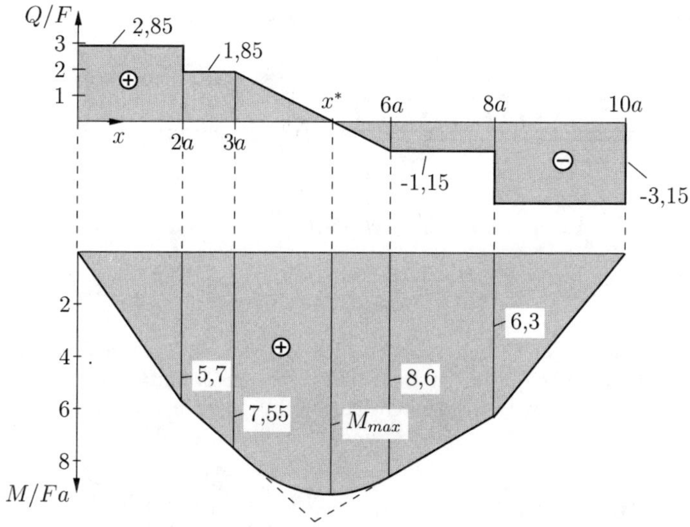

Man kann den Q- und den M-Verlauf auch mit Hilfe des FÖPPL-Symbols durch Integration bestimmen. Hierbei müssen die Unstetigkeiten in $q(x)$ und $Q(x)$ beachtet werden:

$$\begin{aligned}
q &= q_0 < x - 3a >^0 - q_0 < x - 6a >^0\;, \\
Q &= -q_0 < x - 3a >^1 + q_0 < x - 6a >^1 - F < x - 2a >^0 \\
&\quad -2F < x - 8a >^0 + C_1\;, \\
M &= -\tfrac{1}{2}q_0 < x - 3a >^2 + \tfrac{1}{2}q_0 < x - 6a >^2 - F < x - 2a >^1 \\
&\quad -2F < x - 8a >^1 + C_1 x + C_2\;.
\end{aligned}$$

Die Integrationskonstanten folgen aus den Randbedingungen:

$$M(0) = 0 \rightsquigarrow C_2 = 0\,, \qquad M(10a) = 0 \rightsquigarrow C_1 = 2,85\,F\,.$$

Aufgabe 5.7: Für den dargestellten Kragträger ermittle man die Querkraft- und die Momentenlinie.

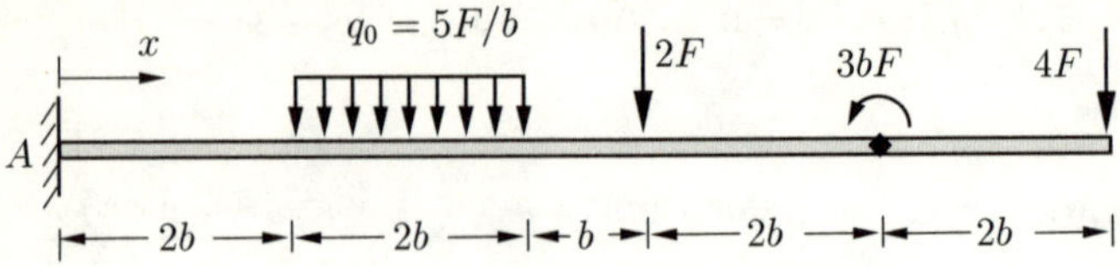

Lösung: Wir bestimmen zunächst die Lagerreaktionen.

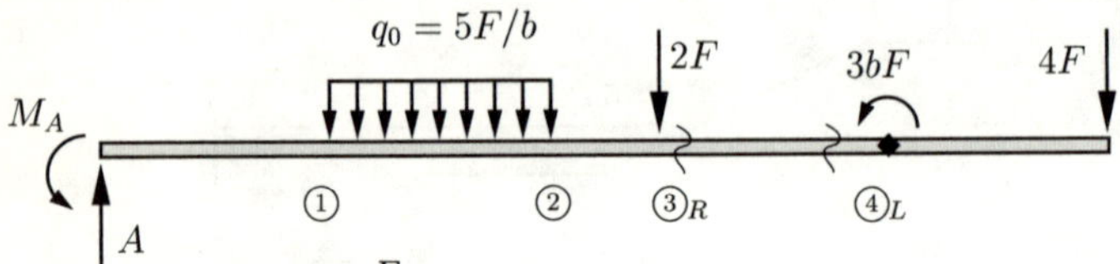

$$\uparrow: \quad A = 5\frac{F}{b} \cdot 2b + 2F + 4F = 16F \,,$$

$$\stackrel{\curvearrowleft}{A}: \quad M_A = 3b\,(5\frac{F}{b} \cdot 2b) + 5b \cdot 2F - 3bF + 9b \cdot 4F = 73\,bF \,.$$

Zur Berechnung von Q und M schneiden wir den Balken an den Stellen, an denen Unstetigkeiten in der Belastung bzw. den Schnittgrößen auftreten (ausgezeichnete Stellen). Aus dem Gleichgewicht zwischen äußeren Lasten und Schnittgrößen ermitteln wir dann Q und M in diesen Punkten.

$$Q_1 = 16F \,,$$

$$M_1 = 2b \cdot 16F - 73bF = -41\,bF \,,$$

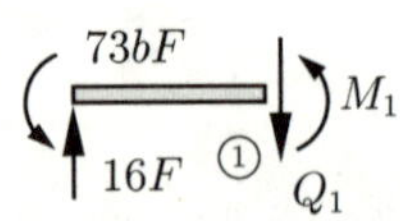

$$Q_2 = 16F - 5\frac{F}{b} \cdot 2b = 6F \,,$$

$$M_2 = 4b \cdot 16F - 73bF - b(5\frac{F}{b} \cdot 2b) = -19\,bF \,,$$

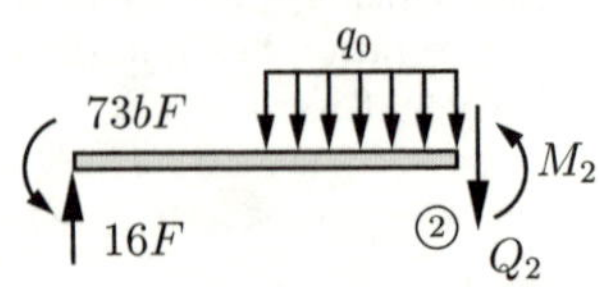

$$Q_{3R} = 4F \,,$$

$$M_3 = 3bF - 4b \cdot 4F = -13\,bF \,,$$

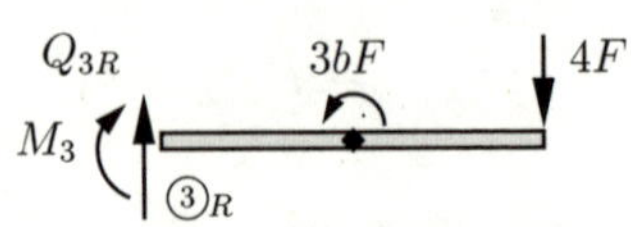

$$Q_4 = 4F \,,$$

$$M_{4L} = 3bF - 2b \cdot 4F = -5\,bF \,.$$

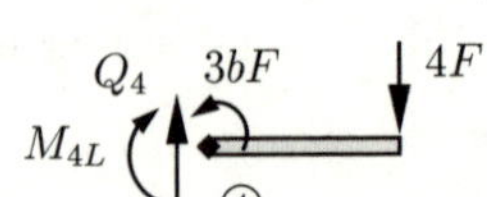

Mit diesen Ergebnissen und unter Beachtung der allgemeinen Beziehungen zwischen äußerer Belastung und den daraus resultierenden Folgen für Q bzw. M (z.B. wo $q = 0$, dort $Q =$ konstant und $M =$ linear, vgl. Tabelle auf Seite 96) können wir nun die Querkraft- und die Momentenlinie zeichnen:

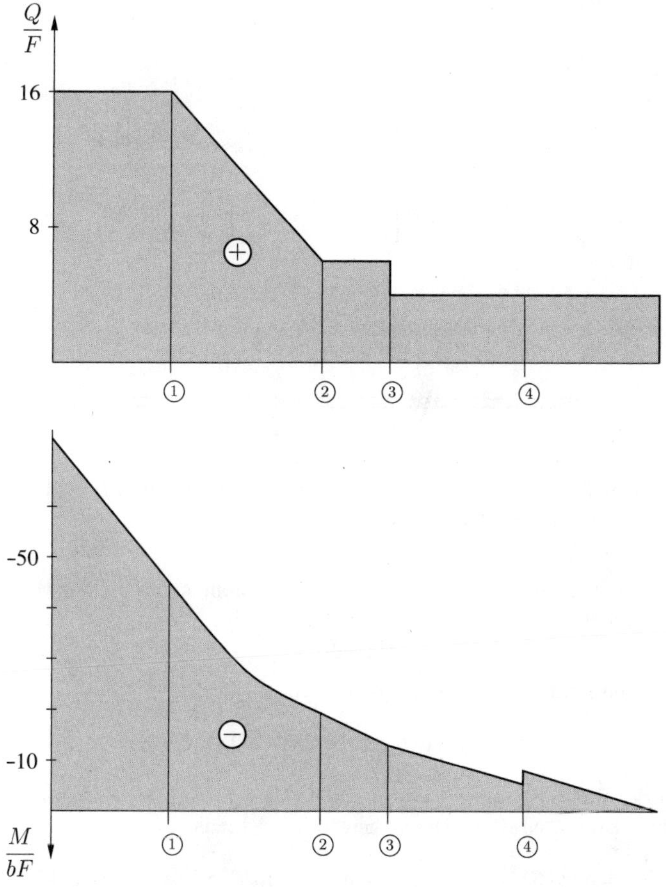

Bei der Momentenlinie muss die quadratische Parabel zwischen den Punkten ① und ② tangential in die anschließenden Geraden einmünden, da in diesen Punkten keine Einzelkräfte wirken (Einzelkraft führt zu Knick im Momentenverlauf!).

Aufgabe 5.8: Gegeben sind ein Balken und seine Momentenlinie.

Gesucht ist die Belastung.

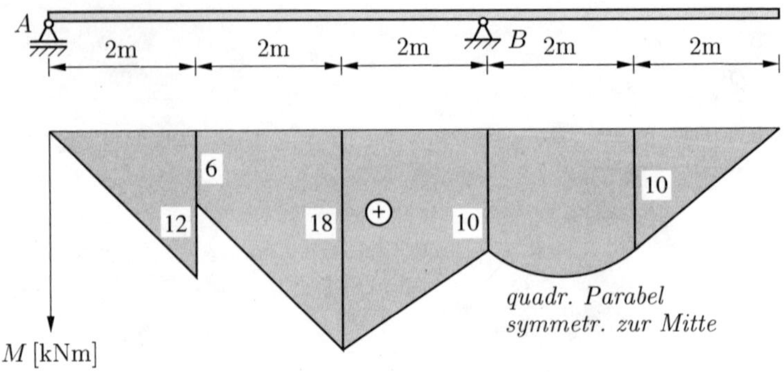

Lösung: Wir betrachten ausgezeichnete Stellen am Balken:

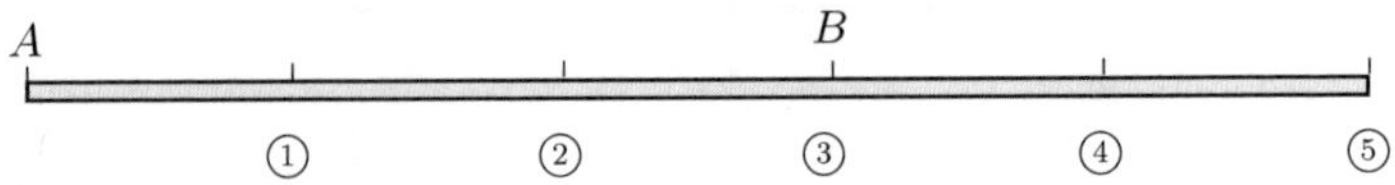

Aus dem links bei Null beginnenden linearen Verlauf mit $M_1 = 12\,\text{kNm} = 2\,\text{m} \cdot A$ folgt die Lagerkraft

$$\underline{\underline{A = 6\,\text{kN}}}\,.$$

Anschließend erfolgt bei ① ein Sprung in der Momentenlinie, der von einem Einzelmoment der Größe

$$\underline{\underline{M^* = 6\,\text{kNm}}}$$

herstammen muß. Zur Probe berechnen wir

$$M_2 = 4\,\text{m} \cdot 6\,\text{kN} - 6\,\text{kNm} = 18\,\text{kNm}\,.$$

An der Stelle ② muss – wegen des Knickes in der Momentenlinie – eine noch unbekannte Kraft F wirken. Sie ergibt sich aus

$$M_3 = 6\,\text{m} \cdot 6\,\text{kN} - 6\,\text{kNm} - 2\,\text{m} \cdot F = 10\,\text{kNm} \quad \text{zu} \quad \underline{\underline{F = 10\,\text{kN}}}\,.$$

Am rechten Rand muss aufgrund des linearen Momentenverlaufes eine Kraft P nach oben angreifen. Sie lässt sich aus M_4 errechnen:

$$M_4 = 2\,\text{m} \cdot P = 10\,\text{kNm} \quad \leadsto \quad \underline{\underline{P = 5\,\text{kN}}}\,.$$

Der Verlauf in Form einer quadratischen Parabel zwischen ③ und ④ wird durch eine Gleichstreckenlast q_0 hervorgerufen. Sie folgt aus M_3 (Gleichgewicht am rechten Teil):

$$M_3 = 4\,\text{m} \cdot 5\,\text{kN} - 1\,\text{m} \cdot (q_0 2\,\text{m}) = 10\,\text{kNm} \quad \rightsquigarrow \quad \underline{\underline{q_0 = 5\,\text{kN/m}}}\ .$$

Damit sind alle Kräfte bekannt. Der Balken ist wie folgt belastet:

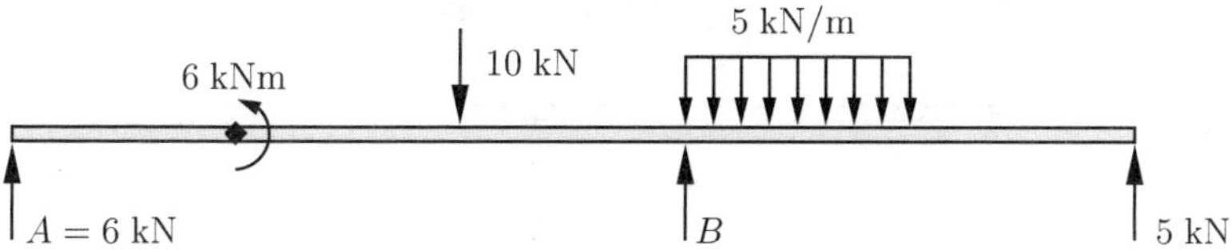

Die noch unbekannte Lagerkraft B folgt aus dem Gleichgewicht:

$$\uparrow: \quad B = 10 + 2 \cdot 5 - 5 - 6 = 9\,\text{kN}\ .$$

Damit können wir nun auch die Querkraftlinie zeichnen:

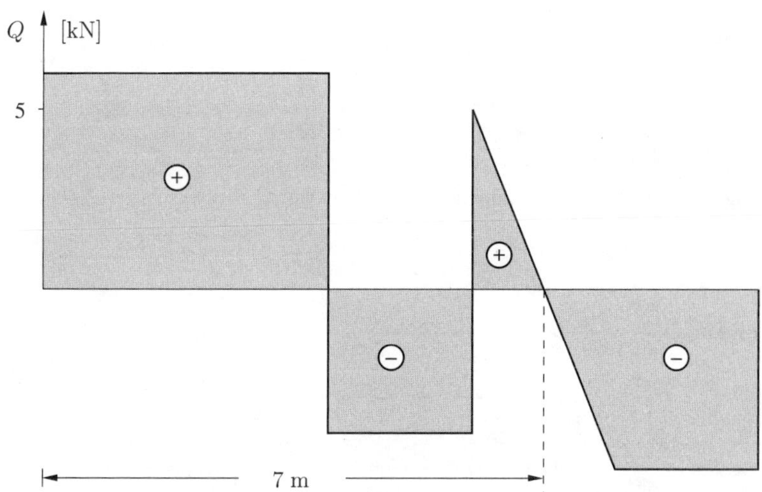

Der Nulldurchgang der Querkraftlinie unter der Gleichstreckenlast an der Stelle $x = 7\,\text{m}$ kennzeichnet das (relative) Maximum der Momentenlinie an dieser Stelle.

Aufgabe 5.9: Über eine Brücke der Länge l fährt ein Kran vom Gewicht G. Die Vorderachse ist mit $\frac{3}{4}G$, die Hinterachse mit $\frac{1}{4}G$ belastet. Sein Achsenabstand beträgt $b = l/20$.

Wie groß ist das maximale Biegemoment der Brücke und bei welcher Laststellung tritt es auf?

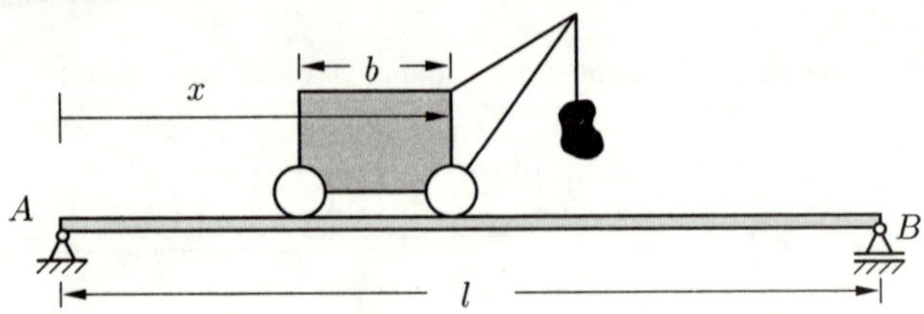

Lösung: Wir berechnen zunächst die Lagerreaktion A (nach oben positiv angenommen) für einen beliebigen Abstand x der Vorderachse:

$$\overset{\frown}{B}: \quad lA = (l-x)\frac{3}{4}G + (l-x+b)\frac{G}{4} \quad \leadsto \quad A = \frac{81}{80}G - \frac{x}{l}G\,.$$

Das größte Biegemoment kann unter der Hinter- (H) oder der Vorderachse (V) auftreten. Man erhält

$$M_H = (x-b)A = xA - bA\,, \qquad M_V = xA - b\frac{G}{4} = xA - b\frac{G}{4}\,.$$

Für $A > G/4$ ist $M_V > M_H$.

Die extremalen Biegemomente findet man durch Nullsetzen der Ableitungen. Aus

$$\frac{\mathrm{d}M_V}{\mathrm{d}x} = \frac{81}{80}G - 2\frac{x}{l}G = 0 \qquad \text{folgt} \qquad \underline{\underline{x_1 = \frac{81}{160}\,l}}$$

und damit

$$\underline{\underline{M_{Vmax} = \frac{6241}{25600}\,Gl}}\,.$$

Aus

$$\frac{\mathrm{d}M_H}{\mathrm{d}x} = \frac{81}{80}G - 2\frac{x}{l}G + \frac{1}{20}G = 0 \qquad \text{folgt} \qquad \underline{\underline{x_2 = \frac{85}{160}\,l}}$$

und damit

$$\underline{\underline{M_{Hmax} = \frac{5929}{25600}\,Gl}}\,.$$

Der 1. Fall liefert den größeren Wert.

Aufgabe 5.10: Ein beiderseitig überkragender Balken trägt eine Gleichstreckenlast.

Wie groß muß a bei gegebener Gesamtläge l sein, damit der Betrag des größten Momentes möglichst klein wird?

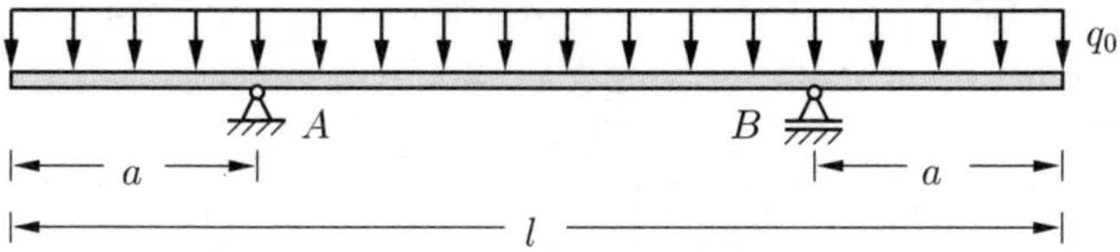

Lösung: Die größten Biegemomente treten über den Lagern und in der Mitte auf:

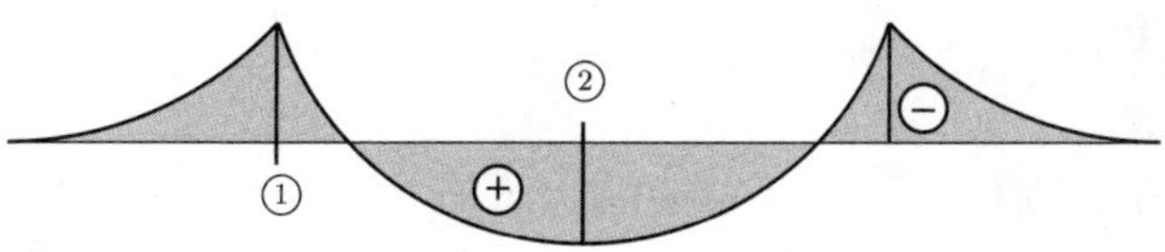

Sie betragen (wegen der Symmetrie sind die Lagerkräfte $A = B = q_0 l/2$)

$$M_1 = -q_0 \frac{a^2}{2} ,$$

$$M_2 = -q_0 \frac{(l/2)^2}{2} + \frac{q_0 l}{2} \left(\frac{l}{2} - a \right) .$$

Die kleinste Beanspruchung wird auftreten, wenn die Beträge dieser Momente gleich sind:

$$q_0 \frac{a^2}{2} = q_0 \frac{l}{2} \left(\frac{l}{2} - a \right) - q_0 \frac{l^2}{8} .$$

Hieraus folgt

$$\underline{\underline{a = \frac{1}{2} \left(\sqrt{2} - 1 \right) l}} = 0,207\, l$$

und

$$\underline{\underline{|M_{max}| = \frac{3 - 2\sqrt{2}}{8} q_0 l^2}} = 0,0214\, q_0 l^2 .$$

Das Moment beträgt nur 17 % des maximalen Moments $q_0 l^2/8$ für den Balken mit außen liegenden Lagern.

Aufgabe 5.11: Für den dargestellten GERBERträger sind die Verläufe von Q, M und N gesucht.

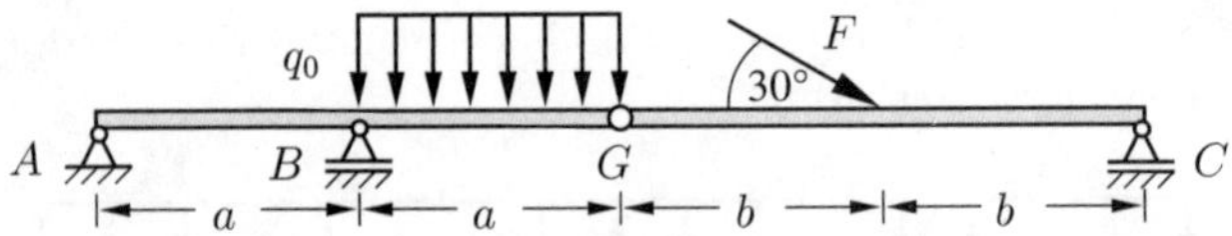

Lösung: Wir schneiden das System frei und ermitteln zunächst die Lager- und die Gelenkreaktionen:

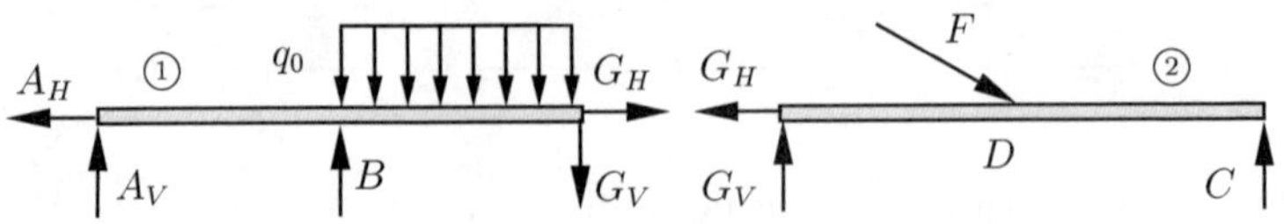

Aus den Gleichgewichtsbedingungen

① ②

$$\rightarrow: \quad -A_H + G_H = 0\,, \qquad \rightarrow: \quad -G_H + F\cos 30^\circ = 0\,,$$

$$\uparrow: \quad A_V + B - q_0 a - G_V = 0\,, \qquad \uparrow: \quad G_V + C - F\sin 30^\circ = 0\,,$$

$$\overset{\curvearrowright}{G}: \quad 2aA_V + aB - \frac{a}{2}q_0 a = 0\,, \qquad \overset{\curvearrowright}{G}: \quad bF\sin 30^\circ - 2bC = 0$$

ergeben sich mit $\sin 30^\circ = 1/2$ und $\cos 30^\circ = \sqrt{3}/2$

$$A_H = \frac{\sqrt{3}}{2}F\,, \qquad A_V = -\frac{q_0 a}{2} - \frac{F}{4}\,, \qquad B = \frac{3}{2}q_0 a + \frac{F}{2}\,,$$

$$C = \frac{F}{4}\,, \qquad G_V = \frac{F}{4}\,, \qquad G_H = \frac{\sqrt{3}}{2}F\,.$$

Nun werden in ausgezeichneten Punkten die Schnittgrößen bestimmt. In A, G und C liegen Gelenke vor, also ist das Moment dort Null. In B bzw. D springt die Querkraft um die Lagerkraft bzw. die Vertikalkomponente von F ($F\sin 30^\circ = F/2$). In D springt außerdem die Normalkraft um die Horizontalkomponente von F ($F\cos 30^\circ = \sqrt{3}F/2$). Durch Schnitte unmittelbar links von B bzw. unmittelbar rechts von D erhält man

$$N_B = A_H\,,$$
$$Q_{B_L} = A_V\,,$$
$$M_B = aA_V\,,$$

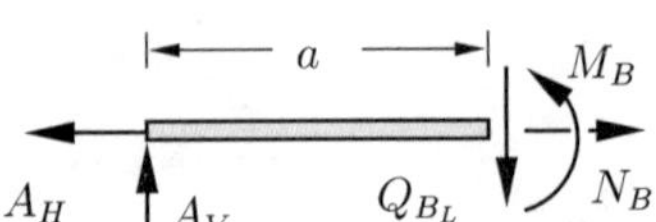

$$N_{D_R} = 0\,,$$
$$Q_{D_R} = -C\,,$$
$$M_D = bC = b\frac{F}{4}\,.$$

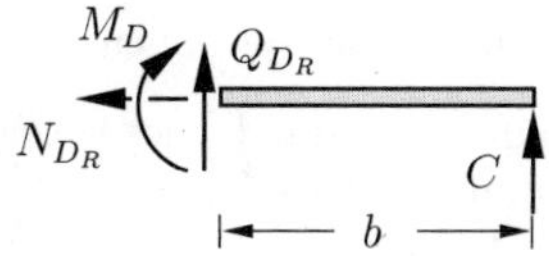

Damit ergeben sich die folgenden Verläufe:

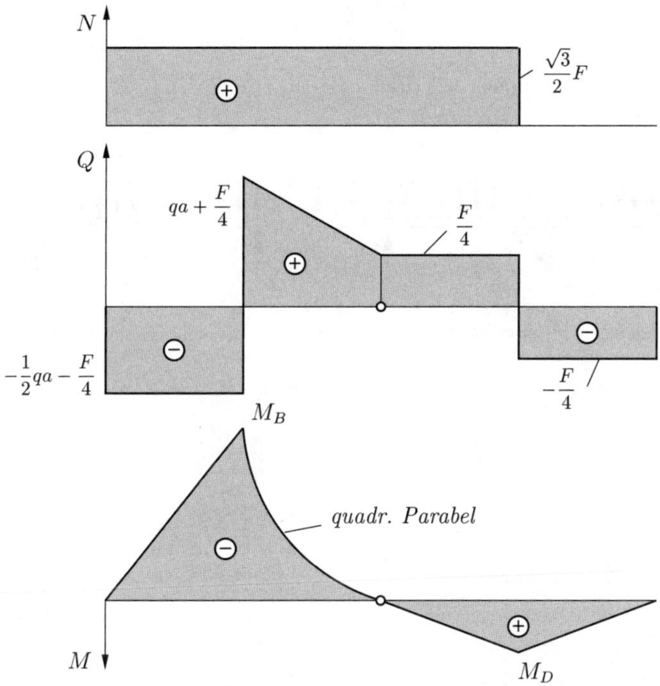

Anmerkungen:

- Im Bereich $\overline{BG}$ ist die Momentenlinie eine quadratische Parabel. Aus dem Q-Verlauf geht hervor, daß der Betrag ihrer Steigung in B größer ist als in G.
- Da im Gelenk keine Kraft angreift, der Q-Verlauf also keinen Sprung in G aufweist, muß die quadratische Parabel in G ohne Steigungsänderung in den linearen Momentenverlauf zwischen G und D einmünden.

Aufgabe 5.12: Für den dargestellten GERBERträger sind die Querkraft- und die Momentenlinie zu bestimmen.

Wie groß muß der Abstand a des Gelenks G sein, damit der Betrag des größten Momentes minimal wird?

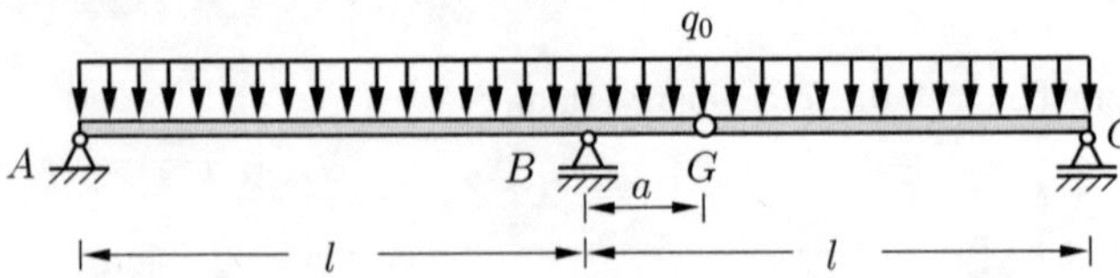

Lösung: Zunächst bestimmen wir die Lager- und die Gelenkreaktionen. Aus dem Freiköperbild

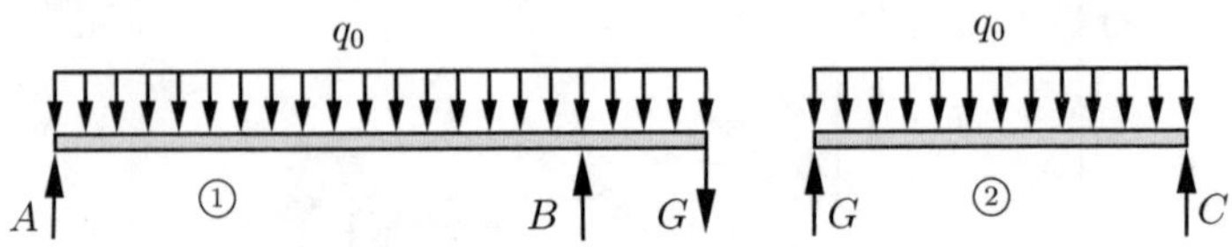

und den Gleichgewichtsbedingungen

$$\text{①}\quad \uparrow: \quad A + B - G - q_0(l+a) = 0\,,$$

$$\overset{\curvearrowright}{G}: \quad (l+a)A + aB - \frac{q_0(l+a)^2}{2} = 0\,,$$

$$\text{②}\quad \uparrow: \quad G + C - q_0(l-a) = 0\,,$$

$$\overset{\curvearrowright}{G}: \quad \frac{q_0(l-a)^2}{2} - (l-a)C = 0$$

folgen

$$A = G = C = \frac{q_0(l-a)}{2}\,, \qquad B = q_0(l+a)\,.$$

Das Schnittmoment in B ergibt sich zu

$$M_B = lA - \frac{q_0 l^2}{2} = -\frac{1}{2} q_0 l a\,.$$

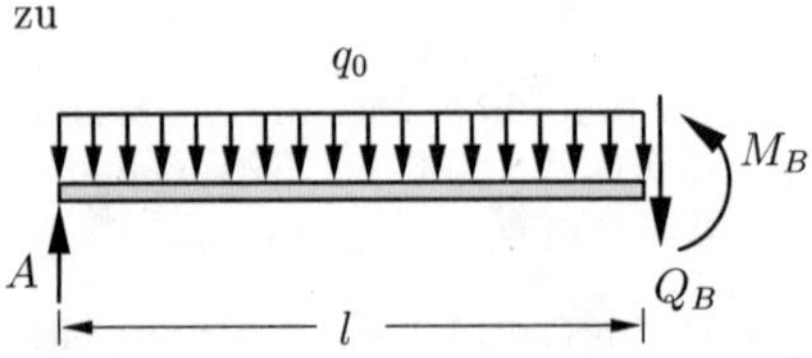

Damit erhält man den dargestellten Querkraft- und Momentenverlauf:

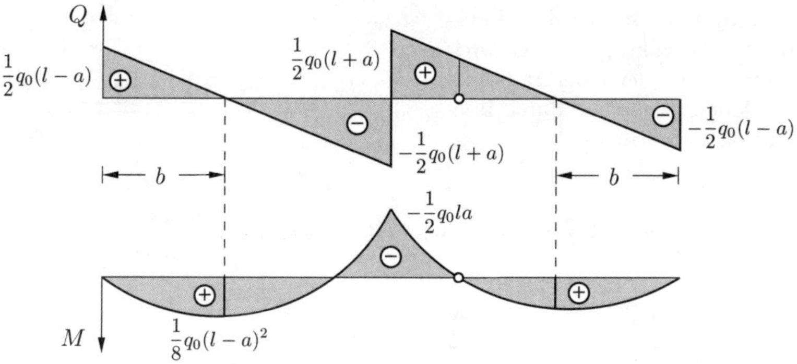

Anmerkungen:

- Der Querkraftverlauf ist antisymmetrisch bezüglich B.
- Die Querkraft muß in der Mitte zwischen G und C Null sein, d. h. bei $b = (l-a)/2$. Dies folgt sofort aus Betrachtung des Freikörperbildes (Symmetrie der Belastung!).
- Aus dem Q-Verlauf erkennt man, daß der Betrag der Steigung von M im Lager A kleiner ist als im Lager B.
- Der Momentenverlauf ist symmetrisch bezüglich B.

Die relativen Extremwerte von M befinden sich an den Nullstellen von Q, im Abstand $b = (l-a)/2$ von A und C. Sie ergeben sich zu

$$M^* = bA - \frac{q_0 b^2}{2} = \frac{q_0}{8}(l-a)^2 \, .$$

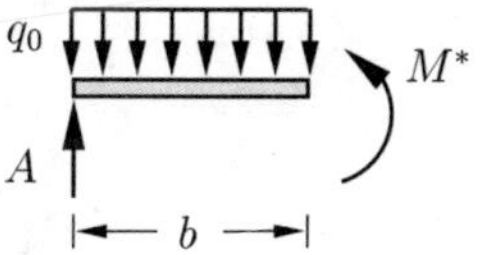

Damit der Betrag der auftretenden Momente minimal wird, muß gelten

$$|M_B| = |M^*| \, .$$

Einsetzen liefert den gesuchten Abstand:

$$\frac{1}{2}q_0 la = \frac{1}{8}q_0(l-a)^2 \quad \rightsquigarrow \quad \underline{\underline{a}} = (3-\sqrt{8})l = \underline{\underline{0,172\,l}} \, .$$

Aufgabe 5.13: Für den dargestellten Gelenkträger unter Dreieckslast sind der Querkraft- und der Momentenverlauf durch Integration zu bestimmen.

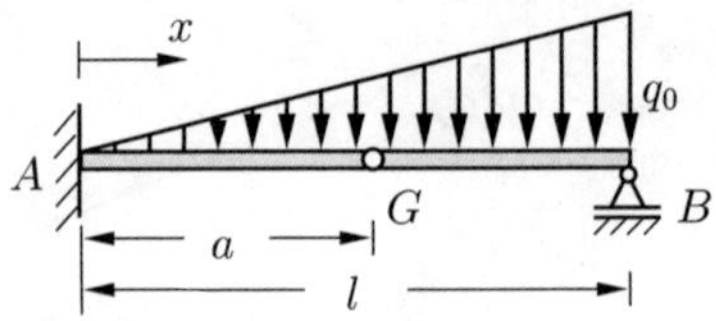

Lösung: Aus $q(x) = q_0 x/l$ erhält man durch Integration

$$Q(x) = -q_0 \frac{x^2}{2l} + C_1 , \qquad M(x) = -q_0 \frac{x^3}{6l} + C_1 x + C_2 .$$

Die Integrationskonstanten C_1 und C_2 bestimmen sich aus den Bedingungen, daß das Moment in G und in B Null ist:

$$M(x=a) = 0 : \qquad -q_0 \frac{a^3}{6l} + C_1 a + C_2 = 0 ,$$

$$M(x=l) = 0 : \qquad -q_0 \frac{l^2}{6} + C_1 l + C_2 = 0 .$$

Unter Verwendung der Abkürzung $\lambda = a/l$ erhält man

$$C_1 = \frac{q_0 l}{6} \left(1 + \lambda + \lambda^2\right) , \qquad C_2 = -\frac{q_0 l^2}{6} \lambda (1 + \lambda)$$

und damit

$$\underline{\underline{Q(x) = \frac{q_0 l}{6} \left[(1 + \lambda + \lambda^2) - 3 \left(\frac{x}{l}\right)^2 \right]}} ,$$

$$\underline{\underline{M(x) = -\frac{q_0 l^2}{6} \left[\lambda(1+\lambda) - (1 + \lambda + \lambda^2) \left(\frac{x}{l}\right) + \left(\frac{x}{l}\right)^3 \right]}} .$$

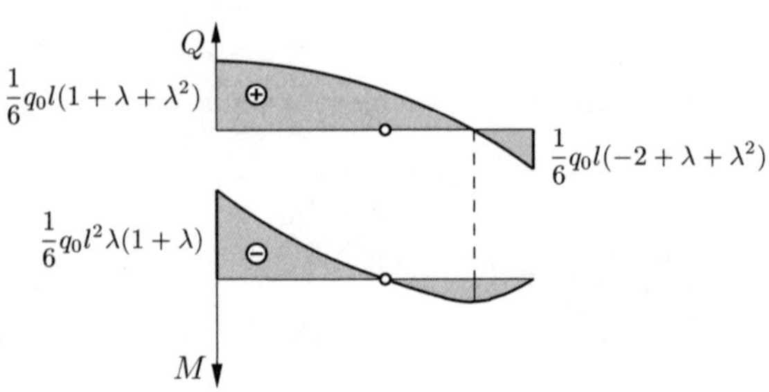

Aufgabe 5.14: Der dargestellte Gerberträger ist durch eine Gleichstreckenlast und durch eine Einzellast belastet.

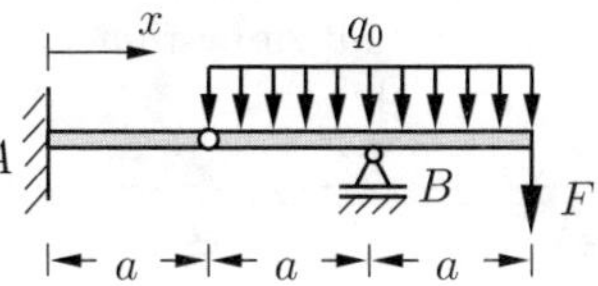

Es sind der Querkraft- und der Momentenverlauf zu bestimmen.

Lösung: Mit Hilfe des FÖPPL-Symbols kann die Streckenlast in der Form

$$q(x) = q_0 < x - a >^0$$

dargestellt werden. Durch Integration folgt

$$Q(x) = -q_0 < x - a >^1 + B < x - 2a >^0 + C_1 \ ,$$

$$M(x) = -\frac{1}{2} q_0 < x - a >^2 + B < x - 2a >^1 + C_1 x + C_2 \ .$$

Beachte: Die Lagerkraft B muß in $Q(x)$ berücksichtigt werden! Die Konstanten B, C_1 und C_2 bestimmen sich aus den Bedingungen

$$Q(x = 3a) = F \quad \rightsquigarrow \quad -2q_0 a + B + C_1 = F \ ,$$

$$M(x = a) = 0 \quad \rightsquigarrow \quad C_1 a + C_2 = 0 \ ,$$

$$M(x = 3a) = 0 \quad \rightsquigarrow \quad -2q_0 a^2 + Ba + 3aC_1 + C_2 = 0$$

zu

$$C_1 = -F \ , \qquad C_2 = aF \ , \qquad B = 2q_0 a + 2F \ .$$

Damit erhält man zum Beispiel in den Punkten A und B

$$M_A = M(0) = C_2 = aF \ ,$$

$$M_B = M(2a) = -\frac{1}{2} q_0 a^2 + C_1 2a + C_2 = -\frac{1}{2} q_0 a^2 - aF$$

und insgesamt die folgenden Verläufe für Q und M:

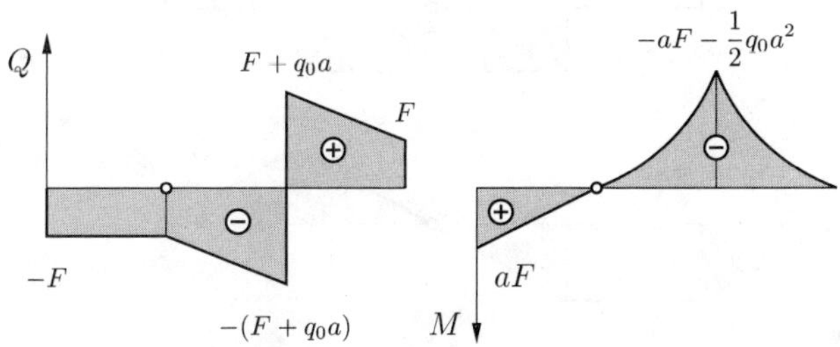

Aufgabe 5.15: Für den dargestellten Gerberträger sind der Querkraft- und der Momentenverlauf zu bestimmen.

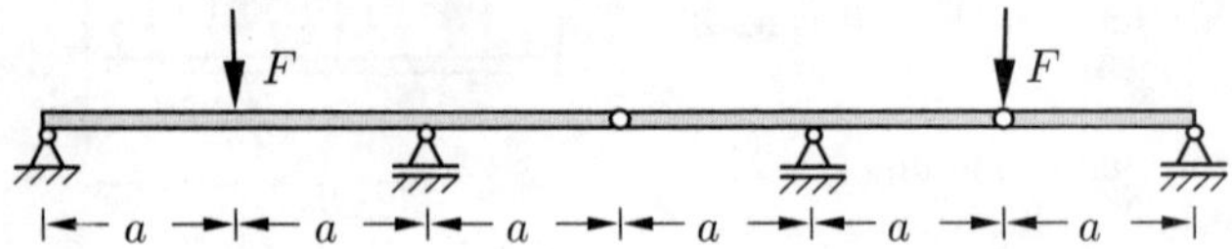

Lösung: Wir bestimmen zuerst die Lager- und die Gelenkkräfte (es treten nur vertikale Einzelkräfte auf!).

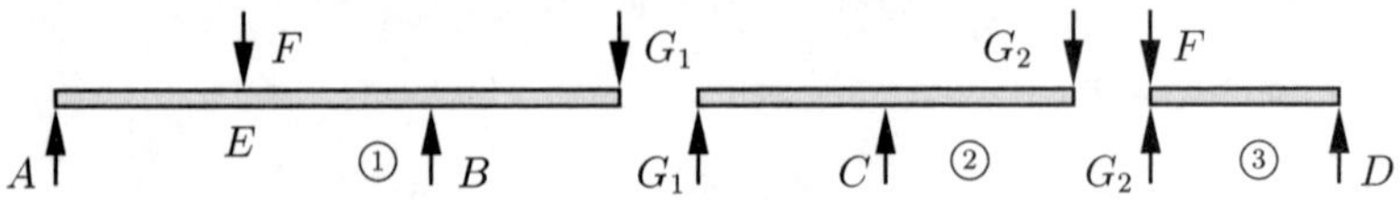

Aus den Gleichgewichtsbedingungen

$$① \quad \uparrow: \quad A + B - F - G_1 = 0\,, \qquad \overset{\curvearrowright}{A}: \quad aF - 2aB + 3aG_1 = 0\,,$$

$$② \quad \uparrow: \quad G_1 + C - G_2 = 0\,, \qquad \overset{\curvearrowright}{C}: \quad aG_1 + aG_2 = 0\,,$$

$$③ \quad \uparrow: \quad G_2 + D - F = 0\,, \qquad \overset{\curvearrowright}{D}: \quad aG_2 - aF = 0$$

ergeben sich die Lager- und die Gelenkreaktionen

$$A = F\,, \quad B = -F\,, \quad C = 2F\,, \quad D = 0\,, \quad G_1 = -F\,, \quad G_2 = F\,.$$

An den Stellen B, C und E erhält man für die Schnittmomente

$$M_E = aF\,, \qquad M_B = 2aF - aF = aF\,, \qquad M_C = -aF\,.$$

Damit folgen die dargestellten Schnittgrößenverläufe.

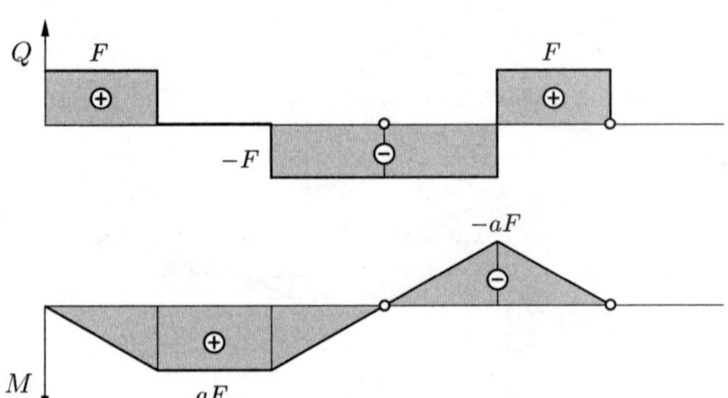

Aufgabe 5.16: Der Rahmen ist durch die Kraft F und eine Gleichstreckenlast $q_0 = F/a$ belastet.

Es sind die Verläufe von N, Q und M zu bestimmen.

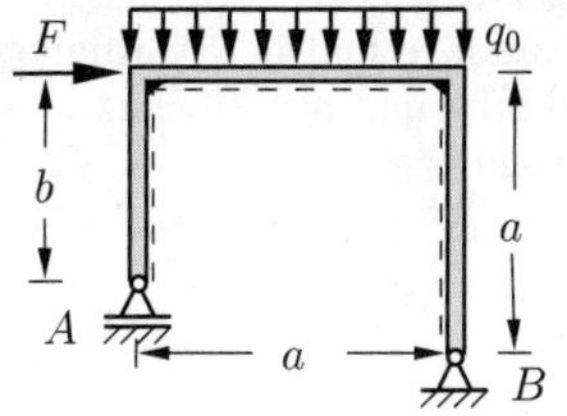

Lösung: Die Gleichgewichtsbedingungen

$$\uparrow: \quad A + B_V - q_0 a = 0\,,$$

$$\rightarrow: \quad F - B_H = 0\,,$$

$$\overset{\curvearrowleft}{B}: \quad -aA + \tfrac{1}{2} q_0 a^2 - aF = 0$$

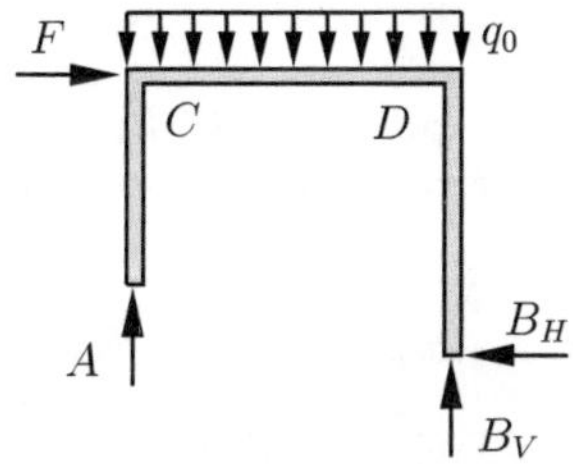

liefern die Lagerkräfte

$$A = \frac{q_0 a}{2} - F = -\frac{F}{2}\,, \qquad B_V = \frac{q_0 a}{2} + F = \frac{3}{2}F\,, \qquad B_H = F\,.$$

Wir schneiden nun an den Rahmenecken unmittelbar rechts von C bzw. links von D. Dort folgen die Schnittgrößen:

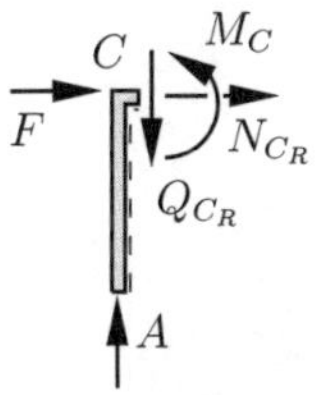

$$N_{C_R} = -F\,, \quad Q_{C_R} = -F/2\,, \quad M_C = 0\,,$$

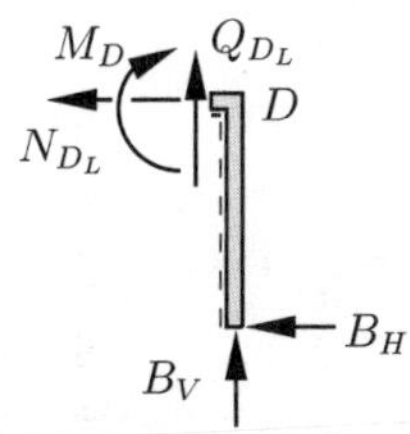

$$N_{D_L} = -F\,, \quad Q_{D_L} = -3F/2\,, \quad M_D = -aF\,.$$

Unter Beachtung der allgemeinen Beziehungen zwischen der Belastung und den Schnittgrößen erhält man damit die dargestellten Verläufe (Hinweis: an unbelasteten 90°-Ecken ändern sich die Momente nicht; Normalkräfte werden zu Querkräften und umgekehrt!):

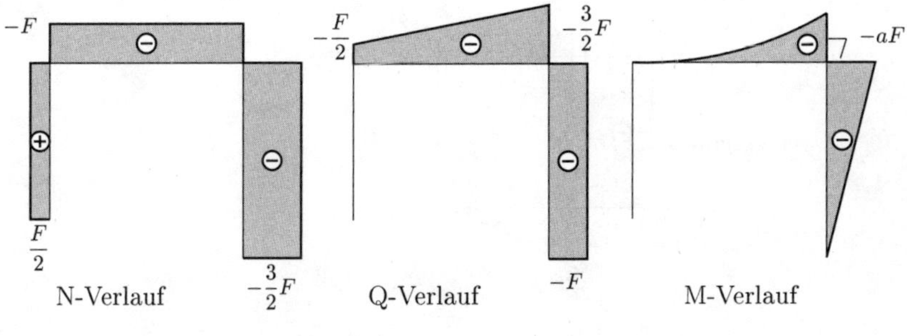

Aufgabe 5.17: Für den dargestellten Rahmen sind der Normalkraft-, der Querkraft- und der Momentenverlauf zu ermitteln.

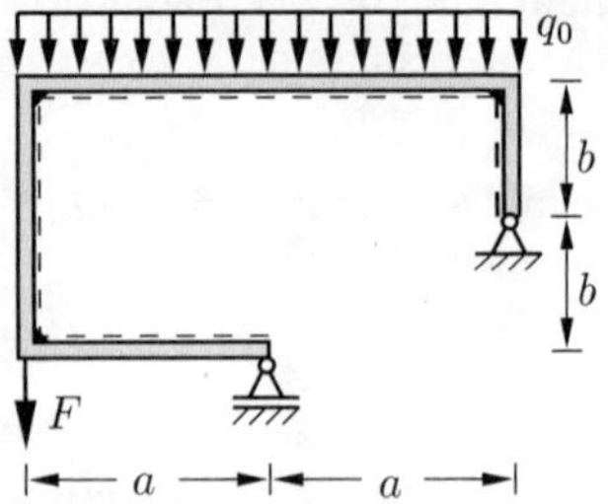

Lösung: Aus den Gleichgewichtsbedingungen errechnen sich die Lagerreaktionen zu

$A = 2F + 2q_0 a\,, \quad B_V = -F\,, \quad B_H = 0\,.$

An den Stellen C, D und E ergeben sich die Schnittmomente

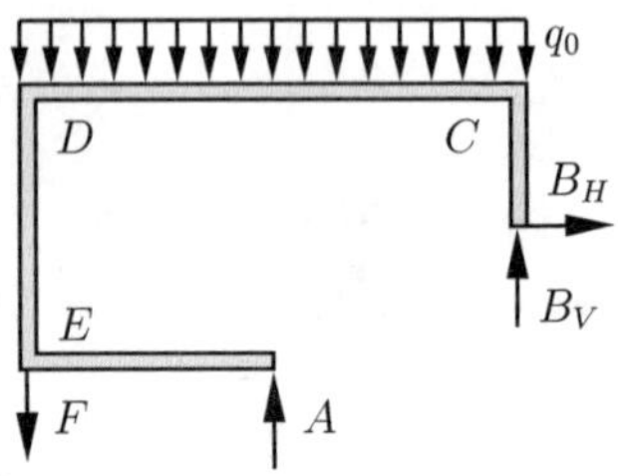

$$M_C = 0\,, \qquad M_D = M_E = -aA = -2a(F + q_0 a)\,.$$

Damit lassen sich die folgenden Schnittgrößen angeben:

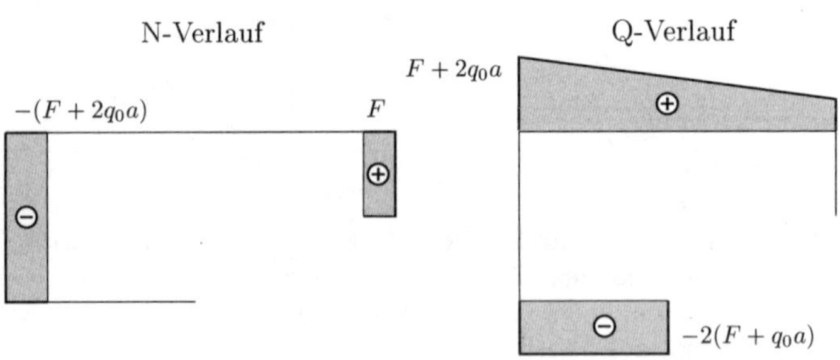

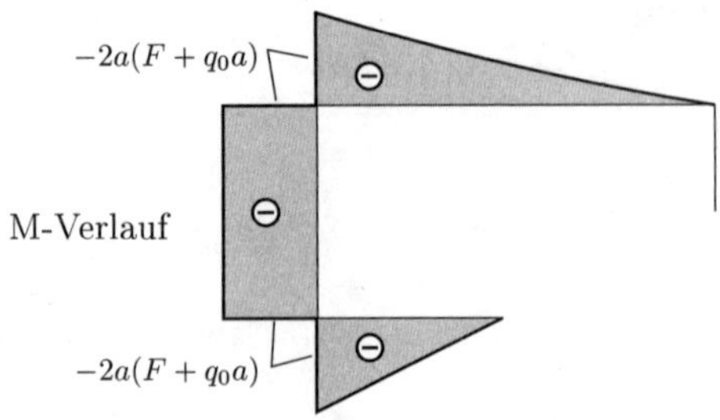

Aufgabe 5.18: Für das dargestellte Rahmentragwerk sind der Normalkraft-, der Querkraft- und der Momentenverlauf zu ermitteln.

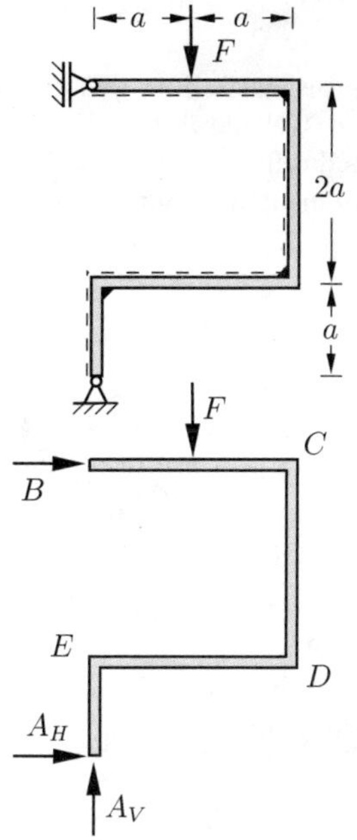

Lösung: Aus den Gleichgewichtsbedingungen ergeben sich die Lagerreaktionen zu

$$A_V = F\ , \quad A_H = \frac{F}{3}\ , \quad B = -\frac{F}{3}\ .$$

An den Ecken C, D und E errechnen sich die Schnittmomente

$$M_C = -aF\ ,$$

$$M_D = 2aB - aF = -\frac{5}{3}aF\ ,$$

$$M_E = \frac{1}{3}aF\ .$$

Damit folgen die Schnittgrößen:

N-Verlauf

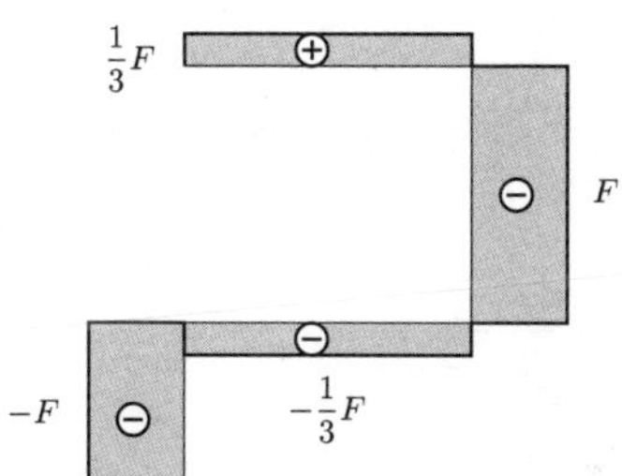

Q-Verlauf

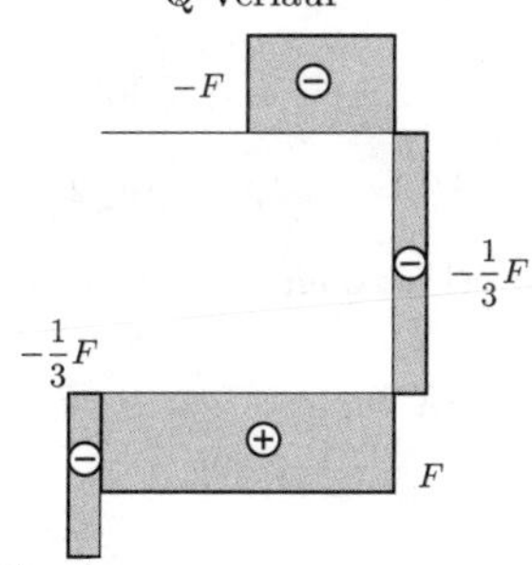

M-Verlauf

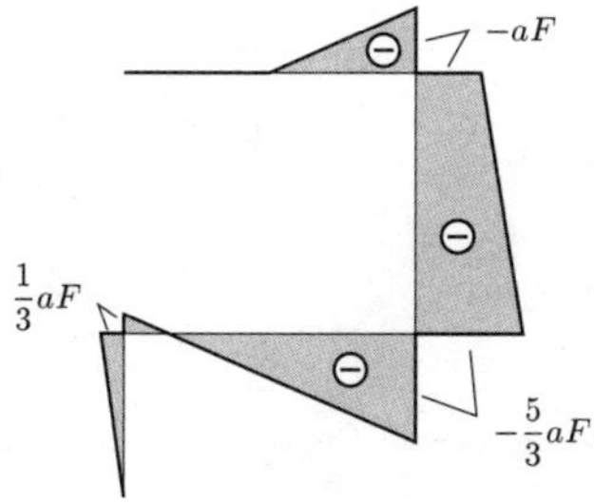

Aufgabe 5.19: Für den dargestellten Gelenkrahmen sind der Normalkraft-, der Querkraft- und der Momentenverlauf zu bestimmen.

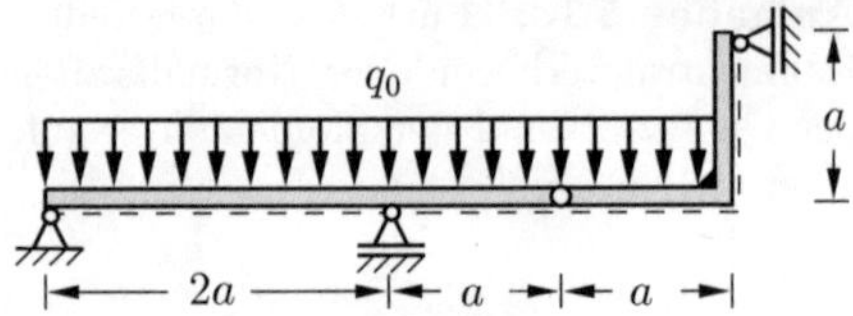

Lösung:

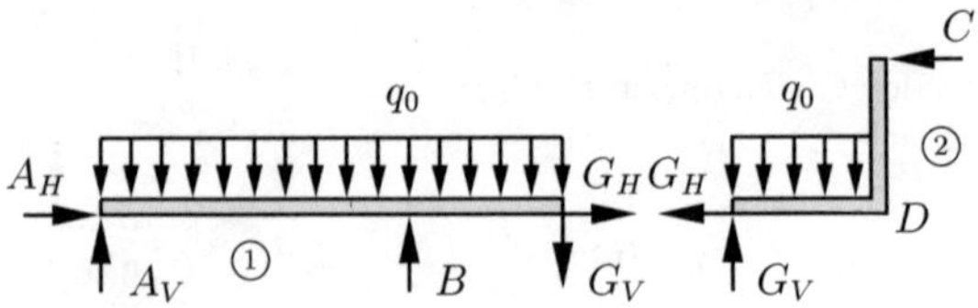

Aus den Gleichgewichtsbedingungen

$$
\text{①}\quad \uparrow: \quad A_V + B - G_V - 3q_0 a = 0\,, \qquad \text{②}\quad \uparrow: \quad G_V - q_0 a = 0\,,
$$

$$
\rightarrow: \quad A_H + G_H = 0\,, \qquad \rightarrow: \quad -G_H - C = 0\,,
$$

$$
\stackrel{\curvearrowright}{A}: \quad -2aB + 3aG_V + \frac{9}{2} q_0 a^2 = 0\,, \qquad \stackrel{\curvearrowright}{G}: \quad -aC + \frac{1}{2} q_0 a^2 = 0
$$

ergeben sich die Lager- und die Gelenkreaktionen

$$
A_V = \frac{q_0 a}{4}\,, \quad A_H = \frac{q_0 a}{2}\,, \quad B = \frac{15}{4} q_0 a\,, \quad C = \frac{q_0 a}{2}\,,
$$

$$
G_H = -\frac{q_0 a}{2}\,, \quad G_V = q_0 a\,.
$$

An den Stellen B und D folgen für die Schnittmomente

$$
M_B = 2aA_V - \frac{1}{2}(q_0\, 2a)^2 = -\frac{3}{2} q_0 a^2\,, \qquad M_D = aC = \frac{1}{2} q_0 a^2\,.
$$

Damit erhält man die folgenden Veräufe:

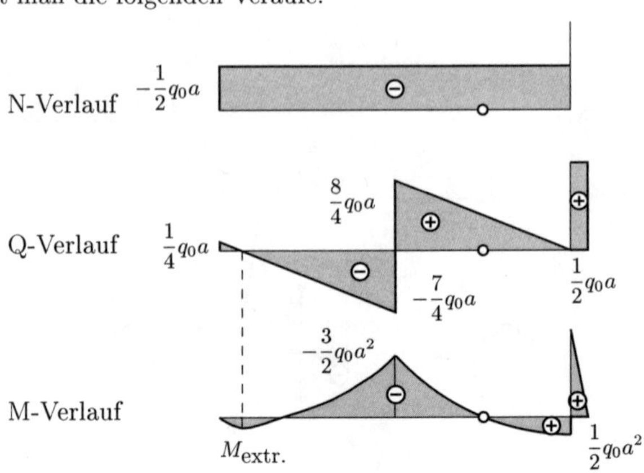

Aufgabe 5.20: Der vereinfacht dargestellte Kran trägt an einem Seil, das in B befestigt und in D und E reibungsfrei über Rollen geführt ist, das Gewicht G. Außerdem ist er durch sein Eigengewicht q_0 (Gewicht pro Längeneinheit) belastet.

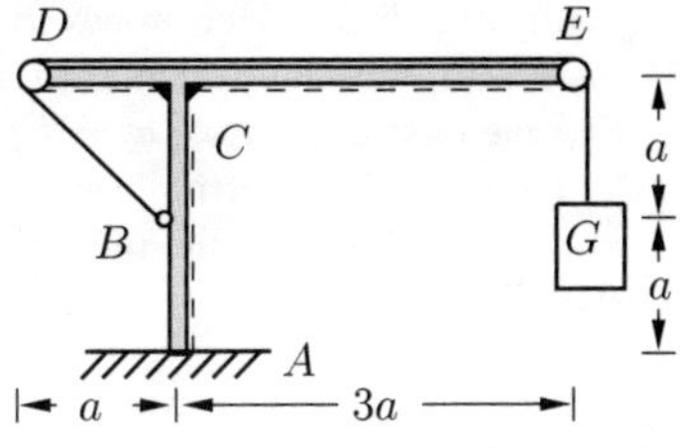

Für den Fall $G = q_0 a$ sind die Verläufe von N, Q und M zu bestimmen.

Lösung: Im Seil wirkt die Kraft $S = G$. Damit läßt sich das nebenstehende Freikörperbild skizzieren. Aus den Gleichgewichtsbedingungen

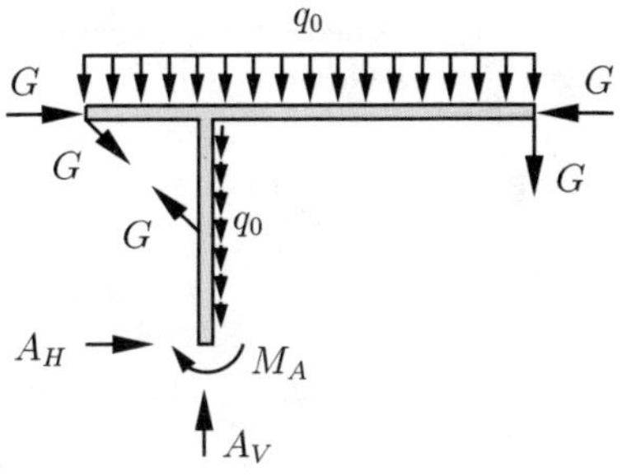

$$\uparrow: \quad -G + A_V - 4q_0 a - 2q_0 a = 0\,,$$

$$\rightarrow: \quad A_H = 0\,,$$

$$\overset{\frown}{A}: \quad M_A + 3aG + 4q_0 a^2 = 0$$

ergeben sich die Lagerreaktionen

$$A_V = 7G\,, \qquad A_H = 0\,, \qquad M_A = -7aG\,.$$

Unter Beachtung der allgemeinen Zusammenhänge zwischen Belastung und Schnittgrößen ergeben sich hiermit die gesuchten Verläufe (Hinweis: Sprünge in N und Q resultieren aus wirkenden Einzelkräften; am Knoten C muß die Summe der Momente verschwinden (Drehrichtung beachten!)).

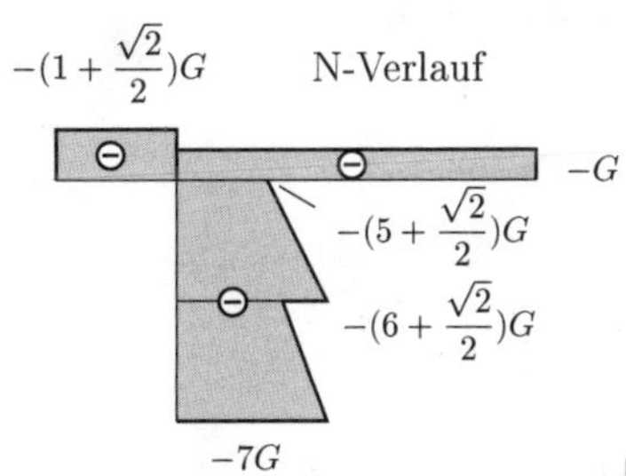

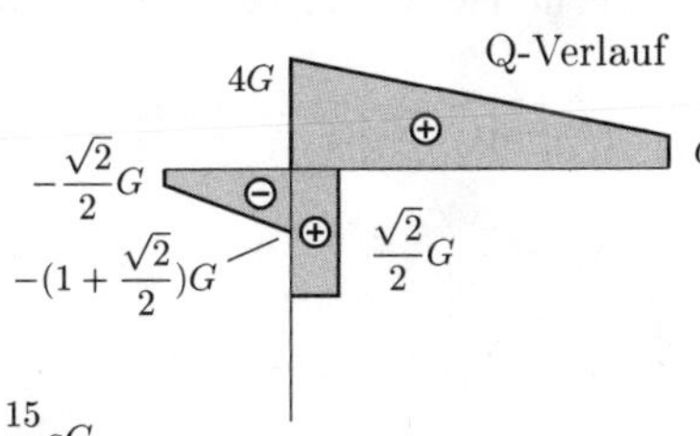

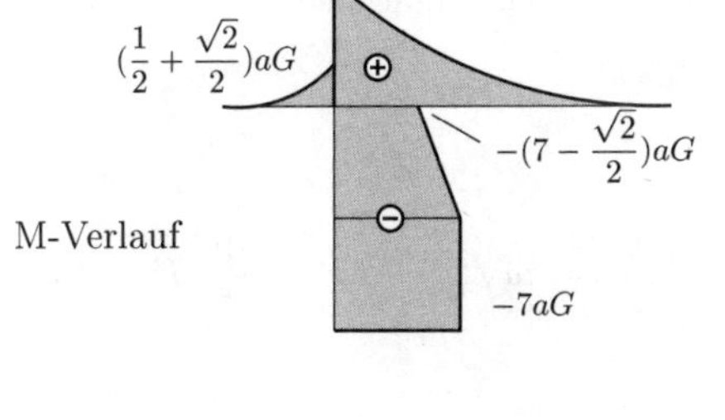

Aufgabe 5.21: Der abgewinkelte Rahmen ist durch eine Einzelkraft F und eine Streckenlast der Größe $q_0 = F/a$ belastet.

Es sind der Normalkraft-, der Querkraft- und der Momentenverlauf zu bestimmen.

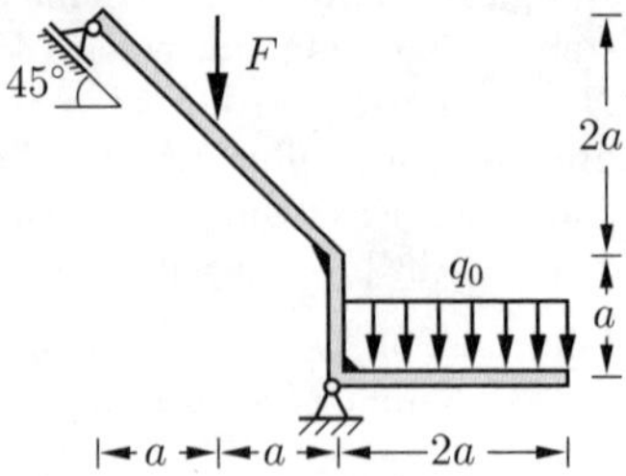

Lösung: Aus den Gleichgewichtsbedingungen für das Gesamtsystem

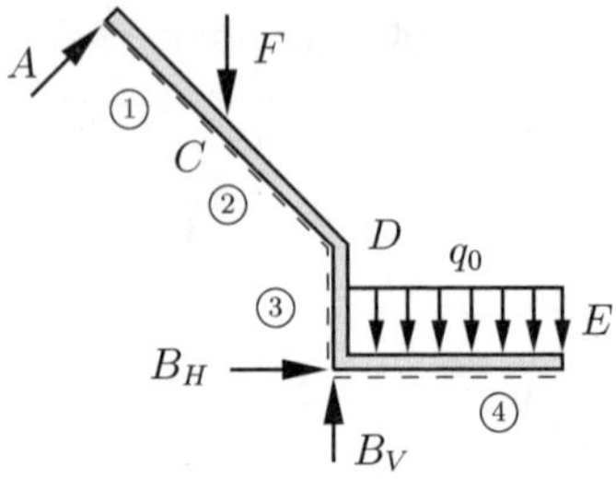

$$\rightarrow: \quad \frac{\sqrt{2}}{2} A + B_H = 0 ,$$

$$\uparrow: \quad \frac{\sqrt{2}}{2} A + B_V - F - 2q_0 a = 0 ,$$

$$\stackrel{\curvearrowright}{A}: \quad aF - 3aB_H - 2aB_V + 6q_0 a^2 = 0$$

folgen die Lagerreaktionen

$$A = -\frac{\sqrt{2}}{5} F , \qquad B_V = \frac{16}{5} F , \qquad B_H = \frac{1}{5} F .$$

Durch Gleichgewichtsbetrachtung am geschnittenen System ergeben sich für die Normal- und die Querkraft in den Teilen ① bis ③

$$N_1 = 0 , \qquad Q_1 = A = -\frac{\sqrt{2}}{5} F ,$$

$$N_2 = -\frac{\sqrt{2}}{2} F , \qquad Q_2 = A - \frac{\sqrt{2}}{2} F = -\frac{7}{10}\sqrt{2} F ,$$

$$N_3 = \frac{\sqrt{2}}{2} A - F = -\frac{6}{5} F , \qquad Q_3 = -\frac{\sqrt{2}}{2} A = \frac{F}{5} .$$

Außerdem ermittelt man an den Schnittstellen B, C und D die Momente

$$M_B = -a\, 2q_0 a = -2aF ,$$

$$M_C = a\sqrt{2}\, A = -\frac{2}{5} aF ,$$

$$M_D = 2a\sqrt{2}\, A - aF = -\frac{9}{5} aF .$$

Für den Bereich ④ gilt

$$N_4 = 0\,,$$

$$Q_4 = -q_0 x = -F\,\frac{x}{a}\,,$$

$$M_4 = -\frac{1}{2}\,q_0 x^2 = -\frac{1}{2}\,aF\,\frac{x^2}{a^2}\,.$$

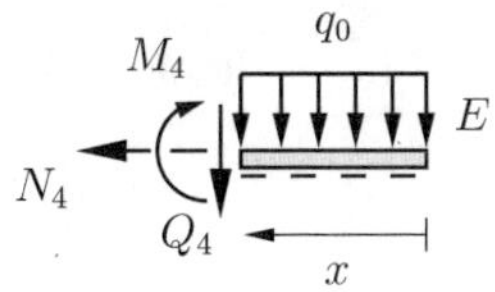

Anmerkung: Da x von rechts gezählt wird, wirkt Q_4 positiv nach unten!

Damit folgen die dargstellten Schnittgrößenverläufe. Sprünge in N und Q treten an den Rahmenecken und an Angriffspunkten von Einzelkräften auf; die Momente werden an den Ecken ohne Änderung übertragen.

N-Verlauf

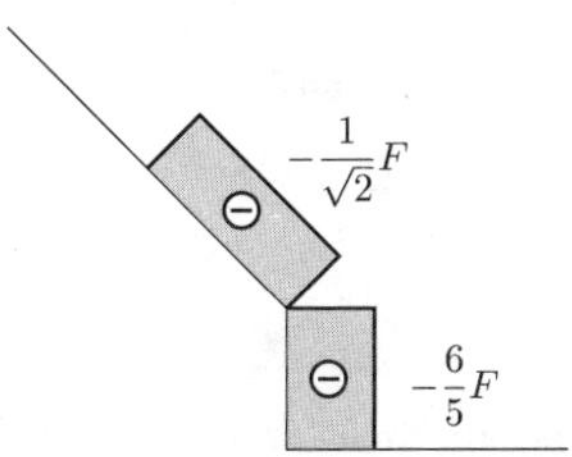

Q-Verlauf

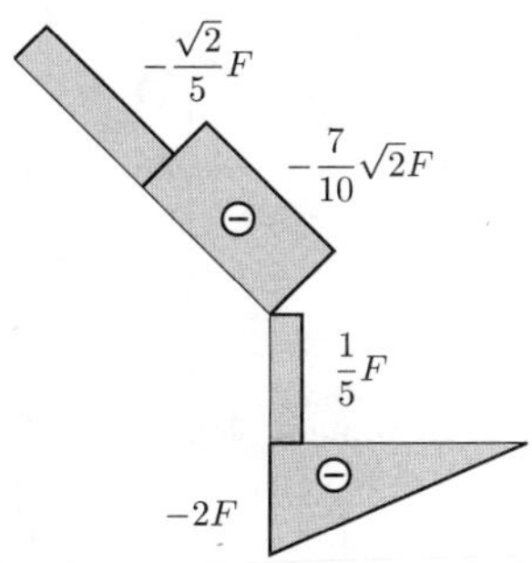

M-Verlauf

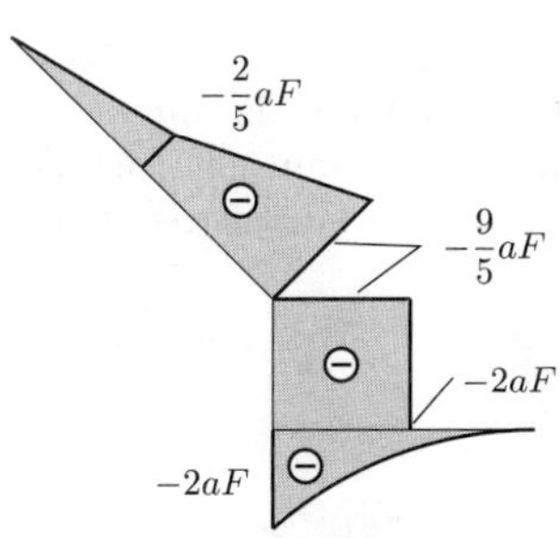

Aufgabe 5.22: Gegeben sind ein Tragwerk und die darin vorherrschenden Schnittgrößenverläufe, Querkraft Q, Moment M und Normalkraft N.

Wie groß (nach Betrag und Lage) sind die zugehörigen Belastungen?

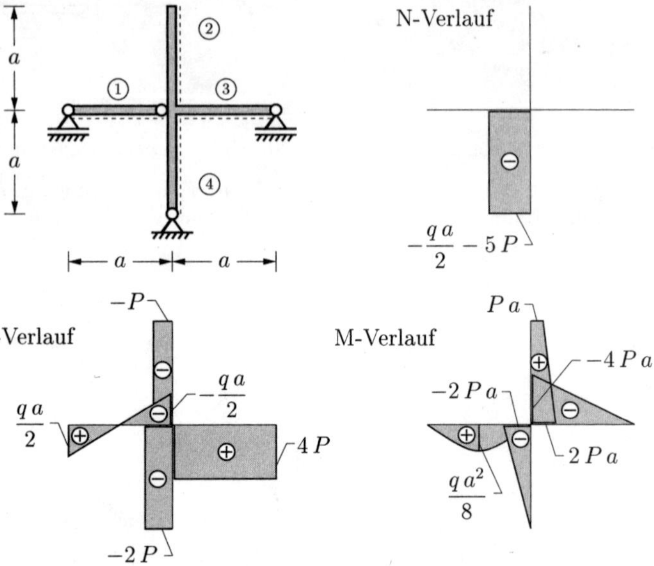

Lösung: Beginnend von den äußeren Teilen der einzelnen Tragwerksabschnitte können deren Belastungen aus den einzelnen Schnittgrößenverläufen rekonstruiert werden. Eine anschließende Gleichgewichtsbetrachtung am Mittelknoten liefert dann die dort eventuell angreifenden Einzelkräfte bzw. Einzelmomente.

Zunächst wird der links angehängte Balken (Teilabschnitt ①) betrachtet. Aufgrund des linearen Querkraftverlaufs mit den Randwerten $\pm q\,a/2$ und der parabelförmigen Momentenlinie mit dem charakteristischen Parabelstich $q\,a^2/8$ muß dieser Balken mit einer Gleichstreckenlast q beansprucht sein.

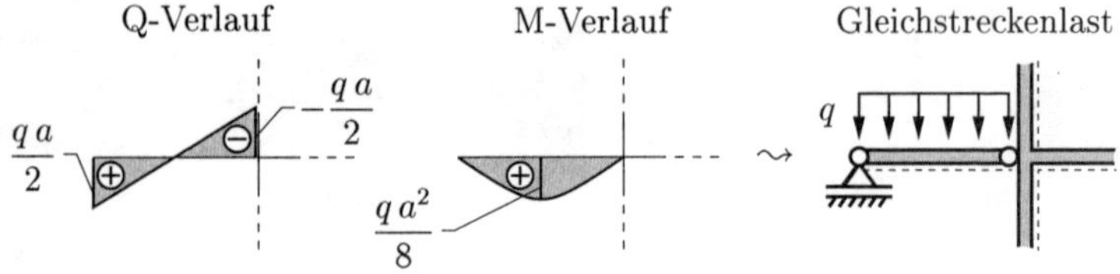

Da die weiteren Tragwerksabschnitte sowohl einen konstanten Normal- als auch einen konstanten Querkraftverlauf aufweisen und der Momentenverlauf sich dort linear verändert, können die Teilabschnitte ②, ③ und ④ weder mit verteilten Lasten noch mit Einzellasten (Sprung im Querkraftverlauf, Knicke im Momentenverlauf) bzw. Einzelmomente (Sprung in der Momentenlinie) beansprucht sein.

Weitere Belastungen sind nur noch am freien Ende des Teilabschnitts ② und am Mittelknoten möglich. Die Betrachtung der Randwerte im Querkraft- und Momentenverlauf am freien Ende führen auf folgende Belastungen:

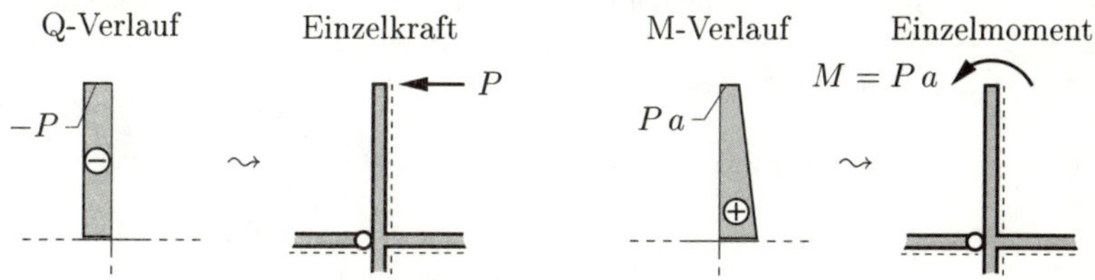

Die Gleichgewichtsbetrachtung am Mittelknoten liefert die noch fehlenden Belastungen:

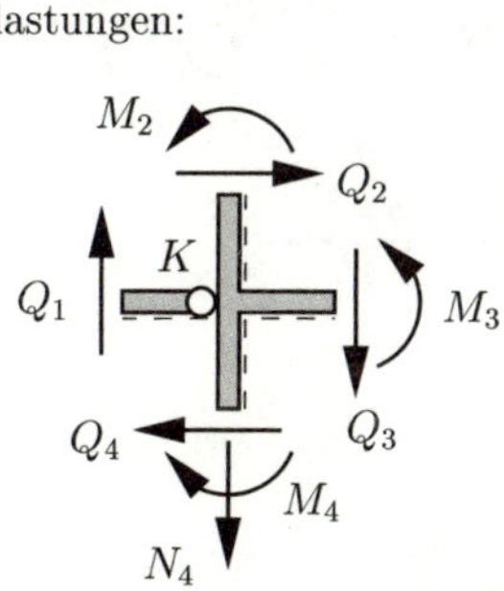

$$\overset{\frown}{K}: \quad M_2 + M_3 - M_4 = = 2\,P\,a - 4\,P\,a - (-2\,P\,a) = 0$$

$\rightsquigarrow$ kein Einzelmoment,

$$\rightarrow: \quad Q_2 - Q_4 = -P - (-2\,P) = P$$

$\rightsquigarrow$ horizontale Einzelkraft,

$$\uparrow: \quad Q_1 - Q_3 - N_4 = = -\frac{q\,a}{2} - 4\,P + \frac{q\,a}{2} + 5\,P = P$$

$\rightsquigarrow$ vertikale Einzelkraft.

Daraus resultiert die folgende Beanspruchung für das oben dargestellte Tragwerk:

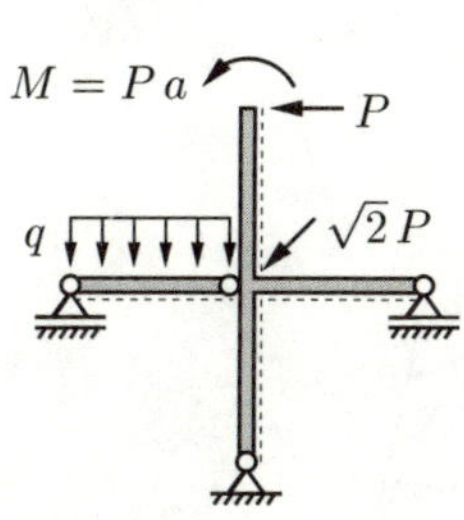

Aufgabe 5.23: Für den symmetrischen Rahmen sind die Schnittgrößenverläufe zu ermitteln.

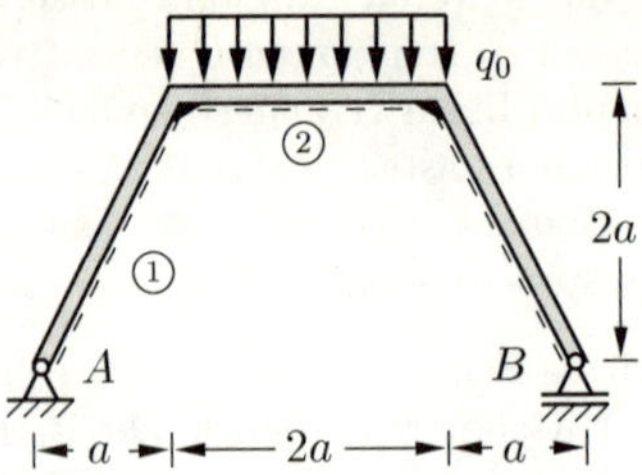

Lösung: Aufgrund der Symmetrie ergeben sich die vertikalen Lagerreaktionen zu

$$A = B = q_0 a \, .$$

Die Schnittgrößen in den Rahmenteilen ① und ② erhält man aus den Gleichgewichtsbedingungen am geschnittenen Rahmen. Unter Verwendung von $\cos\alpha = 1/\sqrt{5}$ und $\sin\alpha = 2/\sqrt{5}$ folgen

$$① \nearrow: \quad N_1 = -A\sin\alpha = -\frac{2}{\sqrt{5}}\, q_0 a \, ,$$

$$\searrow: \quad Q_1 = A\cos\alpha = \frac{1}{\sqrt{5}}\, q_0 a \, ,$$

$$\overset{\curvearrowright}{S}: \quad M_1 = x_1 A = x_1 q_0 a \, ,$$

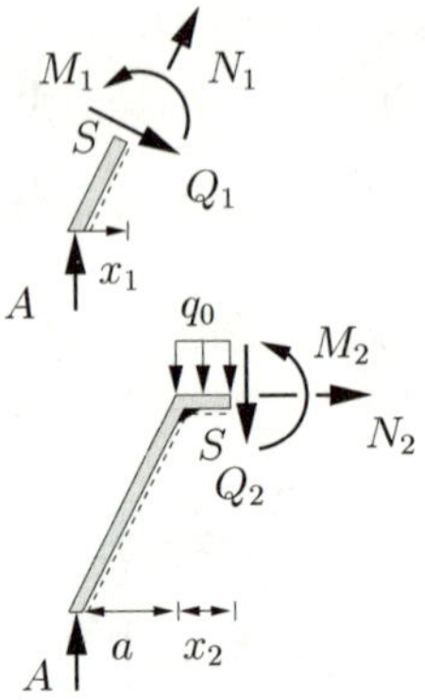

$$② \rightarrow: \quad N_2 = 0 \, ,$$

$$\uparrow: \quad Q_2 = A - q_0 x_2 = q_0(a - x_2) \, ,$$

$$\overset{\curvearrowright}{S}: \quad M_2 = (a + x_2)A - \tfrac{1}{2} q_0\, x_2^2 = q_0(a^2 + a x_2 - \tfrac{1}{2} x_2^2) \, .$$

Damit ergeben sich die dargestellten Schnittgrößen:

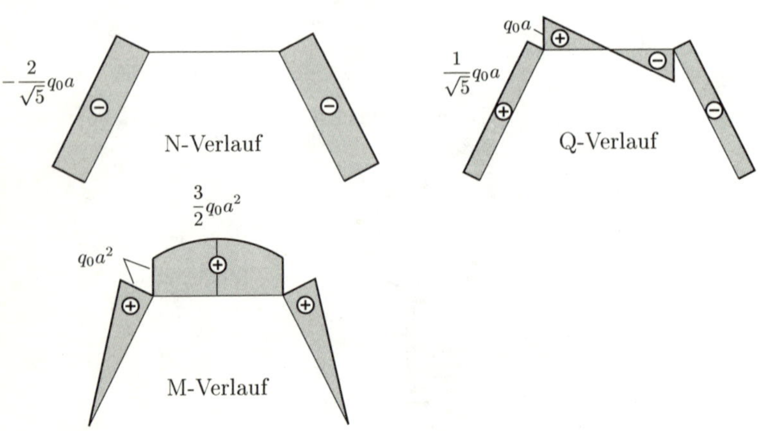

Aufgabe 5.24: Für den dargestellten Bogen sind der Normalkraft-, der Querkraft- und der Momentenverlauf zu bestimmen.

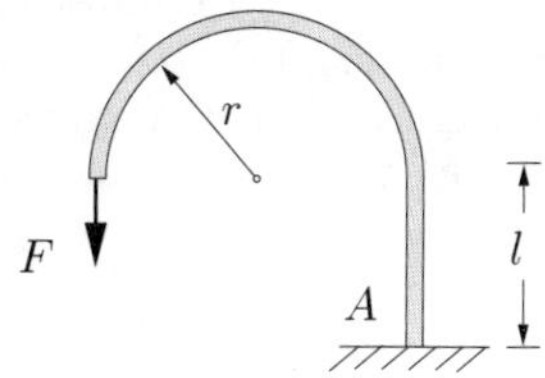

Lösung: In diesem Fall ist es nicht erforderlich, zunächst die Lagerreaktionen zu bestimmen. Durch Gleichgewichtsbetrachtung am geschnittenen Bogen erhält man sofort die Schnittgrößen:

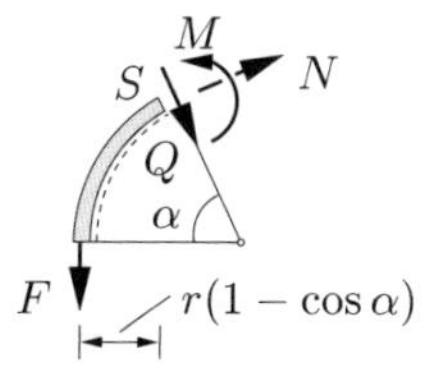

$$\nearrow: \quad N(\alpha) = F\cos\alpha \,,$$

$$\searrow: \quad Q(\alpha) = -F\sin\alpha \,,$$

$$\overset{\curvearrowright}{S}: \quad M(\alpha) = -rF(1-\cos\alpha) \,.$$

Im geraden Pfosten ergeben sich

$$N = -F \,, \qquad Q = 0 \,, \qquad M = -2rF \,.$$

Diese Größen sind gleichzeitig die Lagerreaktionen bei A.

N-Verlauf Q-Verlauf M-Verlauf

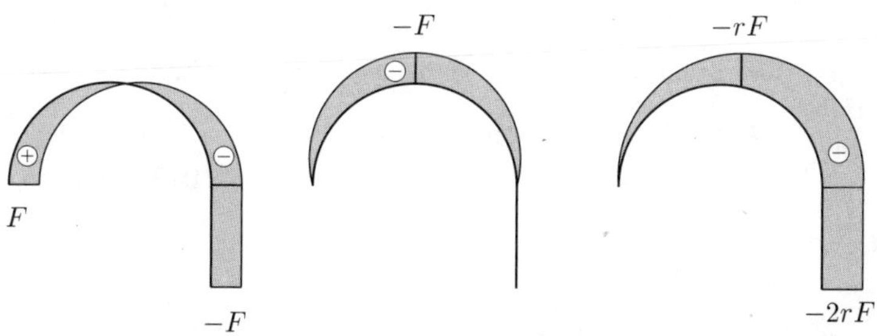

Anmerkung: Die Schnittgrößen und die Lagerreaktionen sind von l unabhängig.

Aufgabe 5.25: Für den durch eine konstante Streckenlast belasteten Bogen sind die Schnittgrößenverläufe analytisch anzugeben. Die Extremwerte für N und M sind zu bestimmen.

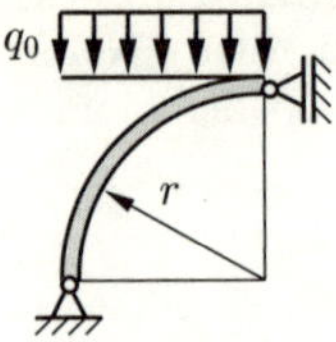

Lösung: Aus den Gleichgewichtsbedingungen für das Gesamtsystem ergeben sich die Lagerreaktionen

$$A_V = q_0 r \ , \qquad A_H = B = \frac{q_0 r}{2} \ .$$

Durch Gleichgewichtsbetrachtung am geschnittenen Bogen folgen die Schnittgrößen:

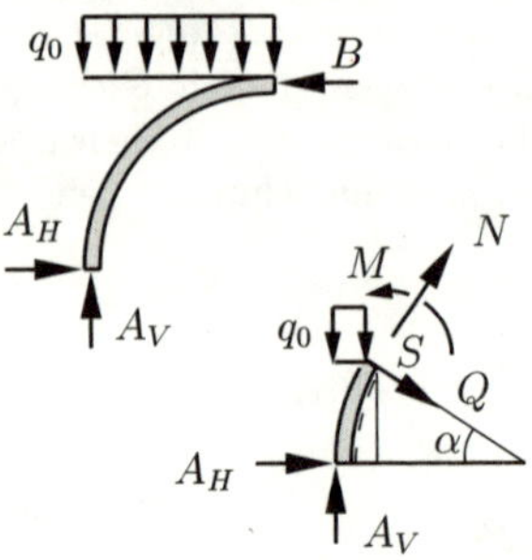

$$\nearrow: \quad N(\alpha) = -[A_V - q_0 r(1-\cos\alpha)]\cos\alpha - A_H \sin\alpha$$
$$= -\tfrac{1}{2} q_0 r(2\cos^2\alpha + \sin\alpha) \ ,$$

$$\searrow: \quad Q(\alpha) = [A_V - q_0 r(1-\cos\alpha)]\sin\alpha - A_H \cos\alpha$$
$$= \tfrac{1}{2} q_0 r(2\cos\alpha\sin\alpha - \cos\alpha) \ ,$$

$$\stackrel{\curvearrowright}{S}: \quad M(\alpha) = A_V r(1-\cos\alpha) - A_H r\sin\alpha - \tfrac{1}{2} q_0 r^2 (1-\cos\alpha)^2$$
$$= \tfrac{1}{2} q_0 r^2 (1 - \sin\alpha - \cos^2\alpha) \ .$$

Die Extremwerte für Moment und Normalkraft errechnen sich aus

$$\frac{dM}{d\alpha} = 0 : \quad (-1 + 2\sin\alpha)\cos\alpha = 0 \ ,$$

$$\cos\alpha_1 = 0 \quad \rightsquigarrow \quad \alpha_1 = \pi/2 \quad \rightsquigarrow \quad \underline{\underline{M(\alpha_1) = 0}} \ ,$$

$$\sin\alpha_2 = 1/2 \quad \rightsquigarrow \quad \alpha_2 = \pi/6 \quad \rightsquigarrow \quad \underline{\underline{M(\alpha_2) = -\frac{q_0 r^2}{8}}} \ ,$$

$$\frac{dN}{d\alpha} = 0 : \quad (-4\sin\alpha + 1)\cos\alpha = 0 \ ,$$

$$\cos\alpha_3 = 0 \quad \rightsquigarrow \quad \alpha_3 = \pi/2 \quad \rightsquigarrow \quad \underline{\underline{N(\alpha_3) = -\frac{q_0 r}{2}}} \ ,$$

$$\sin\alpha_4 = 1/4 \quad \rightsquigarrow \quad \cos^2\alpha_4 = \frac{15}{16} \quad \rightsquigarrow \quad \underline{\underline{N(\alpha_4) = \frac{17}{16} q_0 r}} \ .$$

Aufgabe 5.26: Für das dargestellte System sind die Verläufe von Normalkraft, Querkraft und Moment zu ermitteln.

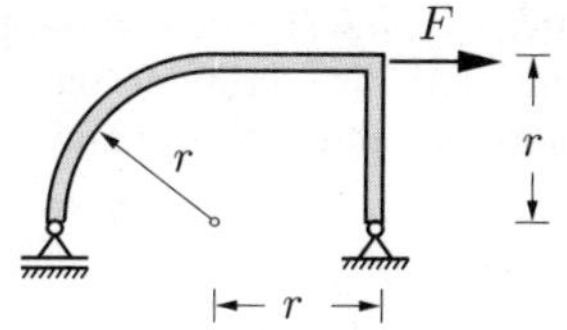

Lösung: Aus den Gleichgewichtsbedingungen für das Gesamtsystem folgen die Lagerreaktionen

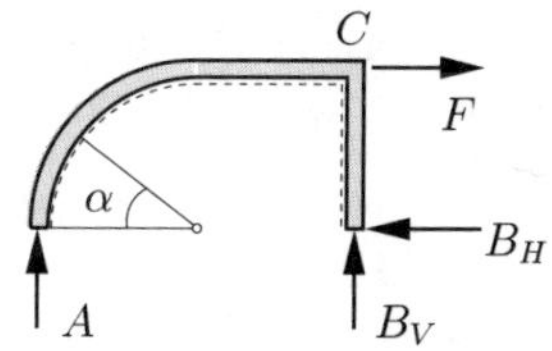

$$A = -\frac{F}{2}, \quad B_V = \frac{F}{2}, \quad B_H = F .$$

Durch Gleichgewichtsbetrachtung am geschnittenen System erhält man an der Stelle C das Moment

$$M_C = -rB_H = -rF .$$

Im gebogenen Teil gilt

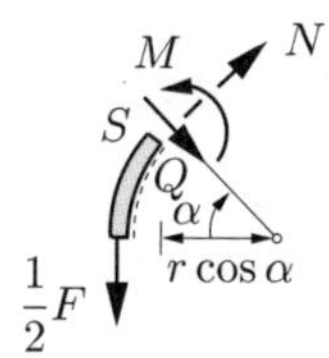

$$\nearrow: \quad N(\alpha) = \frac{F}{2}\cos\alpha ,$$

$$\searrow: \quad Q(\alpha) = -\frac{F}{2}\sin\alpha ,$$

$$\overset{\frown}{S}: \quad M(\alpha) = -\frac{rF}{2}(1-\cos\alpha) .$$

Damit ergeben sich die dargestellten Schnittgrößenverläufe:

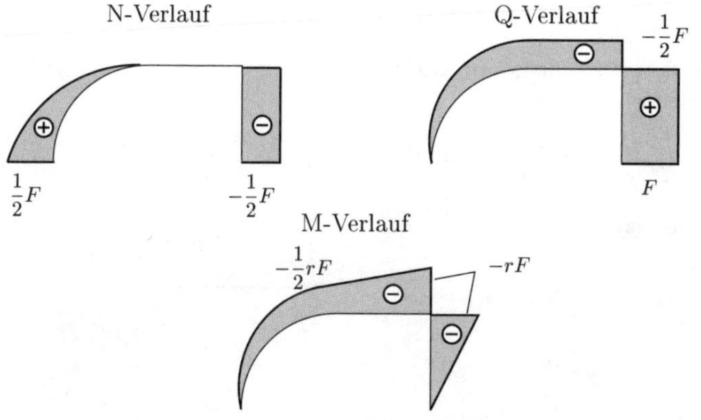

Aufgabe 5.27: Für das dargestellte System sind die Verläufe von Normalkraft, Querkraft und Moment zu ermitteln.

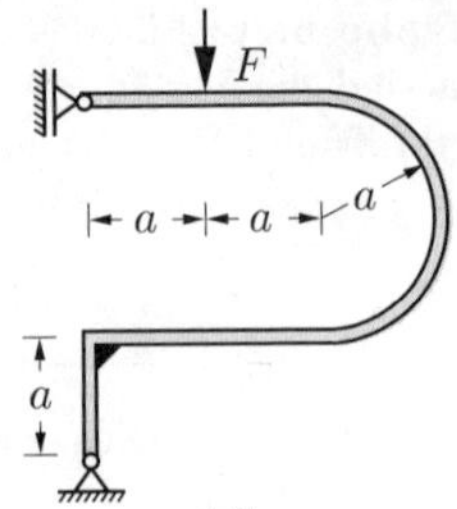

Lösung: Aus den Gleichgewichtsbedingungen für das Gesamtsystem

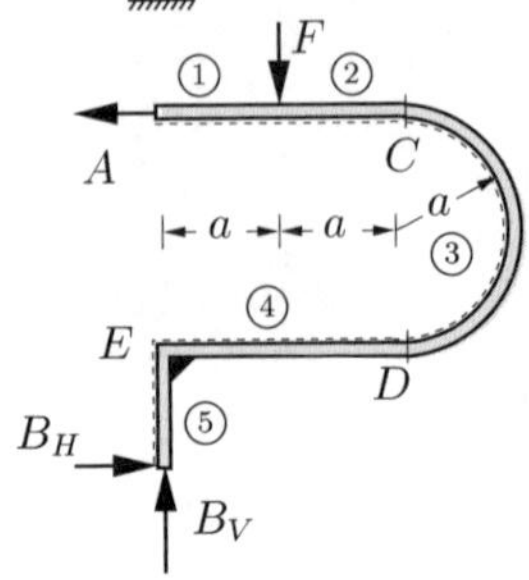

$$\uparrow: \quad B_V - F = 0\,,$$

$$\rightarrow: \quad B_H - A = 0\,,$$

$$\overset{\curvearrowright}{B}: \quad -3aA + aF = 0$$

folgen die Lagerreaktionen

$$A = \frac{F}{3}\,, \qquad B_V = F\,, \qquad B_H = \frac{F}{3}\,.$$

Durch Gleichgewichtsbetrachtung am geschnittenen System ergeben sich die Normal- und die Querkraft in den Teilen ① , ② , ④ und ⑤ zu

$$N_1 = A = F/3\,, \qquad Q_1 = 0\,,$$

$$N_2 = A = F/3\,, \qquad Q_2 = -F\,,$$

$$N_4 = -B_H = -F/3\,, \qquad Q_4 = B_V = F\,,$$

$$N_5 = -B_V = -F\,, \qquad Q_5 = -B_H = -F/3\,.$$

Die Schnittmomente am Kraftangriffspunkt und an den Punkten C, D und E werden

$$M_F = 0\,, \qquad M_C = -aF\,, \qquad M_D = -\frac{5}{3}aF\,, \qquad M_E = \frac{aF}{3}\,.$$

Im Bogen ③ erhält man

$$\swarrow: \quad Q_3 = -\frac{F}{3}\,(\sin\alpha + 3\cos\alpha)\,,$$

$$\searrow: \quad N_3 = \frac{F}{3}\,(\cos\alpha - 3\sin\alpha)\,,$$

$$\overset{\curvearrowright}{S}: \quad M_3 = -\frac{aF}{3}\,(4 + 3\sin\alpha - \cos\alpha)\,.$$

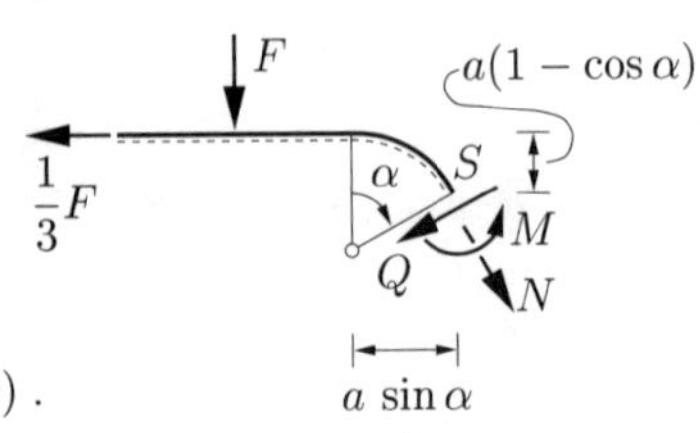

Einige Werte von Q_3, N_3 und M_3 sind in der folgenden Tabelle zusammengestellt.

α	0	$\pi/4$	$\pi/2$	$3\pi/4$	π
Q_3	$-F$	$-\frac{2\sqrt{2}}{3}F$	$-\frac{1}{3}F$	$\frac{\sqrt{2}}{3}F$	F
N_3	$\frac{1}{3}F$	$-\frac{\sqrt{2}}{3}F$	$-F$	$-\frac{2\sqrt{2}}{3}F$	$-\frac{1}{3}F$
M_3	$-aF$	$-\frac{1}{3}(4+\sqrt{2})aF$	$-\frac{7}{3}aF$	$-\frac{1}{3}(4+2\sqrt{2})\,aF$	$-\frac{5}{3}aF$

N-Verlauf

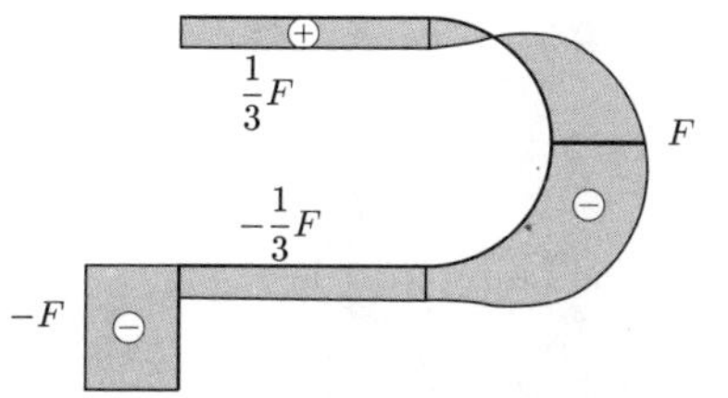

Q-Verlauf

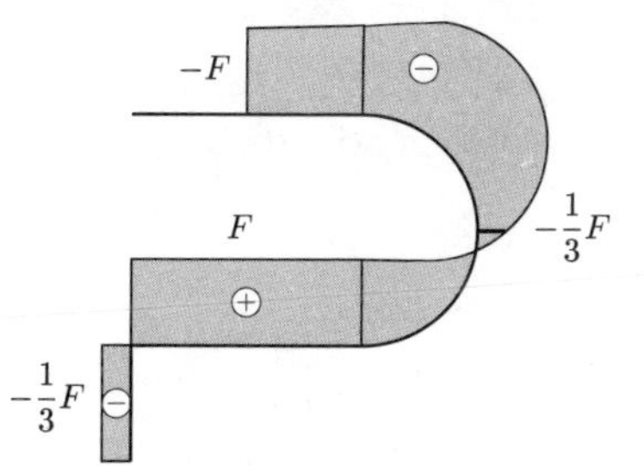

M-Verlauf

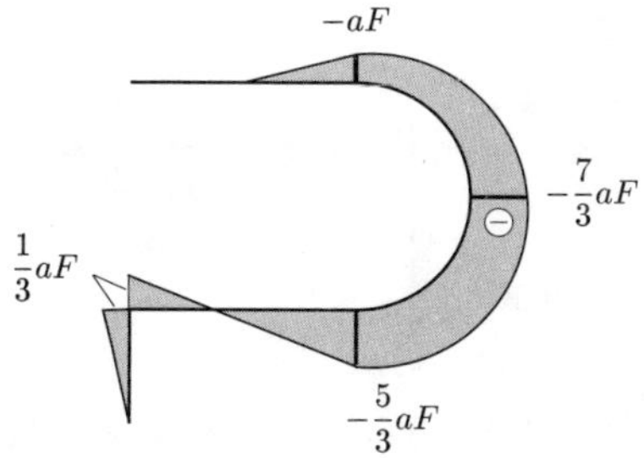

Aufgabe 5.28: Für den Dreigelenkrahmen sind im Fall $q_0 a = 3F$ die Verläufe von Normalkraft, Querkraft und Moment zu bestimmen.

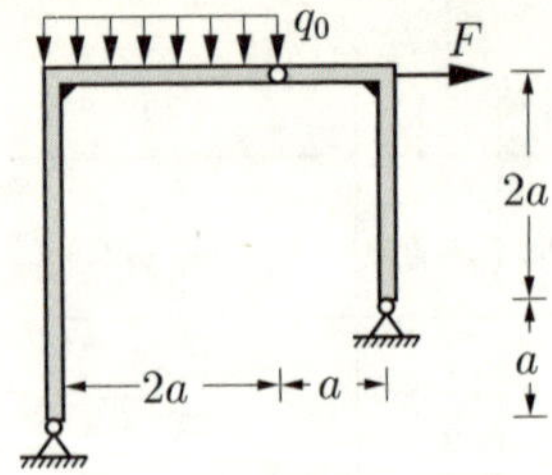

Lösung: Aus den Gleichgewichtsbedingungen

$$
\begin{aligned}
&① \uparrow: && A_V - G_V - 2q_0 a = 0\,,\\
&\rightarrow: && A_H + G_H = 0\,,\\
&\overset{\curvearrowright}{G}: && 2aA_V - 2q_0 a^2 - 3aA_H = 0\,,\\
&② \uparrow: && B_V + G_V = 0\,,\\
&\rightarrow: && -G_H + B_H + F = 0\,,\\
&\overset{\curvearrowright}{G}: && -aB_V - 2aB_H = 0
\end{aligned}
$$

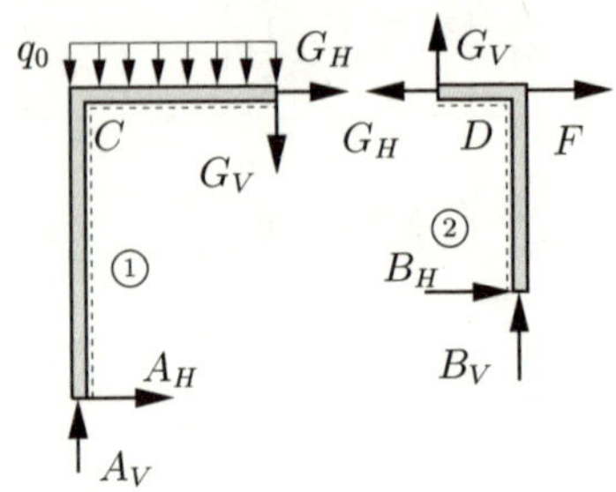

ermitteln sich die Lagerreaktionen

$$
A_V = \frac{24}{7}F\,, \quad B_V = -G_V = \frac{18}{7}F\,, \quad A_H = -G_H = \frac{2}{7}F\,, \quad B_H = -\frac{9}{7}F\,.
$$

Mit den Schnittmomenten

$$
M_C = -3aA_H = -\frac{6}{7}aF\,, \qquad M_D = 2aB_H = -\frac{18}{7}aF
$$

folgen die dargestellten Schnittgrößenverläufe.

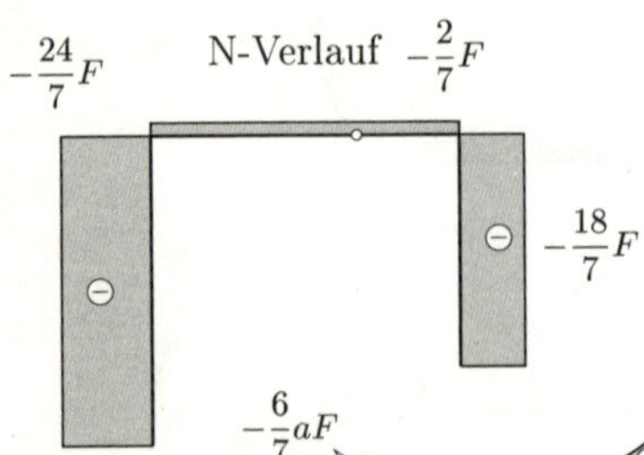

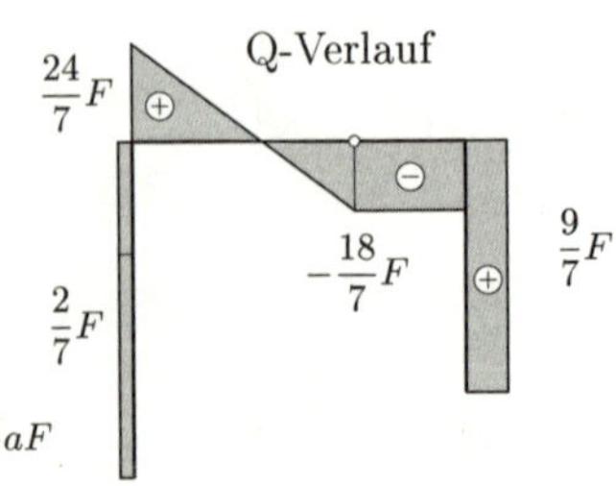

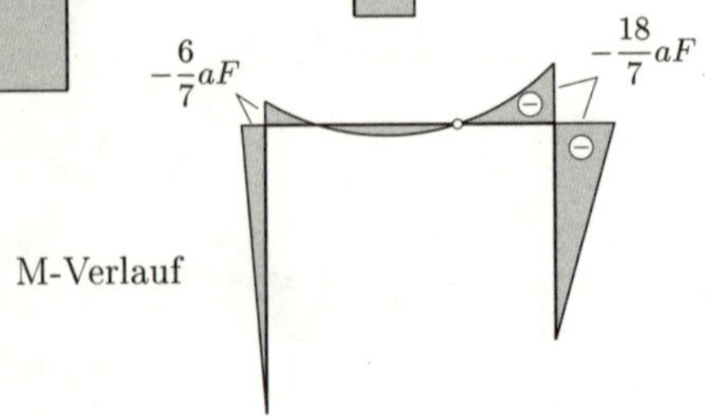

Aufgabe 5.29: Der Dreigelenkbogen ist durch die Kraft F und eine Streckenlast $q_0 a = 2F$ belastet. Man bestimme die Verläufe von Normalkraft, Querkraft und Moment.

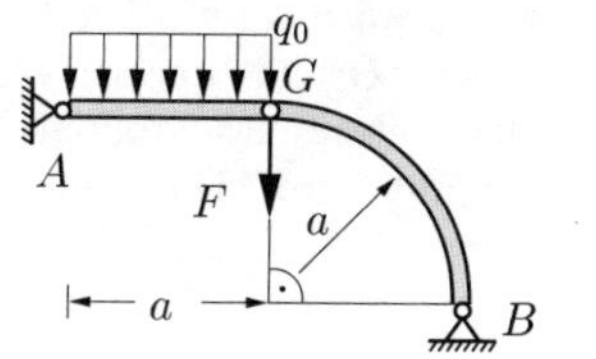

Lösung: Aus den Gleichgewichtsbedingungen für das Gesamtsystem, den freigeschnittenen Bogen ② bzw. Balken ①

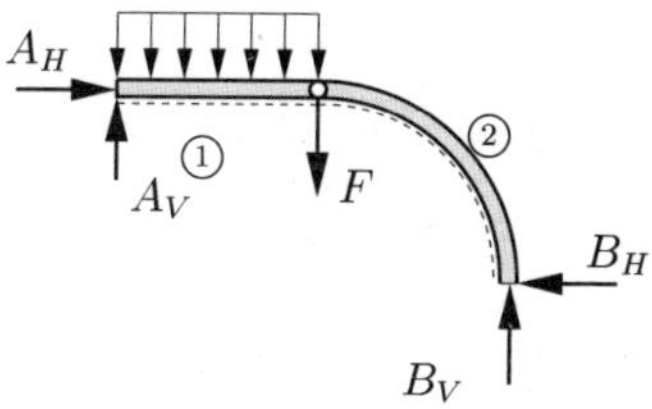

$$\uparrow: \quad A_V + B_V - F - q_0 a = 0 \,,$$

$$\rightarrow: \quad A_H - B_H = 0 \,,$$

$$② \ \overset{\curvearrowleft}{G}: \quad aB_V - aB_H = 0 \,,$$

$$① \ \overset{\curvearrowleft}{G}: \quad -aA_V + \tfrac{1}{2} q_0 a^2 = 0$$

folgen die Lagerreaktionen

$$A_V = F \,, \quad B_V = B_H = A_H = 2F \,.$$

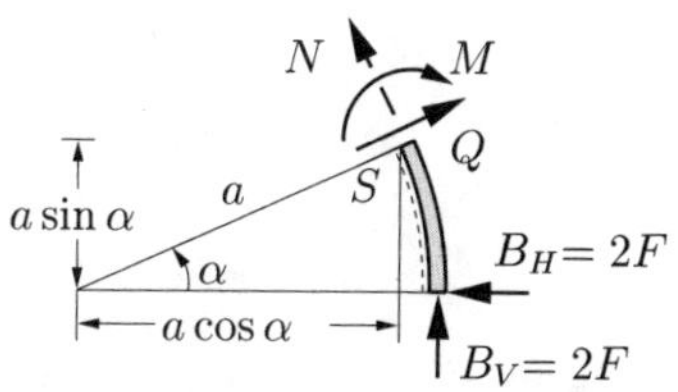

Für die Schnittgrößen im Bogen gilt

$$\nwarrow: \quad N(\alpha) = -2F(\cos\alpha + \sin\alpha) \,,$$

$$\nearrow: \quad Q(\alpha) = 2F(\cos\alpha - \sin\alpha) \,,$$

$$\overset{\curvearrowleft}{S}: \quad M(\alpha) = 2Fa(1 - \cos\alpha - \sin\alpha) \,.$$

Damit ergeben sich die dargestellten Verläufe der Schnittgrößen. Man erkennt, daß M und N in der Bogenmitte maximal sind.

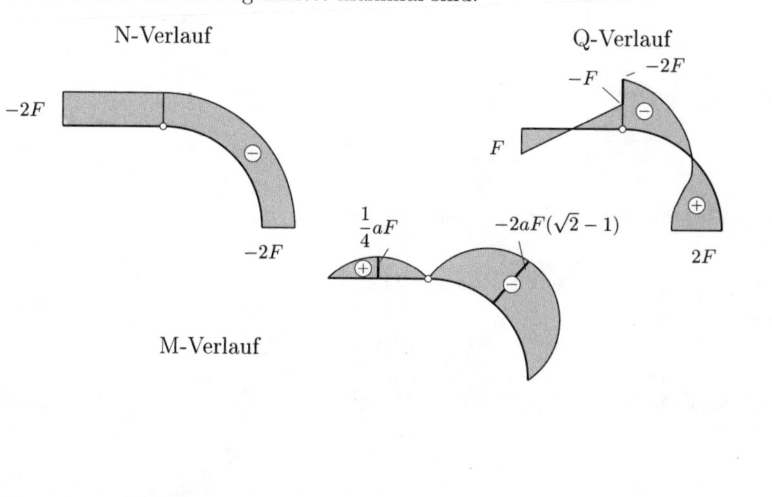

Aufgabe 5.30: An welcher Stelle muß das Gelenk G angebracht werden, damit der Betrag des größten Momentes minimal wird? Die Schnittgrößenverläufe sind für diesen Fall anzugeben.

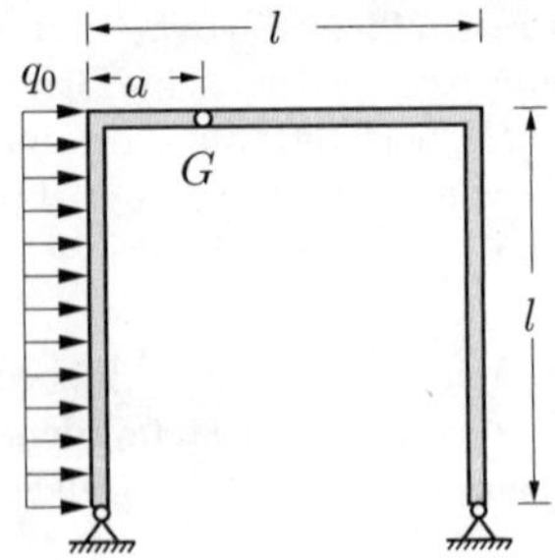

Lösung: Aus den Gleichgewichtsbedingungen für das Gesamtsystem und für das rechte Teilsystem

$$\uparrow: \quad A_V + B_V = 0\,,$$

$$\rightarrow: \quad q_0 l - A_H - B_H = 0\,,$$

$$\overset{\curvearrowright}{A}: \quad \frac{1}{2} q_0 l^2 - l B_V = 0\,,$$

$$\overset{\curvearrowright}{G}: \quad l B_H - (l-a) B_V = 0$$

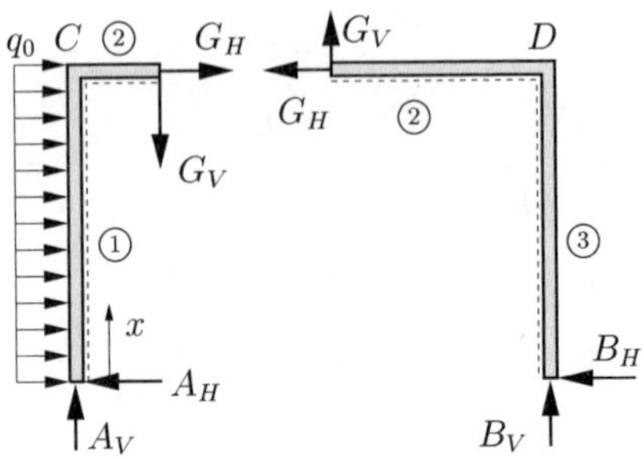

ergeben sich die Lagerreaktionen

$$B_V = -A_V = \frac{1}{2} q_0 l\,, \qquad B_H = \frac{1}{2} q_0 (l-a)\,, \qquad A_H = \frac{1}{2} q_0 (l+a)\,.$$

In den Bereichen ② und ③ ist der Momentenverlauf linear. An den Stellen C und D erhält man die Schnittmomente

$$M_C = l A_H - \frac{1}{2} q_0 l^2 = \frac{1}{2} q_0 l a\,, \qquad M_D = -\frac{1}{2} q_0 l (l-a)\,.$$

Im Bereich ① gilt

$$M(x) = x A_H - \frac{1}{2} q_0 x^2 = \frac{1}{2} q_0 [(l+a)x - x^2]\,.$$

Der Extremwert von M im Bereich ① folgt durch Ableitung:

$$\frac{\mathrm{d}M}{\mathrm{d}x} = 0: \quad l + a - 2x = 0 \quad \rightsquigarrow \quad x^* = \frac{l+a}{2}$$

$$\rightsquigarrow \quad M^* = M(x^*) = \frac{1}{8} q_0 (l+a)^2\,.$$

Die größten Momente treten in C, D und bei x^* auf.

Setzt man der Reihe nach die Beträge jeweils zweier Momente gleich, so ergeben sich:

$$|M_C| = |M_D| : \qquad a = l/2$$

$$\rightsquigarrow \quad |M_C| = |M_D| = q_0 l^2/4 = 0{,}25\, q_0 l^2 \ ,$$

$$M^* = 9 q_0 l^2/32 = 0{,}28\, q_0 l^2 \ ,$$

$$|M_C| = |M^*| : \qquad 4la = (l+a)^2 \quad \rightsquigarrow \quad a = l \ ,$$

$$\rightsquigarrow \quad |M_C| = |M^*| = 0{,}5\, q_0 l^2 \ ,$$

$$M_D = 0$$

$$|M^*| = |M_D| : \qquad (l+a)^2 = 4l(l-a) \quad \rightsquigarrow \quad a = l(\sqrt{12}-3) = 0{,}464\, l \ ,$$

$$\rightsquigarrow \quad |M^*| = |M_D| = (4-\sqrt{12}) q_0 l^2/2 = 0{,}268\, q_0 l^2 \ ,$$

$$M_C = (-3+\sqrt{12}) q_0 l^2/2 = 0{,}232\, q_0 l^2 \ .$$

Man erkennt, daß im Fall

$$\underline{\underline{a = l(\sqrt{12}-3)}}$$

der größte Momentenbetrag minimal wird. Die Lagerreaktionen B_H und A_H nehmen dann die folgenden Werte an:

$$B_H = \frac{4-\sqrt{12}}{2} q_0 l = 0{,}268\, q_0 l \ , \qquad A_H = \frac{\sqrt{12}-2}{2} q_0 l = 0{,}732\, q_0 l \ .$$

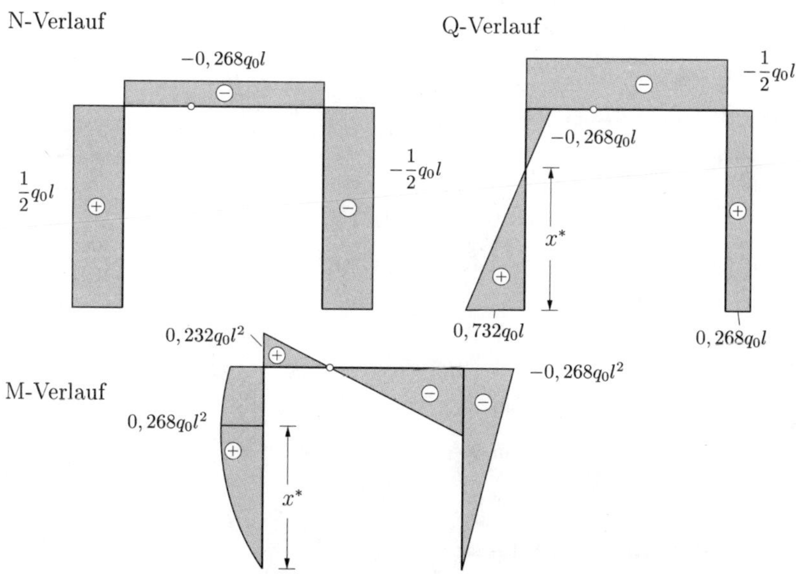

Aufgabe 5.31: Für den symmetrisch belasteten halbkreisförmigen Dreigelenkbogen sind die Verläufe von Normalkraft, Querkraft und Moment als Funktion von α anzugeben.

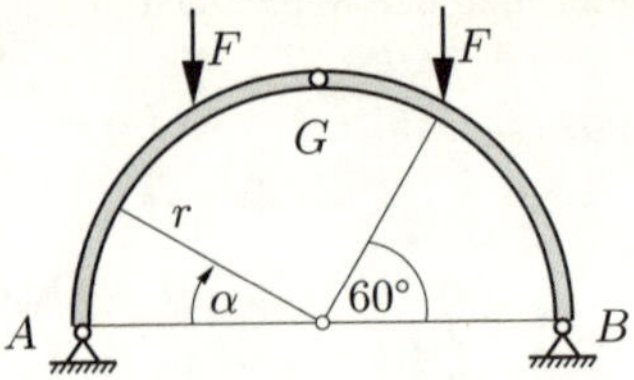

Lösung: Da das Tragwerk und die Belastung symmetrisch sind, gilt

$$A_V = B_V\ , \qquad A_H = B_H\ , \qquad G_V = 0\ .$$

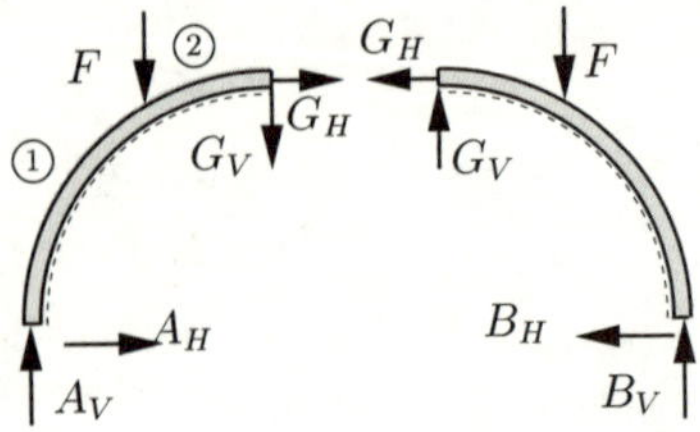

Aus den Gleichgewichtsbedingungen für das linke/rechte Teilsystem folgt damit

$$A_V = B_V = F\ , \qquad A_H = B_H = -G_H = \frac{F}{2}\ .$$

Die Schnittgrößen ergeben sich durch Gleichgewichtsbetrachtung am geschnittenen System. Man erhält für den Bereich ① zwischen dem Lager A und der Kraftangriffsstelle ($0 \le \alpha < 60°$):

$$\nearrow: \quad N_1 = -F\cos\alpha - \tfrac{1}{2}F\sin\alpha = -F(\cos\alpha + \tfrac{1}{2}\sin\alpha)\ ,$$

$$\searrow: \quad Q_1 = F\sin\alpha - \tfrac{1}{2}F\cos\alpha = F(\sin\alpha - \tfrac{1}{2}\cos\alpha)\ ,$$

$$\overset{\frown}{S}: \quad M_1 = rF(1-\cos\alpha) - \tfrac{1}{2}rF\sin\alpha = rF(1-\cos\alpha - \tfrac{1}{2}\sin\alpha)\ .$$

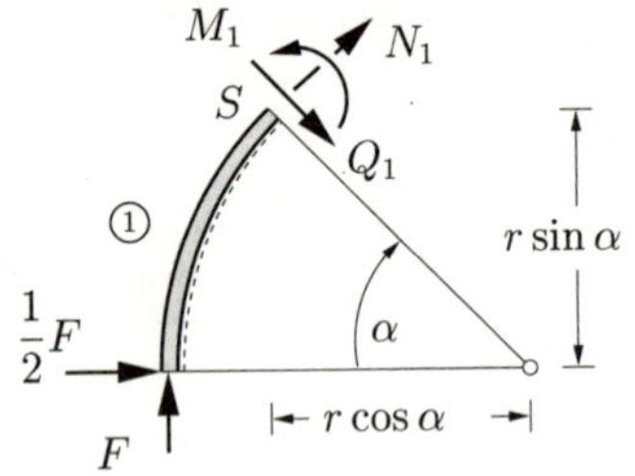

Im Bereich ② zwischen der Kraftangriffsstelle und dem Gelenk G ($60° < \alpha \le 90°$) gilt

$$\swarrow: \quad N_2 = -\tfrac{1}{2}F\cos(90° - \alpha) = -\tfrac{1}{2}F\sin\alpha\ ,$$

$$\nwarrow: \quad Q_2 = -\tfrac{1}{2}F\sin(90° - \alpha) = -\tfrac{1}{2}F\cos\alpha\ ,$$

$$\overset{\frown}{S}: \quad M_2 = \tfrac{1}{2}Fr(1-\sin\alpha)\ .$$

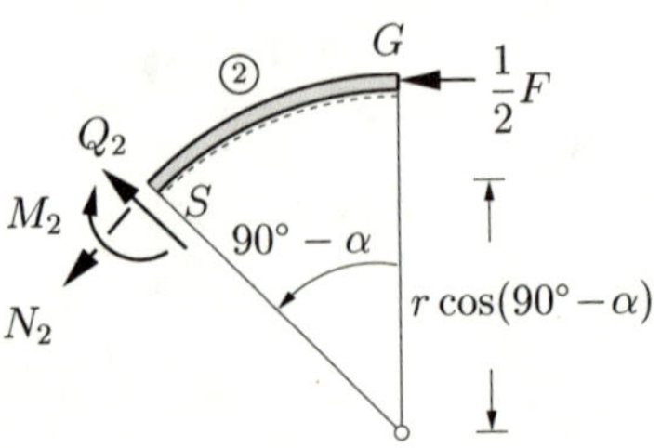

Einige Werte von N, Q, und M sind in der Tabelle zusammengestellt:

α	0	30°	45°	60°	90°
N_1	$-F$	$-1,12\,F$	$-1,06\,F$	$-0,93\,F$	
N_2				$-0,43\,F$	$-F/2$
Q_1	$-F/2$	$-0,07\,F$	$+0,35\,F$	$+0,62\,F$	
Q_2				$-0,25\,F$	0
M_1	0	$-0,12\,rF$	$-0,06\,rF$	$+0,07\,rF$	
M_2				$+0,07\,rF$	0

Damit ergeben sich die dargestellten Schnittgrößenverläufe. An der Kraftangriffsstelle tritt in der Normalkraft ein Sprung von $F\cos 60° = F/2$ und in der Querkraft ein Sprung von $F\sin 60° = 0,87\,F$ auf. Die Momentenlinie hat dort einen Knick. Aufgrund der Symmetrie von Tragwerk und Belastung sind N bzw. M symmetrisch und Q antisymmetrisch.

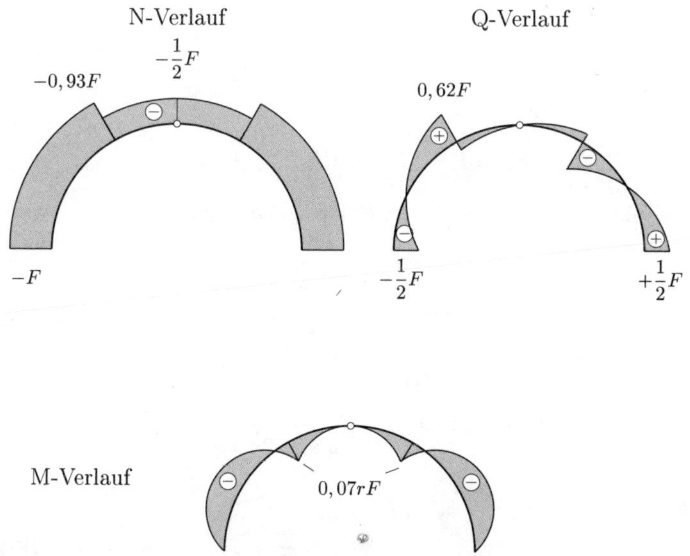

Aufgabe 5.32: Für das dargestellte System sind die Verläufe von Normalkraft, Querkraft und Moment sowie die Stabkräfte zu ermitteln.

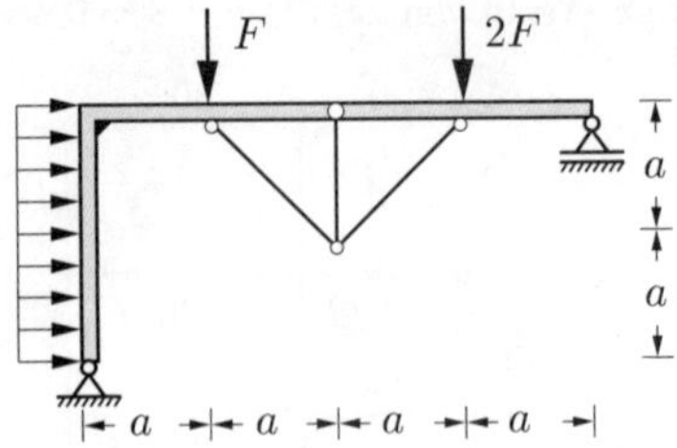

Lösung: Das Freikörperbild zeigt das getrennte System. Zunächst bestimmen wir die Lagerreaktionen. Die Gleichgewichtsbedingungen für das Gesamtsystem (kann als ein starrer Körper betrachtet werden)

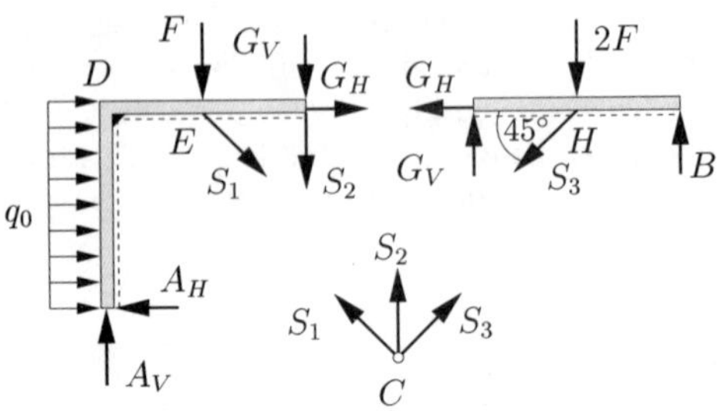

$$\rightarrow: \quad -A_H + 2q_0 a = 0 \, ,$$

$$\uparrow: \quad A_V - F - 2F + B = 0 \, ,$$

$$\overset{\curvearrowright}{A}: \quad 2q_0 a^2 + aF + 6aF - 4aB = 0$$

liefern mit $q_0 = F/2a$

$$A_V = F \, , \qquad A_H = F \, , \qquad B = 2F \, .$$

Die Gelenkkräfte und die Stabkraft S_3 können am rechten Teilsystem ermittelt werden. Mit $\sin 45° = \cos 45° = \sqrt{2}/2$ lauten die Gleichgewichtsbedingungen

$$\uparrow: \quad G_V - 2F - \frac{\sqrt{2}}{2} S_3 + B = 0 \, ,$$

$$\rightarrow: \quad -G_H - \frac{\sqrt{2}}{2} S_3 = 0 \, ,$$

$$\overset{\curvearrowright}{G}: \quad 2aF + \frac{\sqrt{2}}{2} a S_3 - 2aB = 0 \, .$$

Daraus folgen

$$\underline{\underline{S_3 = 2\sqrt{2}F}} \, , \qquad G_H = -2F \, , \qquad G_V = 2F \, .$$

Schließlich errechnen sich die Stabkräfte S_1 und S_2 aus den Gleichgewichtsbedingungen am Knoten C:

$$\rightarrow: \quad -\frac{\sqrt{2}}{2}S_1 + \frac{\sqrt{2}}{2}S_3 = 0 \quad \rightsquigarrow \quad \underline{\underline{S_1 = S_3}}\ ,$$

$$\uparrow: \quad \frac{\sqrt{2}}{2}S_1 + \frac{\sqrt{2}}{2}S_3 + S_2 = 0 \quad \rightsquigarrow \quad \underline{\underline{S_2}} = -\sqrt{2}\,S_3 = \underline{\underline{-4\,F}}\ .$$

Um den Momentenverlauf skizzieren zu können, ist es zweckmäßig, noch die Schnittmomente in den Punkten D, E, H zu bestimmen:

$$M_D = 2aA_H - a(q_0 2a) = aF\ ,$$
$$M_E = -a(G_V + S_2) = 2aF\ ,$$
$$M_H = aB = 2aF\ .$$

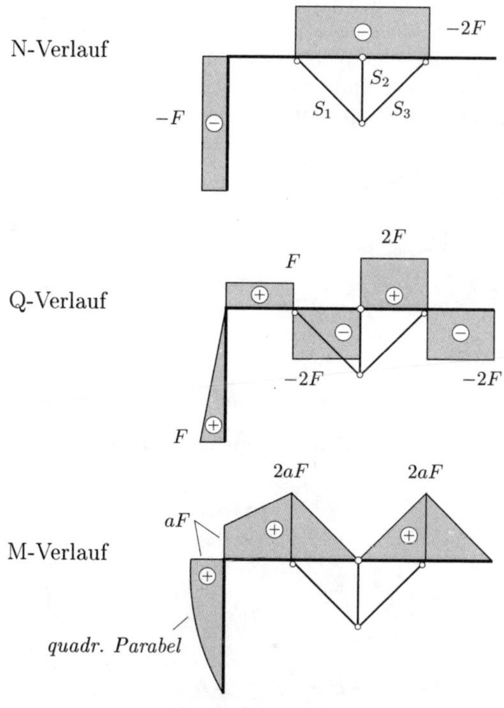

Aufgabe 5.33: Für das dargestellte Tragwerk sollen die Auflagerkräfte in A und B und sämtliche Schnittgrößenverläufe (Normalkraft, Querkraft und Moment) mit Skizze und Angabe der Extremwerte für den Bereich $A - C$ (Winkelrahmen) berechnet werden.

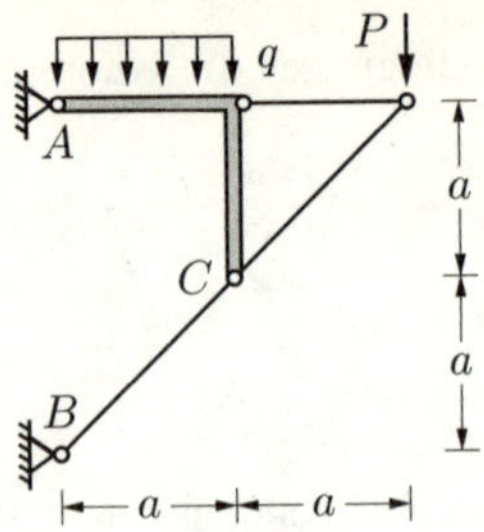

Gegeben: $P = q\,a/4$

Lösung: Für die Berechnung der Auflagerkräfte und der Schnittgrößenverläufe im Winkelrahmen kann das Tragwerk auf folgende Weise vereinfacht werden. Zunächst kann die Pendelstütze zwischen den Punkten B und C in ihrer Wirkung durch ein um 45° geneigtes Gleitlager im Punkt C ersetzt werden. Außerdem können die Normalkräfte in den Stäben, an denen die Last P angreift, durch die Gleichgewichtsbedingungen am Gelenk berechnet und anschließend als äußere Last auf den Winkelrahmen aufgebracht werden.

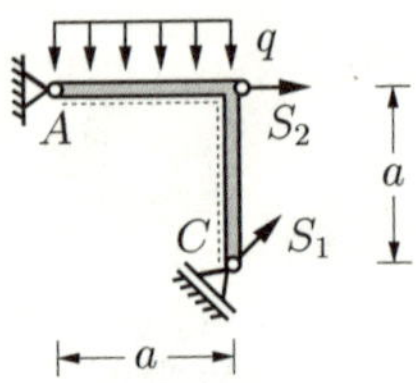

Aus den Gleichgewichtsbedingungen

$$\uparrow: \quad -\frac{\sqrt{2}}{2}\,S_1 - P = 0\,,$$
$$\rightarrow: \quad -S_2 - \frac{\sqrt{2}}{2}\,S_1 = 0$$

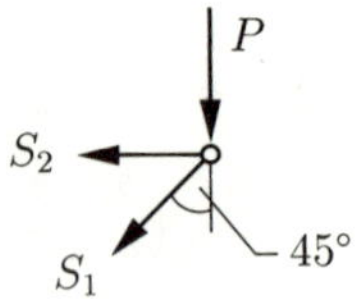

folgen die Stabkräfte

$$S_1 = -\sqrt{2}\,P \quad \text{und} \quad S_2 = P\,.$$

Am vereinfachten Gesamtsystem können nun mit den Gleichgewichtsbedingungen

$$\overset{\frown}{A}: \quad \sqrt{2}\,a\,B + \sqrt{2}\,a\,S_1 - \frac{q\,a^2}{2} = 0\,,$$
$$\uparrow: \quad A_V + \frac{\sqrt{2}}{2}\,B + \frac{\sqrt{2}}{2}\,S_1 - q\,a = 0\,,$$
$$\rightarrow: \quad A_H + S_2 + \frac{\sqrt{2}}{2}\,B + \frac{\sqrt{2}}{2}\,S_1 = 0$$

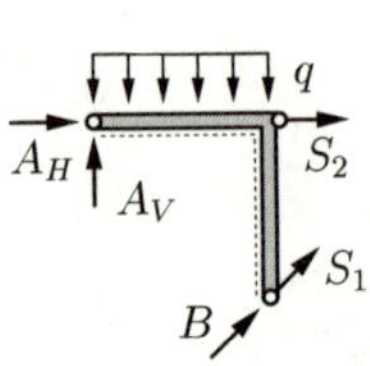

die Auflagerreaktionen

$$\underline{\underline{B = \frac{\sqrt{2}}{2}\, q\, a}}\,, \qquad \underline{\underline{A_V = \frac{3}{4}\, q\, a}} \qquad \text{und} \qquad \underline{\underline{A_H = -\frac{q\, a}{2}}}$$

berechnet werden.
Für die Darstellung der Schnittgrößenverläufe ist es sinnvoll, die Kräfte B und S_1 in einen Teil senkrecht und einen Teil parallel zum Winkelrahmen zu zerlegen, weil dadurch eine einfache Zuordnung zur Normal- bzw. Querkraft gewährleistet ist. Um den Momentenverlauf skizzieren zu können, muß zusätzlich das Moment M_K im Knick des Winkelrahmens berechnet werden.

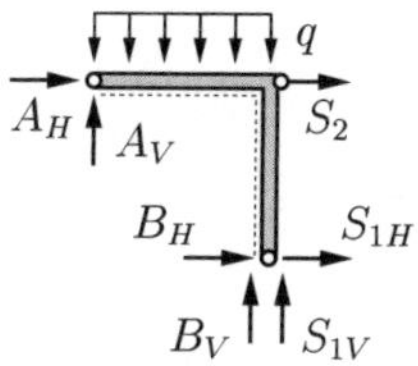

$$B_H = \frac{\sqrt{2}}{2}\, B = \frac{q\, a}{2}\,, \qquad B_V = \frac{\sqrt{2}}{2}\, B = \frac{q\, a}{2}\,,$$

$$S_{1H} = \frac{\sqrt{2}}{2}\, S_1 = -\frac{q\, a}{4}\,, \qquad S_{1V} = \frac{\sqrt{2}}{2}\, S_1 = -\frac{q\, a}{4}\,,$$

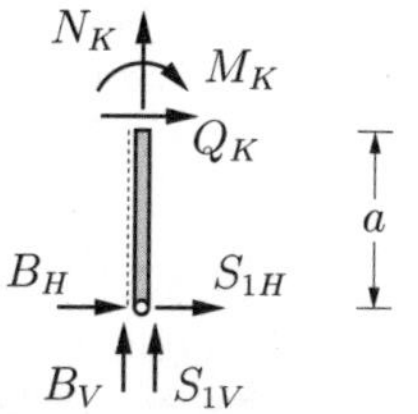

$$M_K = a\,(B_H + S_{1H}) = \frac{q\, a^2}{4}\,.$$

Damit lassen sich die Schnittgrößenverläufe darstellen:

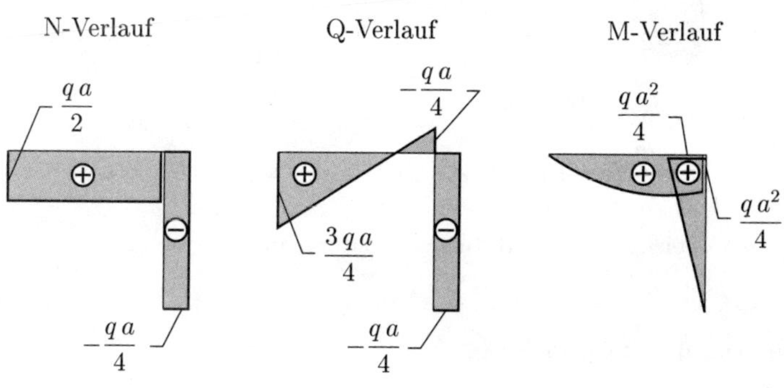

Aufgabe 5.34: Für das dargestellte Tragwerk sollen alle Auflagerreaktionen und sämtliche Schnittgrößenverläufe (Normalkraft, Querkraft und Moment) im Tragwerksteil $A - B$ mit Skizze und Angabe der Extremwerte berechnet werden.

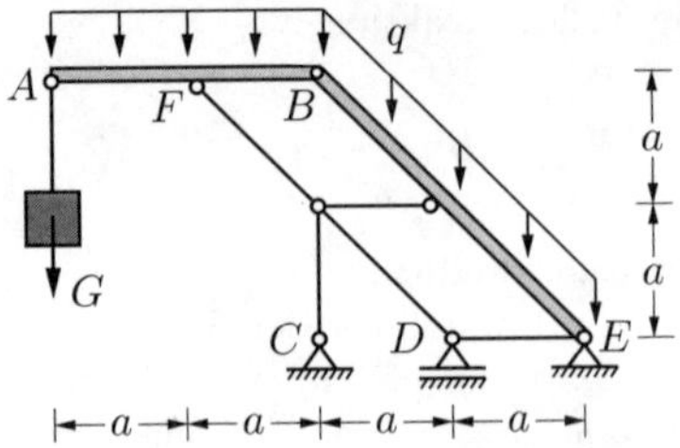

Lösung: Mit Hilfe des Freikörperbilds können die Auflagerreaktionen folgendermaßen berechnet werden.
Zunächst erkennt man am Teilsystem ⑤ aus dem Gleichgewicht in horizontaler Richtung, dass die Lagerkraft

$$\underline{\underline{C_H = 0}}$$

ist (Pendelstütze). Damit verschwindet auch die horizontale Auflagerkraft E_H, da das System keine horizontale Belastung besitzt.

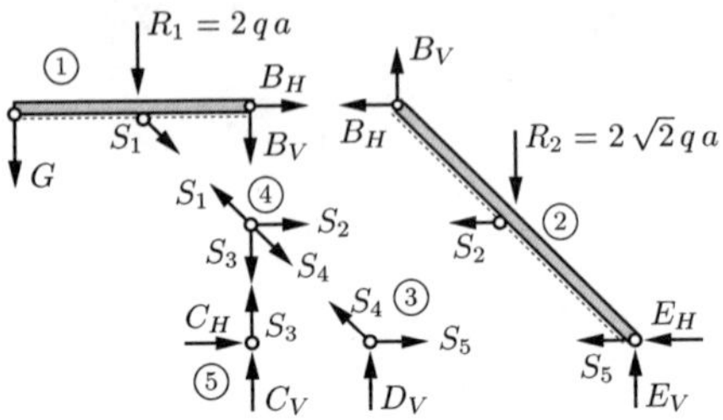

Um die verbleibenden vertikalen Auflagerkräfte C_V, D_V und E_V ermitteln zu können, werden zuerst die unbekannten Kraftgrößen im Teilsystem ① bestimmt. Durch geschickte Wahl der Gleichgewichtsbedingungen folgen die gesuchten Größen unmittelbar aus der jeweiligen Gleichung:

$$\overset{\curvearrowleft}{B}: \quad -2\,a\,G - a\,R_1 - \frac{\sqrt{2}}{2}\,S_1\,a = 0 \quad \rightsquigarrow \quad S_1 = -2\sqrt{2}\,(q\,a + G)\,,$$

$$\overset{\curvearrowleft}{F}: \quad B_V\,a - G\,a = 0 \quad \rightsquigarrow \quad B_V = G\,,$$

$$\rightarrow: \quad \frac{\sqrt{2}}{2}\,S_1 + B_H = 0 \quad \rightsquigarrow \quad B_H = 2\,(q\,a + G)\,.$$

Mit dem Gleichgewicht in vertikaler Richtung am Teilsystem ② ,

$$\uparrow: \quad E_V + B_V - R_2 = 0\,,$$

ergibt sich die Auflagerkraft

$$\underline{\underline{E_V = 2\sqrt{2}\,q\,a - G}}\,.$$

Die Auflagergrößen C_V und D_V können nun wieder am Gesamtsystem ermittelt werden:

$$\overset{\curvearrowright}{D}: \quad -a\,E_V + a\,C_V - 3\,a\,G - 2\,a\,R_2 = 0 \quad \rightsquigarrow \quad \underline{\underline{C_V = q\,a\,(4 + 2\sqrt{2}) - 2\,G}},$$

$$\uparrow: \quad D_V + E_V + C_V - G - R_1 - R_2 = 0 \quad \rightsquigarrow \quad \underline{\underline{D_V = -q\,a\,(2\sqrt{2} + 2)}}.$$

Das Tragwerksteil $A - B$ kann als Balken auf zwei Stützen angesehen werden, dessen Auflagergrößen B_V, B_H und S_1 bereits berechnet worden sind. Das Schnittmoment im Punkt F kann vom auskragenden Ende aus berechnet werden:

$$M_F = -G\,a - \frac{q\,a^2}{2}.$$

Damit lassen sich die Schnittgrößenverläufe skizzieren:

N-Verlauf

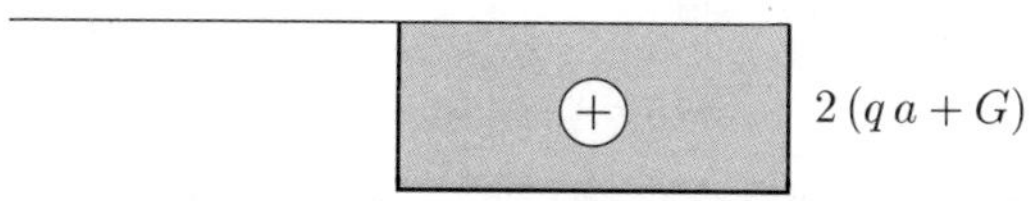

Q-Verlauf

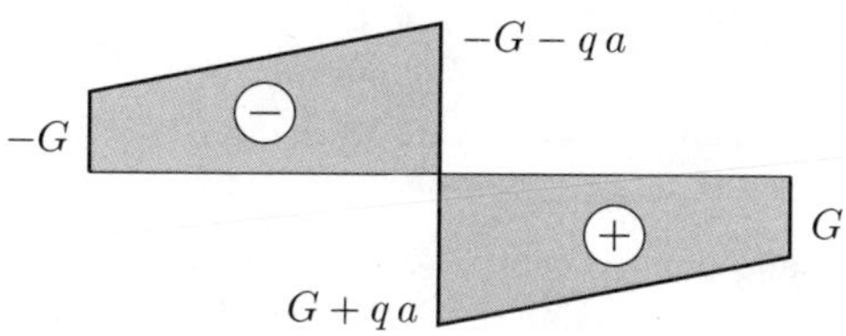

M-Verlauf

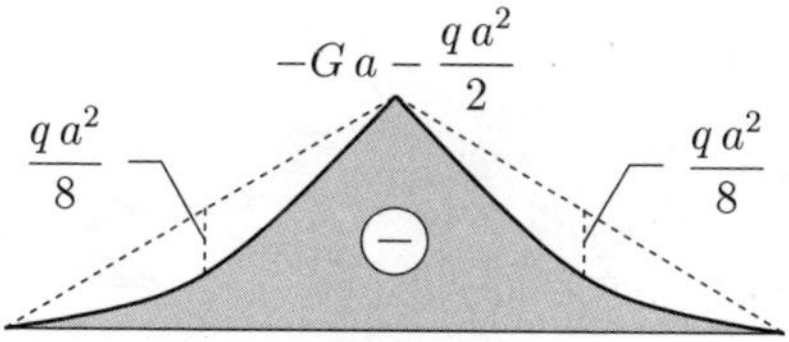

Aufgabe 5.35: Für das System aus Balken und Stäben sind die Stabkräfte und der Momentenverlauf im Träger zu ermitteln.

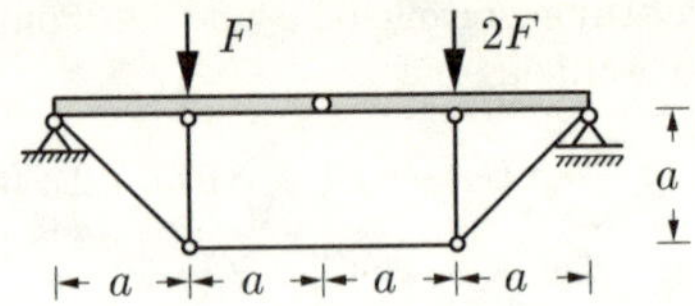

Lösung: Die Lagerreaktionen folgen aus den Gleichgewichtsbedingungen für das Gesamtsystem zu

$$A_V = \frac{5}{4}F\,,\quad B = \frac{7}{4}F\,,\quad A_H = 0\,.$$

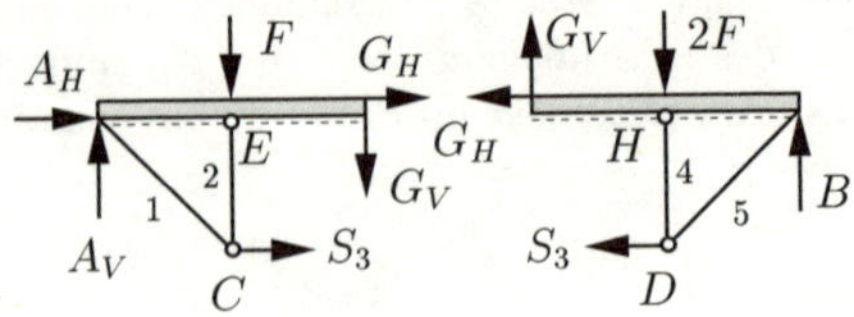

Gleichgewicht am rechten Teilsystem liefert die Gelenkkräfte und S_3:

$$\uparrow: \quad G_V + B - 2F = 0 \quad \rightsquigarrow \quad G_V = F/4\,,$$

$$\overset{\curvearrowright}{G}: \quad aS_3 + 2aF - 2aB = 0 \quad \rightsquigarrow \quad \underline{\underline{S_3 = \frac{3}{2}F}}\,,$$

$$\rightarrow: \quad -G_H - S_3 = 0 \quad \rightsquigarrow \quad G_H = -\frac{3}{2}F\,.$$

Aus dem Gleichgewicht am Knoten C (oder D) ergeben sich die restlichen Stabkräfte. Beachte: da die Verhältnisse an den Knoten C und D spiegelbildlich sind, gilt $S_1 = S_5$, $S_2 = S_4$:

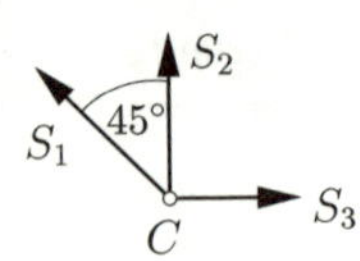

$$\rightarrow: \quad -\frac{\sqrt{2}}{2}S_1 + S_3 = 0 \quad \rightsquigarrow \quad \underline{\underline{S_1 = S_5 = \frac{3}{2}\sqrt{2}\,F}}\,,$$

$$\uparrow: \quad S_2 + \frac{\sqrt{2}}{2}S_1 = 0 \quad \rightsquigarrow \quad \underline{\underline{S_2 = S_4 = -\frac{3}{2}F}}\,.$$

Bei der Bestimmung des Momentenverlaufes ist es zweckmäßig, vom Gelenk auszugehen. Man erhält dann an der Kraftangriffsstelle E

$$M_E = -aG_V = -\frac{aF}{4}\,.$$

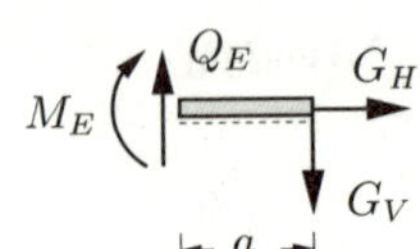

Analog folgt

$$M_H = \frac{aF}{4}\,.$$

Damit ergibt sich der nebenstehende Momentenverlauf.

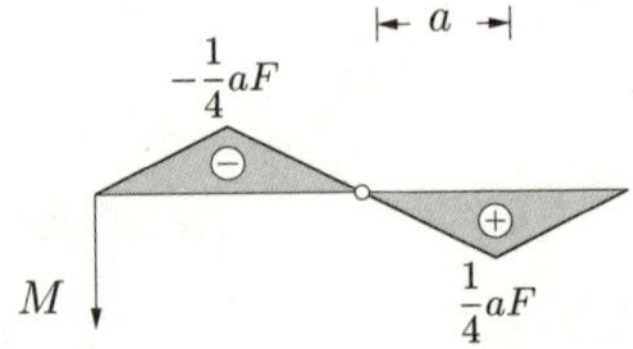

Aufgabe 5.36: Für den abgewinkelten Kragträger sind die Schnittgrößen zu bestimmen.

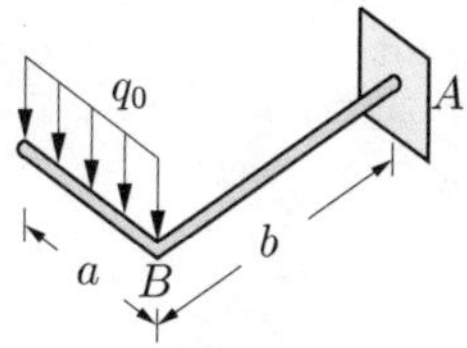

Lösung: Wir trennen den Träger an der Ecke B und führen in beiden Bereichen Koordinatensysteme ein; durch sie sind die Vorzeichen der Schnittgrößen festgelegt. Im Bereich ① ergibt sich durch zweifache Integration von q_0 unter Berücksichtigung der Randbedingungen $Q_z(0) = 0$, $M_y(0) = 0$:

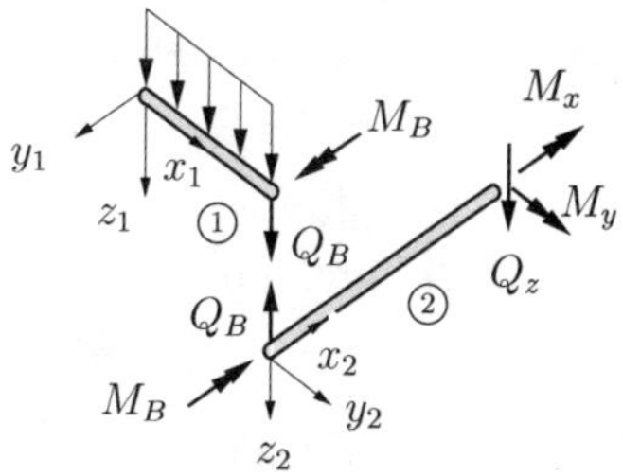

$$Q_z = -q_0 x_1 \,, \qquad M_y = -\frac{1}{2}\, q_0 x_1^2 \,.$$

An der Ecke B folgt damit

$$Q_B = Q_z(a) = -q_0 a \,, \qquad M_B = M_y(a) = -\frac{1}{2}\, q_0 a^2 \,.$$

Im Bereich ② erhält man aus den Gleichgewichtsbedingungen am geschnittenen Balken:

$$\sum F_z = 0 \;:\quad Q_z = Q_B = -q_0 a \,,$$

$$\sum M_x = 0 \;:\quad M_x = -M_B = \frac{1}{2} q_0 a^2 \,,$$

$$\sum M_y = 0 \;:\quad M_y = x_2 Q_B = -q_0 a x_2 \,.$$

Anmerkungen:

- Die restlichen Schnittgrößen sind Null.
- Die Lagerreaktionen an der Einspannung folgen aus den Schnittgrößen im Bereich ② zu

$$A = -Q_z(b) = q_0 a \,, \quad M_{Ax} = M_x(b) = \frac{q_0 a^2}{2} \,, \quad M_{Ay} = M_y(b) = -q_0 a b \,.$$

- Das Biegemoment M_y im Bereich ① geht an der Ecke B in das Torsionsmoment M_x im Bereich ② über.

Aufgabe 5.37: Für das dargestellte System sind die Verläufe der Schnittgrößen zu bestimmen.

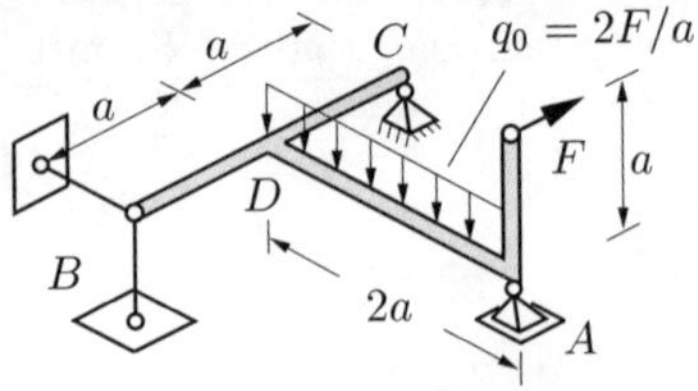

Lösung: Aus den Gleichgewichtsbedingungen

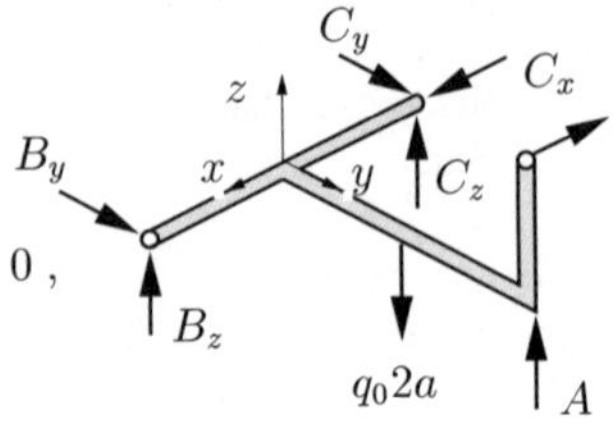

$$\sum F_x = 0 : \quad C_x - F = 0 ,$$

$$\sum F_y = 0 : \quad B_y + C_y = 0 ,$$

$$\sum F_z = 0 : \quad A + B_z + C_z - q_0 2a = 0 ,$$

$$\sum M_x^{(D)} = 0 : \quad 2aA - a(q_0 2a) = 0 ,$$

$$\sum M_y^{(D)} = 0 : \quad -aB_z + aC_z - aF = 0 ,$$

$$\sum M_z^{(D)} = 0 : \quad aB_y - aC_y + 2aF = 0$$

bestimmen wir mit $q_0 = 2F/a$ zunächst die Lagerreaktionen:

$$A = 2F , \quad B_z = \frac{F}{2} , \quad B_y = -C_y = -F , \quad C_x = F , \quad C_z = \frac{3}{2} F .$$

Nun unterteilen wir das System in 4 Bereiche und führen in ihnen Koordinatensysteme ein, durch welche die Vorzeichen der Schnittgrößen festgelegt sind. Durch Gleichgewichtsbetrachtung am geschnittenen System ergibt sich dann:

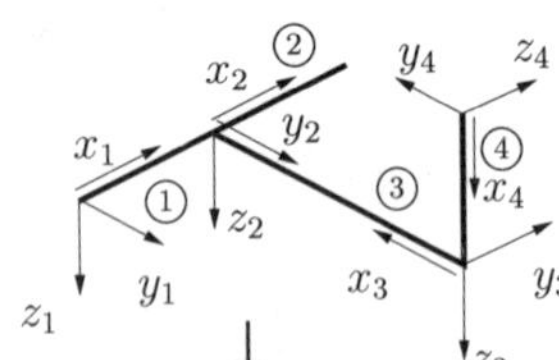

① $Q_y = -B_y = F ,$

$Q_z = B_z = F/2 ,$

$M_y = B_z x_1 = \frac{1}{2} F x_1 ,$

$M_z = B_y x_1 = -F x_1 ,$

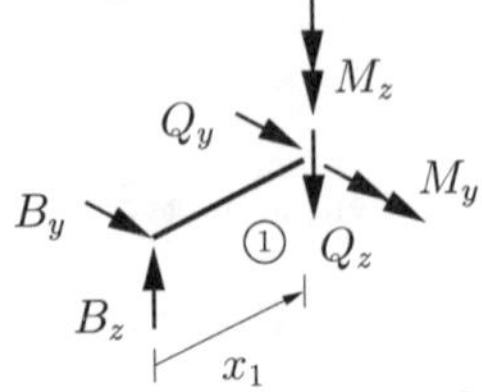

② $N = -C_x = -F ,$

$Q_y = +C_y = +F ,$

$Q_z = -C_z = -3F/2 ,$

$M_y = +C_z(a - x_2) = +\frac{3}{2} F(a - x_2) ,$

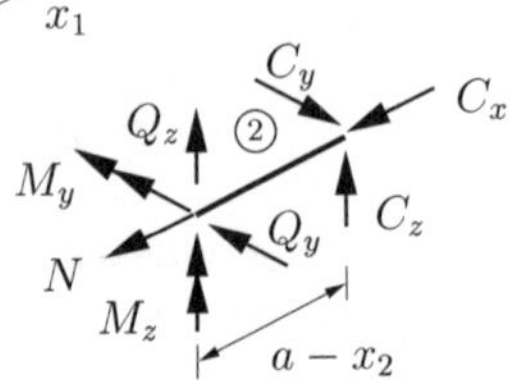

$$M_z = C_y(a - x_2) = F(a - x_2) ,$$

③ $Q_y = -F ,$

$$Q_z = A - q_0 x_3 = 2F(1 - x_3/a) ,$$

$$M_x = -Fa ,$$

$$M_y = Ax_3 - \tfrac{1}{2} q_0 x_3^2 = F(2x_3 - x_3^2/a) ,$$

$$M_z = Fx_3 ,$$

④ $Q_z = -F ,$

$$M_y = -Fx_4 .$$

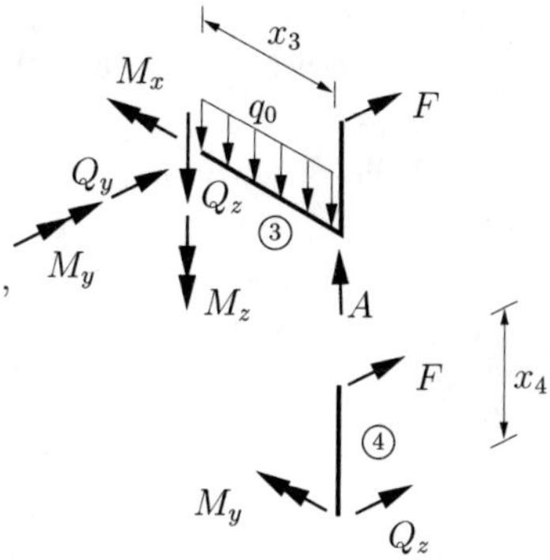

Die Verläufe von Normalkraft, Torsionsmoment und Biegemoment sind nachfolgend dargestellt.

Normalkraft

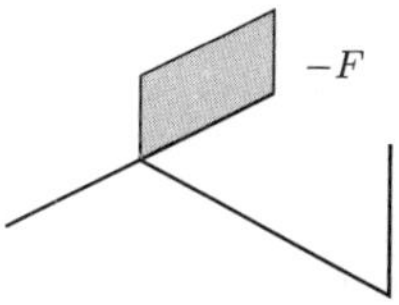

Torsionsmoment

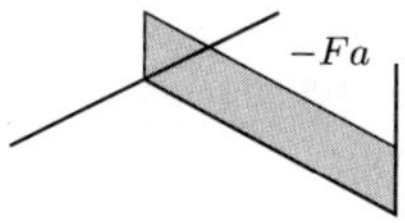

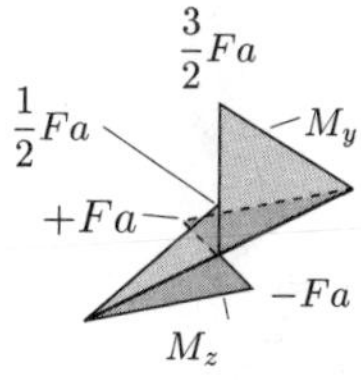

Biegemomente

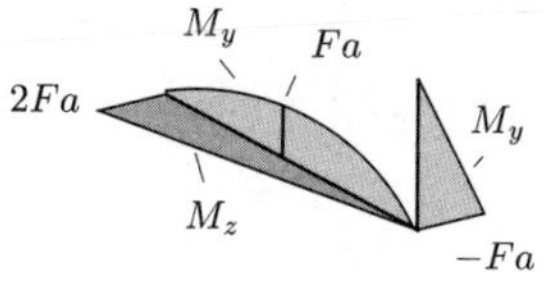

Anmerkungen:

- Das Biegemoment im Bereich ④ geht in das Torsionsmoment im Bereich ③ über. Letzteres verursacht im Träger $\overline{BC}$ an der Stelle D einen Sprung im Biegemoment M_y.
- Analog führt das Biegemoment M_z aus Bereich ③ bei D zu einem Sprung im M_z-Verlauf des Trägers $\overline{BC}$.

Aufgabe 5.38: Der eingespannte halbkreisförmige Träger befindet sich in einer horizontalen Ebene und ist durch sein Eigengewicht (q_0 = const) belastet.

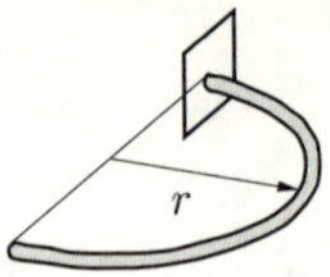

Es sind die Schnittgrößen zu bestimmen.

Lösung: Wir schneiden den Träger bei einem beliebigen Winkel α und führen ein lokales Koordinatensystem ein, durch das die Vorzeichen der Schnittgrößen festgelegt sind. Mit der Bogenlänge $r\alpha$ beträgt das Gewicht des abgeschnittenen Bogenstücks $q_0 r\alpha$. Wir können es uns im Schwerpunkt S vereinigt denken, der sich im Abstand

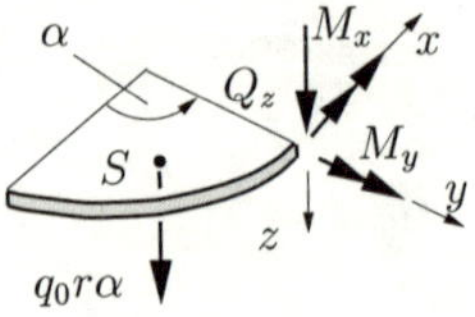

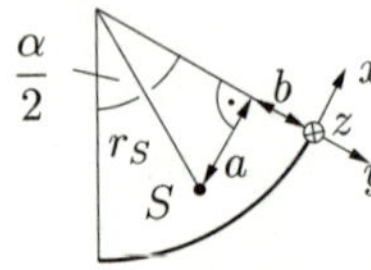

$$r_S = 2r\,\frac{\sin\alpha/2}{\alpha}$$

vom Mittelpunkt befindet (vgl. Kapitel 2). Mit den Hebelarmen

$$a = r_S \sin(\alpha/2) = (2r/\alpha)\sin^2(\alpha/2) = (r/\alpha)(1-\cos\alpha)\ ,$$

$$b = r - r_S\cos(\alpha/2) = (r/\alpha)[\alpha - 2\sin(\alpha/2)\cos(\alpha/2)] = (r/\alpha)(\alpha - \sin\alpha)$$

liefern die Gleichgewichtsbedingungen

$$\sum F_z = 0\ :\quad \underline{\underline{Q_z(\alpha) = -q_0 r\alpha}}\ ,$$

$$\sum M_x = 0\ :\quad \underline{\underline{M_x(\alpha)}} = b(q_0 r\alpha) \underline{\underline{= q_0 r^2(\alpha - \sin\alpha)}}\ ,$$

$$\sum M_y = 0\ :\quad \underline{\underline{M_y(\alpha)}} = -a(q_0 r\alpha) \underline{\underline{= -q_0 r^2(1-\cos\alpha)}}\ .$$

Die restlichen Schnittgrößen sind Null. Die Lagerreaktionen können aus den Schnittgrößen an der Stelle $\alpha = \pi$ bestimmt werden.

Nebenstehend sind die Verläufe von Biegemoment M_y und Torsionsmoment M_x dargestellt.

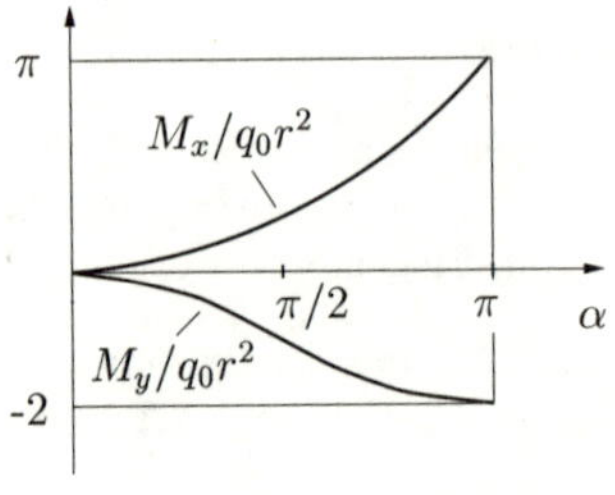

6 Seile

1. Seile unter kontinuierlicher Vertikalbelastung

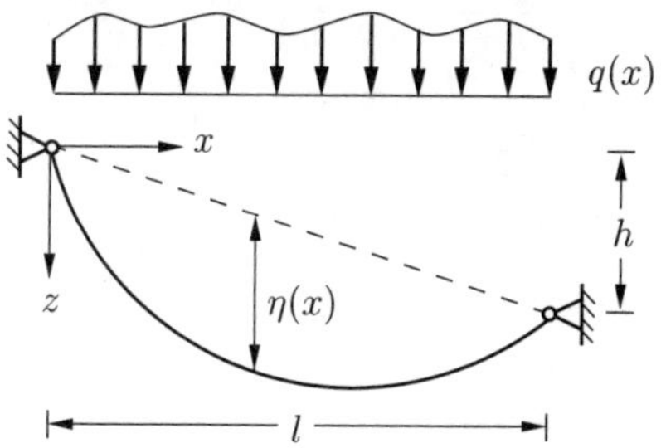

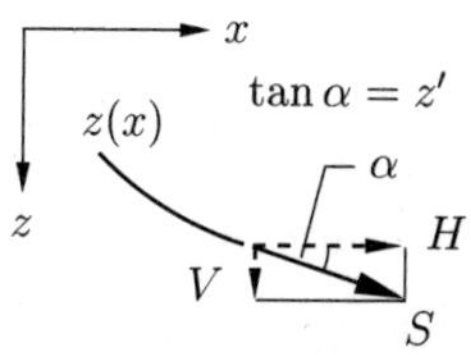

Für den Horizontalzug H und die Seilkraft S gilt

$$H = \text{const}\,, \qquad S = H\sqrt{1+(z')^2}\,.$$

Aus der Differentialgleichung

$$\boxed{z'' = -\frac{1}{H}\,q(x)}$$

folgen durch Integration die *Seilkurve* $z(x)$ und die *Durchhangkurve* $\eta(x)$:

$$\boxed{z(x) = -\frac{1}{H}\int_0^x\int_0^x q(\tilde{x})\,\mathrm{d}\tilde{x}\,\mathrm{d}\tilde{x} + C_1\,x + C_2}\,, \qquad \boxed{\eta(x) = z(x) - \frac{h}{l}\,x}\,.$$

Bei vorgegebenem H können die Integrationskonstanten C_1, C_2 aus den geometrischen Randbedingungen $(z(0), z(l))$ bestimmt werden. Ist H unbekannt, so ist eine zusätzliche Bedingung erforderlich. Mögliche Bedingungen sind:

1. maximaler Durchhang $\eta_{\max} = \eta^*$ vorgegeben,
2. maximale Seilkraft $S_{\max} = S^*$ vorgegeben,
3. Seillänge $L = L^*$ vorgegeben.

Im **Sonderfall** konstanter Vertikalbelastung $q(x) = q_0 = \text{const}$ ergibt sich für die Seil- und die Durchhangkurve

$$\boxed{z(x) = \left(\frac{h}{l} + \frac{q_0 l}{2\,H}\right)x - \frac{q_0}{2\,H}\,x^2}\,, \qquad \boxed{\eta(x) = \frac{q_0}{2\,H}\,(l\,x - x^2)}\,.$$

Der Horizontalzug bestimmt sich aus

1. η^* vorgegeben: $H = \dfrac{q_0 l^2}{8\eta^*}$,

2. S^* vorgegeben: $S^* = H\sqrt{1 + \left(\dfrac{|h|}{l} + \dfrac{q_0 l}{2\,H}\right)^2}$,

3. L^* vorgegeben: $L^* = -\dfrac{H}{2\,q_0}\left[z'\sqrt{1+z'^2} + \operatorname{arsinh} z'\right]_{z_1'}^{z_2'}$

$$\text{mit } z_1' = \frac{h}{l} + \frac{q_0\,l}{2\,H}\,, \quad z_2' = \frac{h}{l} - \frac{q_0\,l}{2\,H}\,.$$

(im 2. und im 3. Fall folgt H aus einer impliziten Gleichung)

2. Seile unter Eigengewicht

Für Horizontalzug und Seilkraft gelten

$$H = \text{const}\,, \qquad S = H\sqrt{1+(z')^2}\,.$$

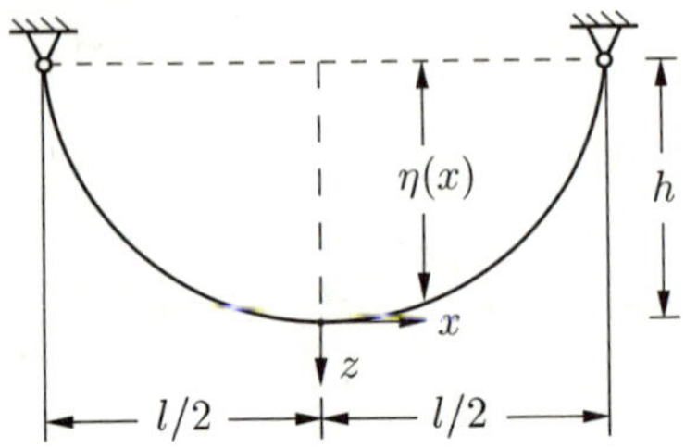

Die *Seilkurve* errechnet sich aus

$$\boxed{z'' = -\frac{\bar{q}}{H}\sqrt{1+(z')^2}}\,,$$

wobei $\bar{q}$ das verteilte Gewicht bezüglich der Seillänge ist.

Für den Sonderfall

- Gewicht ist über die Seillänge konstant verteilt: $\bar{q} = \bar{q}_0 = \text{const}$
- beide Seillagerpunkte liegen auf gleicher Höhe

ergeben sich

Seilkurve: $\boxed{z(x) = \dfrac{H}{\bar{q}_0}\left(1 - \cosh\dfrac{\bar{q}_0\,x}{H}\right)}$, (*Kettenlinie*)

Durchhang: $\eta(x) = z(x) + h\,, \quad \rightsquigarrow \quad h = \eta_{\max} = -z\left(\dfrac{l}{2}\right)$

Seilkraft: $S(x) = H\cosh\dfrac{\bar{q}_0\,x}{H}$,

Seillänge: $L = \dfrac{2\,H}{\bar{q}_0}\sinh\dfrac{\bar{q}_0\,l}{2\,H}$.

Die Bestimmung des Horizontalzugs H bei vorgegebenen η^*, bzw. S^* oder L^* erfolgt jeweils aus einer transzendenten Gleichung.

Aufgabe 6.1: Ein Tragseil ist zwischen den Punkten A und B durch eine konstante Streckenlast $q(x) = q_0$ belastet. Es soll so gespannt werden, daß die Neigung der Seilkurve bei A gerade Null ist.

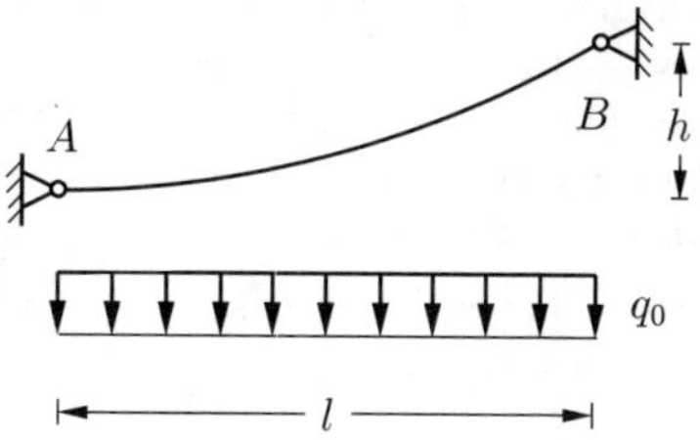

Wie groß sind dann der Horizontalzug und die maximale Seilkraft?

Lösung: Wir legen den Koordinatenursprung in den Punkt A. Die zweifache Integration der Differentialgleichung der Seilkurve liefert

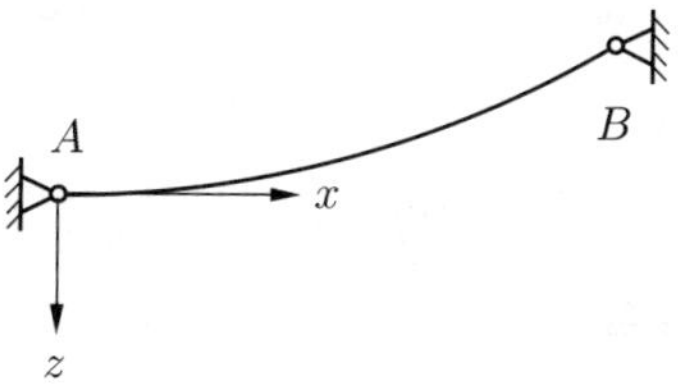

$$\begin{aligned} z''(x) &= -\frac{q_0}{H} , \\ z'(x) &= -\frac{q_0}{H} x + C_1 , \\ z(x) &= -\frac{q_0}{2H} x^2 + C_1 x + C_2 . \end{aligned}$$

Die 2 Integrationskonstanten C_1, C_2 und der gesuchte Horizontalzug H folgen aus den Randbedingungen:

$$\begin{aligned} z(0) = 0 \quad &\rightsquigarrow \quad C_2 = 0 , \\ z'(0) = 0 \quad &\rightsquigarrow \quad C_1 = 0 , \\ z(l) = -h \quad &\rightsquigarrow \quad h = \frac{q_0}{2H} l^2 \quad \rightsquigarrow \quad \underline{\underline{H = \frac{q_0 l^2}{2h}}} . \end{aligned}$$

Die Seilkraft errechnet sich damit zu

$$\begin{aligned} S &= H\sqrt{1 + (z')^2} \\ &= \frac{q_0 l^2}{2h} \sqrt{1 + \left(\frac{2hx}{l^2}\right)^2} . \end{aligned}$$

Sie nimmt ihren größten Wert bei $x = l$ (Lager B) an:

$$\underline{\underline{S_{\max} = \frac{q_0 l^2}{2h} \sqrt{1 + \left(\frac{2h}{l}\right)^2}}} .$$

Aufgabe 6.2: Ein durch ein Gewicht G vorgespanntes Seil ist durch eine linear verteilte Last $q(x)$ beansprucht. Die Rolle am rechten Auflager ist reibungsfrei gelagert und in ihrer Abmessung vernachlässigbar klein.

Ermitteln Sie Ort und Größe des maximalen Durchhangs.

Gegeben: $q_0 = \frac{1}{2}\sqrt{2}\,G/l$

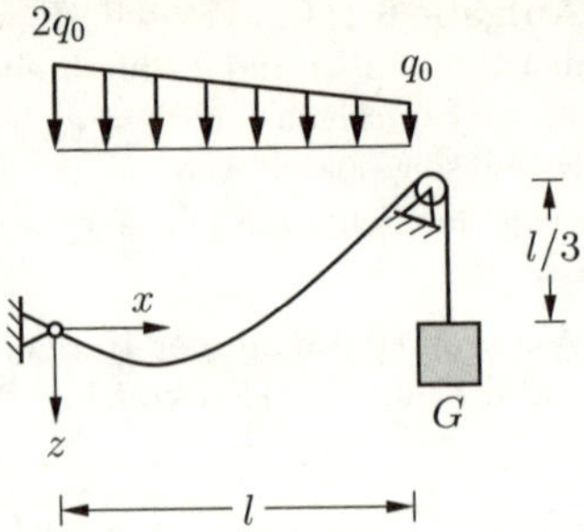

Lösung: Mit der Belastungsfunktion

$$q(x) = q_0 \left(-\frac{x}{l} + 2\right)$$

ergibt die zweifache Integration der Differentialgleichung der Seilkurve

$$z''(x) = -\frac{q_0}{H}\left(-\frac{x}{l} + 2\right),$$

$$z'(x) = -\frac{q_0 l}{H}\left[-\frac{1}{2}\left(\frac{x}{l}\right)^2 + 2\,\frac{x}{l}\right] + C_1,$$

$$z(x) = -\frac{q_0 l^2}{H}\left[-\frac{1}{6}\left(\frac{x}{l}\right)^3 + \left(\frac{x}{l}\right)^2\right] + C_1 x + C_2 .$$

Aus den geometrischen Randbedingungen folgt

$$z(0) = 0 \quad \rightsquigarrow \quad C_2 = 0,$$

$$z(l) = -\frac{l}{3} \quad \rightsquigarrow \quad C_1 = -\frac{1}{3} + \frac{5}{6}\,\frac{q_0\,l}{H}.$$

Damit lautet die Seilkurve

$$z(x) = -\frac{q_0\,l^2}{H}\left[-\frac{1}{6}\left(\frac{x}{l}\right)^3 + \left(\frac{x}{l}\right)^2 - \frac{5}{6}\left(\frac{x}{l}\right)\right] - \frac{1}{3}\,x .$$

Der noch unbekannte Horizontalzug H läßt sich aus der vorgegebenen Seilkraft an der Stelle $x = l$ bestimmen. Die Bedingung

$$S(l) = G \qquad \text{bzw.} \qquad H\sqrt{1 + z'(l)^2} = G$$

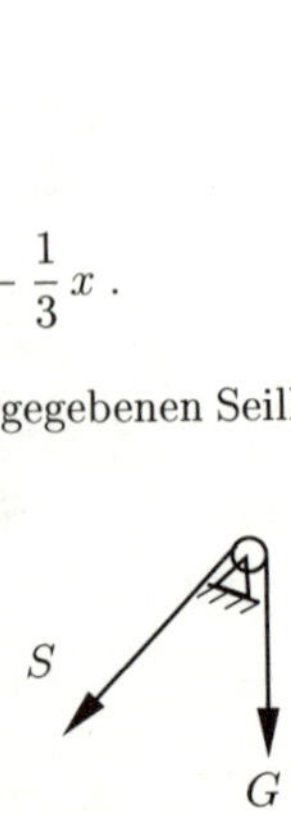

liefert mit

$$z'(l) = -\left(\frac{2}{3}\,\frac{q_0\,l}{H} + \frac{1}{3}\right) = -\frac{1}{3}\left(\sqrt{2}\,\frac{G}{H} + 1\right)$$

die quadratische Gleichung

$$\left(\frac{G}{H}\right)^2 - \frac{2\sqrt{2}}{7}\left(\frac{G}{H}\right) - \frac{10}{7} = 0$$

mit der Lösung

$$\frac{G}{H} = \begin{cases} -\frac{5}{7}\sqrt{2} < 0 \quad \text{(nicht möglich)}\,, \\ \sqrt{2}\,. \end{cases}$$

Daraus folgt der Horizontalzug

$$H = \frac{1}{2}\sqrt{2}\,G = q_0\, l\,,$$

womit sich die endgültige Seilkurve ergibt:

$$z(x) = l\left[\frac{1}{6}\left(\frac{x}{l}\right)^3 - \left(\frac{x}{l}\right)^2 + \frac{5}{6}\left(\frac{x}{l}\right)\right] - \frac{1}{3}x\,.$$

Die Durchhangkurve lautet mit $h = -l/3$

$$\begin{aligned} \eta(x) &= z(x) - \frac{h}{l}x \\ &= l\left[\frac{1}{6}\left(\frac{x}{l}\right)^3 - \left(\frac{x}{l}\right)^2 + \frac{5}{6}\left(\frac{x}{l}\right)\right]. \end{aligned}$$

Der maximale Durchhang $\eta_{\max}$ folgt aus der Bedingung

$$\eta' = 0 \quad \rightsquigarrow \quad \left(\frac{x}{l}\right)^2 - 4\left(\frac{x}{l}\right) + \frac{5}{3} = 0\,,$$

welche für den Ort auf die beiden Lösungen

$$\frac{x^*}{l} = 2 \pm \sqrt{7/3}$$

führt. Die 1. Lösung $x^* = (2 + \sqrt{7/3}\,)\,l > l$ ist geometrisch nicht möglich; $\eta_{\max}$ tritt demnach an der Stelle

$$\underline{\underline{x^* = (2 - \sqrt{7/3}\,)\,l}}$$

auf. Einsetzen liefert schließlich den maximalen Durchhang

$$\underline{\underline{\eta_{\max}}} = \eta(x^*) = \left(\frac{7}{9}\sqrt{\frac{7}{3}} - 1\right) l \approx \underline{\underline{0{,}188\, l}}\,.$$

Aufgabe 6.3: Eine Wäscheleine ist an ihren Enden A und B in den Höhen $h_A > h_B$ über dem Boden befestigt. Durch die Wäschestücke erfährt die Leine näherungsweise eine konstante Streckenbelastung $q(x) = q_0$.

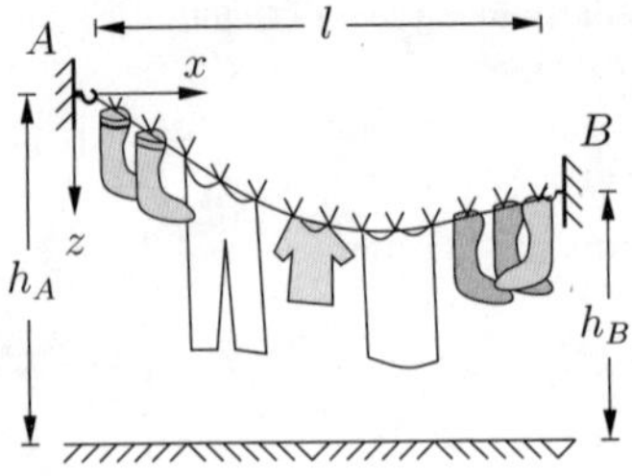

Wie groß ist die maximale Seilkraft, wenn der geringste Abstand des Seils vom Boden h^* beträgt?

Gegeben: $h_A = 5\,a$, $h_B = 4\,a$, $h^* = 3\,a$, $l = 10\,a$.

Lösung: Mit den Randbedingung $z(0) = 0$ und $z(l) = h_A - h_B = a$ ergibt sich die Seilkurve

$$z(x) = \left(\frac{1}{10} + \frac{10\,q_0\,a}{2\,H}\right)x - \frac{q_0}{2\,H}\,x^2 \,.$$

Den noch unbekannten Horizontalzug H bestimmen wir aus dem bekannten Minimalabstand h^*. Dieser tritt an der Stelle x^* auf, bei der $z' = 0$ ist:

$$z'(x) = \frac{1}{10} + \frac{5\,q_0\,a}{H} - \frac{q_0}{H}\,x = 0 \,.$$

Hieraus folgen

$$x^* = \frac{1}{10}\,\frac{H}{q_0} + 5\,a \qquad \text{und} \qquad z_{\max} = z(x^*) = \frac{(H + 50\,q_0\,a)^2}{200\,q_0\,H} \,.$$

Einsetzen in

$$h^* = h_A - z_{\max}$$

liefert mit den gegebenen Werten die quadratische Gleichung

$$H^2 - 300\,q_0\,a\,H + 2500\,(q_0\,a)^2 = 0$$

mit der Lösung

$$H = (150 \pm 100\,\sqrt{2}\,)q_0\,a \,.$$

Für das „+ "-Zeichen liegt x^* nicht zwischen A und B, daher kommt nur das „− "-Zeichen in Frage:

$$H = (150 - 100\,\sqrt{2}\,)q_0\,a \approx 8,579\,q_0\,a \,.$$

Die maximale Seilkraft tritt an der Stelle mit der größten Seilneigung z' auf, d. h. am höher gelegenen Seilauflager:

$$\underline{\underline{S_{\max}}} = S(0) = H\sqrt{1 + z'^2(0)} = \underline{\underline{10,388\,q_0\,a}} \,.$$

Aufgabe 6.4: Ein durch sein Eigengewicht $\bar{q}_0$ belastetes Seil ist zwischen zwei gleich hohen Masten über eine Fahrbahn gespannt. An den Fußpunkten der Masten kann das maximale Moment M_{max} aufgenommen werden.

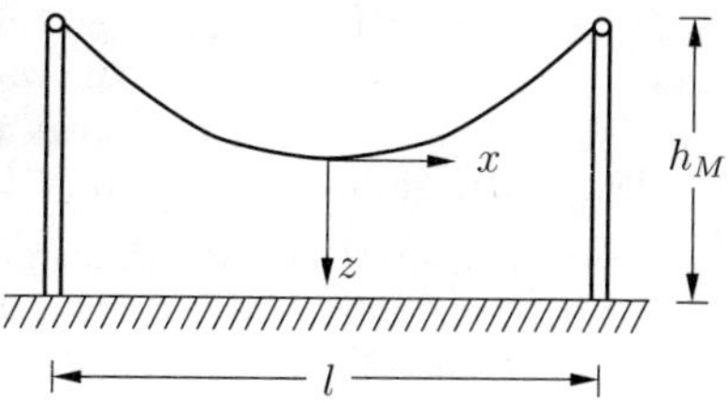

Bestimmen Sie die größte freie Durchfahrtshöhe in der Seilmitte sowie die maximale Seilkraft.

Gegeben: $h_M = 20\,\text{m}$, $l = 50\,\text{m}$, $\bar{q}_0 = 10\,\text{N/m}$, $M_{max} = 10\,\text{kNm}$.

Lösung: Aus dem maximal aufnehmbaren Moment am Fußpunkt eines Mastes läßt sich zunächst der zulässige maximale Horizontalzug H bestimmen:

$$H = \frac{M_{max}}{h_M} = 500\,\text{N} \ .$$

Die Seilkurve im gegebenen Koordinatensystem lautet

$$z(x) = \frac{H}{\bar{q}_0}\left(1 - \cosh\frac{\bar{q}_0\,x}{H}\right) \ .$$

Damit ist der maximale Durchhang

$$\eta_{max} = -z(l/2) = -\frac{H}{\bar{q}_0}\left(1 - \cosh\frac{\bar{q}_0\,l}{2\,H}\right) = 6,381\,\text{m} \ .$$

Die freie Durchfahrtshöhe ergibt sich dann zu

$$\underline{\underline{h_D}} = h_M - \eta_{max} = \underline{\underline{13,618\,\text{m}}} \ .$$

Die maximale Seilkraft tritt an den Aufhängepunkten ($x = \pm\, l/2$) auf:

$$\underline{\underline{S_{max}}} = H\,\cosh\frac{\bar{q}_0\,l}{2\,H} = 500\,\text{N}\cosh 0,5 = \underline{\underline{563,8\,\text{N}}} \ .$$

Aufgabe 6.5: Mit einem Maßband (Eigengewicht $\bar{q}_0$) soll der Abstand zwischen den Punkten A und B gemessen werden. Der tatsächliche Abstand ist l.

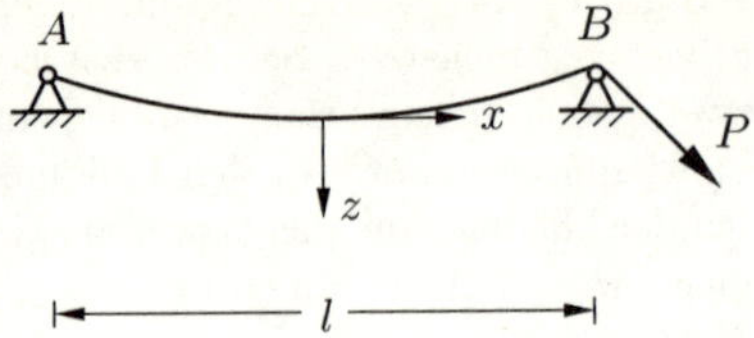

Mit welcher Kraft P muß das Maßband gespannt werden, damit der Meßfehler gerade 0,5 % beträgt? Wie weit hängt das Band dabei durch?

Lösung: Die Bestimmung des Horizontalzuges H erfolgt aus der Seillänge L. Ein Meßfehler von 0,5 % bedeutet, daß

$$L = 1,005\, l = \frac{2\,H}{\bar{q}_0} \sinh \frac{\bar{q}_0\, l}{2\,H} \quad .$$

Nach der Umformung

$$1,005\, \frac{\bar{q}_0\, l}{2\,H} = \sinh \frac{\bar{q}_0\, l}{2\,H}$$

und der Substitution

$$\lambda := \frac{\bar{q}_0\, l}{2\,H}$$

erhält man eine Lösung für die Gleichung

$$f(\lambda) = 1,005\,\lambda - \sinh \lambda = 0$$

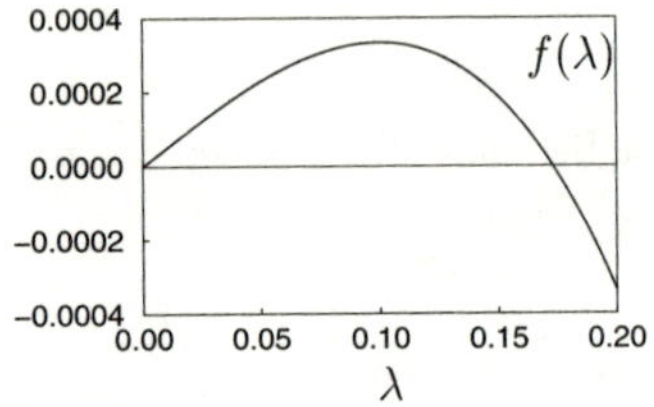

durch grafische Nullstellenbestimmung

oder (genauer) durch Iteration mit Hilfe des Newton-Verfahrens:

$$\lambda_{n+1} = \lambda_n - \frac{f(\lambda_n)}{f'(\lambda_n)} \qquad \text{mit} \qquad f'(\lambda) = \frac{\mathrm{d}f(\lambda)}{\mathrm{d}\lambda} \quad .$$

Schritt	0 (Startwert)	1	2	3	4
λ	0,2000	0,1777	0,1733	0,1731	0,1731

Daraus folgt

$$\lambda = 0,1731$$

und damit

$$H = \frac{\bar{q}_0\, l}{2\,\lambda} = 2,889\, \bar{q}_0\, l \quad .$$

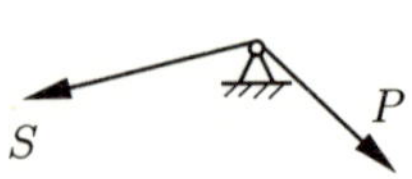

Für die Spannkraft P findet man

$$\underline{\underline{P}} = S(l/2) = H \cosh \frac{\bar{q}_0\, l}{2\,H} = H\, \cosh \lambda = \underline{\underline{2,932\, \bar{q}_0\, l}} \quad .$$

Der maximale Durchhang ist

$$\underline{\underline{\eta_{max}}} = -z(l/2) = -\frac{H}{\bar{q}_0} \left(1 - \cosh \frac{\bar{q}_0\, l}{2\,H}\right) = \underline{\underline{0,0434\, l}} \quad .$$

Aufgabe 6.6: Ein über eine reibungsfreie Rolle geführtes Seil (Eigengewicht vernachlässigbar) der Gesamtlänge $L = 7\,a$ wird durch eine Gleichstreckenlast q und eine Einzelkraft P belastet. Wie groß muß P gewählt werden, damit sich im Bereich $A-B$ der maximale Durchhang $\eta_{\max} = a/10$ einstellt?

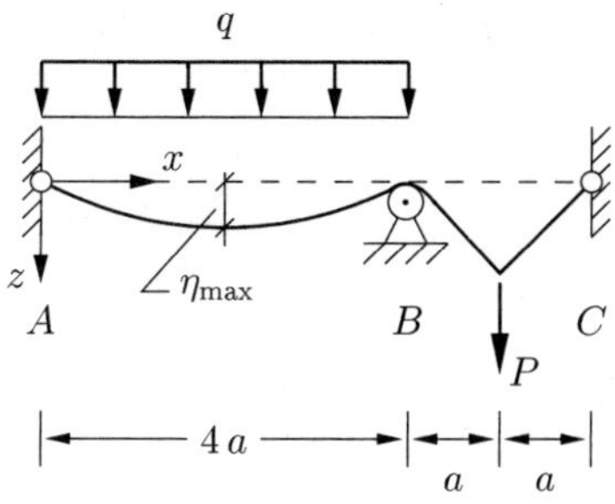

Lösung: Für die Bestimmung der Kraft P müssen die Anteile an der gegebenen Seillänge L in den Bereichen $A-B$ und $B-C$ ermittelt werden. Im Bereich $A-B$ kann hierzu die folgende Formel verwendet werden:

$$L^{AB} = -\frac{H}{2\,q}\left[z'\sqrt{1+z'^2} + \operatorname{arsinh} z'\right]_{z_1'}^{z_2'} .$$

Der Horizontalzug sowie die Grenzen z_1' und z_2' ergeben sich in diesem Fall zu

$$H = \frac{q\,l^2}{8\,\eta^*} = \frac{q\,(4\,a)^2}{8\,\frac{a}{10}} = 20\,q\,a\,,\quad z_1' = \frac{q\,l}{2\,H} = \frac{1}{10} \quad \text{und} \quad z_2' = -\frac{q\,l}{2\,H} = -\frac{1}{10}\,.$$

Einsetzen liefert $L^{AB} = 20\,a\left(\frac{1}{10}\sqrt{\frac{101}{100}} + \operatorname{arsinh}\left(\frac{1}{10}\right)\right) \approx 4{,}01\,a\,.$

Durch geometrische Überlegungen folgt für die Seillänge im Bereich $B-C$:

$$L^{BC} = 2\,\sqrt{w_p^2 + a^2}\,.$$

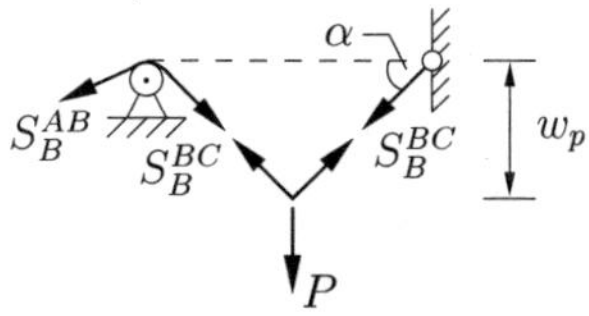

Mit der Beziehung $L = L^{AB} + L^{BC} = 7\,a$ berechnet man für den maximalen Durchhang im Bereich $B-C$: $w_p \approx 1{,}11\,a$. Da somit der Winkel $\alpha = \arcsin(w_p/\sqrt{w_p^2+a^2})$ bekannt ist, kann S_B^{BC} durch Aufstellen des Gleichgewichts in vertikalen Richtung am Angriffspunkt vom P berechnet werden:

$$\uparrow:\quad 2\,S_B^{BC}\sin\alpha - P = 0 \quad \rightsquigarrow \quad S_B^{BC} = \frac{P}{2\,w_p}\sqrt{w_p^2+a^2}\,.$$

Bilden des Momentengleichgewichts an der Umlenkrolle liefert

$$S_B^{AB} = S_B^{BC} \quad \text{mit} \quad S_B^{AB} = H\sqrt{1+\left(\frac{q_0\,l}{2\,H}\right)^2} \approx 20{,}10\,q\,a\,.$$

Somit folgt für den Betrag der Kraft P:

$$\underline{\underline{P}} \approx \frac{40{,}20\,q\,a\cdot 1{,}11\,a}{\sqrt{1{,}11^2\,a^2+a^2}} = \underline{\underline{29{,}87\,q\,a}}\,.$$

Aufgabe 6.7: Ein Seil ist durch zwei bereichsweise konstante Linienlasten q_1 bzw. q_2 beansprucht. Ermitteln Sie unter der Voraussetzung, daß die größte Seilkraft $S_{\max}$ beträgt, die Gleichung der Seilkurve in den Bereichen I und II.

Gegeben: $q_1 = 1\,\mathrm{kN/m}$, $q_2 = 2\,\mathrm{kN/m}$, $S_{\max} = 100\,\mathrm{kN}$, $a = 20\,\mathrm{m}$, $b = 4\,\mathrm{m}$.

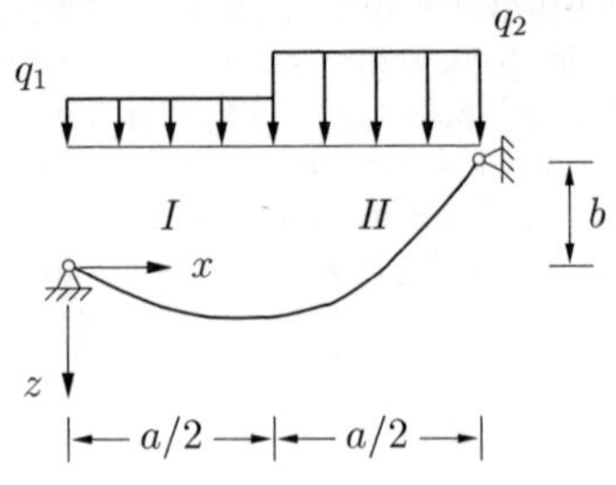

Lösung: Da an der Stelle $x = a/2$ ein Sprung in der Belastungsfunktion vorliegt, muß für die Ermittlung der Seillinie das Problem in zwei Bereiche unterteilt werden. Durch zweifache Integration von

$$z'' = -\frac{1}{H}\,q(x)$$

folgen die beiden Gleichungen für die Seilkurve:

$$\underline{\underline{z_I(x) = -\frac{1}{2\,H}\,q_1\,x^2 + C_1\,x + C_2}}\,, \quad \underline{\underline{z_{II}(x) = -\frac{1}{2\,H}\,q_2\,x^2 + C_3\,x + C_4}}\,.$$

Die 4 Konstanten können durch die folgenden Rand- bzw. Übergangsbedingungen ermittelt werden:

$$\text{Randbedingungen:} \quad z_I(0) = 0\,, \qquad z_{II}(a) = -b\,,$$

$$\text{Übergangsbedingungen:} \quad z_I(a/2) = z_{II}(a/2)\,, \quad z_I{}'(a/2) = z_{II}{}'(a/2)\,.$$

Es folgt für die Konstanten $C_1 - C_4$:

$$\underline{\underline{C_1 = \frac{a}{8\,H}\,(3\,q_1 + q_2) - \frac{b}{a}}}\,, \qquad \underline{\underline{C_2 = 0}}\,,$$

$$\underline{\underline{C_3 = \frac{a}{8\,H}\,(-q_1 + 5\,q_2) - \frac{b}{a}}}\,, \quad \underline{\underline{C_4 = \frac{a^2}{8\,H}\,(q_1 - q_2)}}\,.$$

Zur vollständigen Bestimmung der Seilkurve muß nun noch der Horizontalzug H ermittelt werden:

$$S_{\max} = H\,\sqrt{1 + (z_{II}{}'(a))^2} = 100\,\mathrm{kN} \quad \text{mit} \quad z_{II}{}'(a) = -\frac{35}{2\,H} - \frac{1}{5}\,.$$

Das Auswerten obiger Gleichung liefert die quadratische Gleichung

$$\frac{26}{25}\,H^2 + 7\,H - \frac{38775}{4} = 0$$

mit der Lösung

$$H_{1,2} = \frac{-7 \pm \sqrt{40375}}{\frac{52}{25}} \quad \leadsto \quad \underline{\underline{H = H_1 \approx 93,24\,\mathrm{kN}}},\ (H_2 \approx -99,97\,\mathrm{kN})\,.$$

7 Der Arbeitsbegriff in der Statik

Wenn sich der Angriffspunkt einer Kraft $\boldsymbol{F}$ um eine infinitesimale Strecke d$\boldsymbol{r}$ verschiebt, dann leistet die Kraft die *Arbeit*

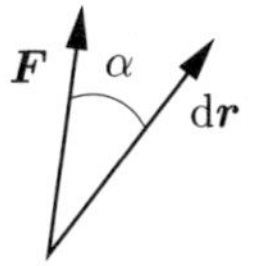

$$\boxed{\mathrm{d}W = \boldsymbol{F} \cdot \mathrm{d}\boldsymbol{r} = F\,\mathrm{d}r\,\cos\alpha} \quad .$$

Analog lautet die Arbeit eines Moments $\boldsymbol{M}$ bei einer Verdrehung um d$\boldsymbol{\phi}$

$$\mathrm{d}W = \boldsymbol{M} \cdot \mathrm{d}\boldsymbol{\phi} \quad .$$

Sind Kraft- und Verschiebungsvektor bzw. Momenten- und Drehvektor parallel, so vereinfachen sich diese Beziehungen zu

$$\mathrm{d}W = F\,\mathrm{d}r \qquad \text{bzw.} \qquad \mathrm{d}W = M\,\mathrm{d}\phi \quad .$$

Prinzip der virtuellen Arbeit
In der Statik werden anstelle der Strecke d$\boldsymbol{r}$ „gedachte“ Verschiebungen $\delta\boldsymbol{r}$ eingeführt. Mit diesen kann das *Prinzip der virtuellen Arbeit* formuliert werden: Ein Kräftesystem, das im Gleichgewicht steht, leistet bei einer virtuellen Verrückung $\delta\boldsymbol{r}$ keine Arbeit:

$$\boxed{\delta W = 0} \; .$$

Virtuelle Verrückungen sind:

1. gedacht
2. infinitesimal klein
3. mit den kinematischen Bindungen des Systems verträglich.

Anmerkungen:

- Falls Lagerreaktionen (bzw. Schnittkräfte) ermittelt werden sollen, muß geschnitten und die Lagerkraft (bzw. die Schnittkraft) als äußere Kraft eingeführt werden.
- Das Symbol δ weist auf den Zusammenhang mit der Variationsrechnung hin.
- Die Arbeit einer Kraft entlang eines endlichen Weges ist gegeben durch $W = \int_{\boldsymbol{r}_1}^{\boldsymbol{r}_2} \boldsymbol{F} \cdot \mathrm{d}\boldsymbol{r}$.

Stabilität einer Gleichgewichtslage

Konservative Kräfte (Gewicht, Federkraft) lassen sich aus einem Potential $\Pi = -W$ herleiten, und es gilt

$$\delta\Pi = -\delta W \quad .$$

Dann lautet die Gleichgewichtsbedingung

$$\boxed{\delta\Pi = 0} \quad .$$

Die Stabilität der Gleichgewichtslage ergibt sich aus dem Vorzeichen von $\delta^2\Pi$:

$$\delta^2\Pi \begin{cases} > 0 & \text{stabile Lage,} \\ < 0 & \text{instabile Lage.} \end{cases}$$

Ist Π als Funktion *einer* Ortskoordinate z gegeben, so gilt

$$\delta\Pi = \frac{\mathrm{d}\Pi}{\mathrm{d}z}\delta z \quad , \qquad \delta^2\Pi = \frac{1}{2}\frac{\mathrm{d}^2\Pi}{\mathrm{d}z^2}(\delta z)^2 \quad .$$

Hieraus folgen mit $\delta z \neq 0$:

Gleichgewichtsbedingung

$$\boxed{\frac{\mathrm{d}\Pi}{\mathrm{d}z} = 0} \quad ,$$

Stabilität

$$\boxed{\frac{\mathrm{d}^2\Pi}{\mathrm{d}z^2} \begin{cases} > 0 & \text{stabile Lage,} \\ < 0 & \text{labile Lage.} \end{cases}}$$

Anmerkungen:

- Für $\frac{\mathrm{d}^2\Pi}{\mathrm{d}z^2} = \Pi'' = 0$ müssen höhere Ableitungen untersucht werden.
- Die Gleichgewichtslage ist *indifferent*, wenn $\Pi'' = 0$ und auch alle höheren Ableitungen Null sind.
- Das Potential eines Gewichtes G ist $\Pi = Gz$, wenn z vom Nullniveau senkrecht *nach oben* gezählt wird.
- Das Potential einer um x gespannten Feder (Federkonstante c) ist $\Pi = \frac{1}{2}cx^2$.
- Das Potential einer um φ gespannten Drehfeder (Federkonstante c_T) ist $\Pi = \frac{1}{2}c_T\,\varphi^2$.

Aufgabe 7.1: Eine Leiter vom Gewicht G lehnt an einer glatte Wand. Am Fußpunkt (glatter Boden) greift eine Kraft F an.

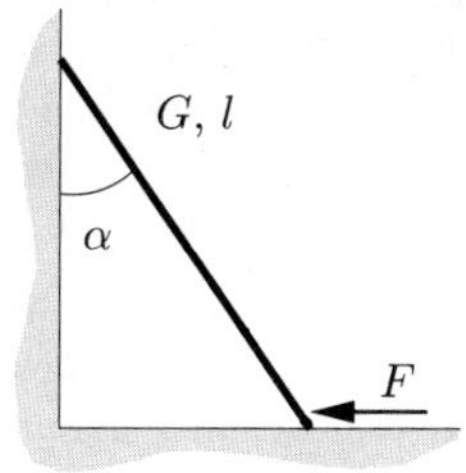

Wie groß muß F sein, damit unter dem Winkel α Gleichgewicht herrscht?

Lösung: Wenn man zur Ermittlung von Gleichgewichtslagen das Prinzip der virtuellen Verrückungen anwenden will, muß man zuerst die Koordinaten der Kraftangriffspunkte einführen. Im gewählten Koordinatensystem sind sie durch x_F und y_G gegeben. Dann zeigt δx_F bzw. δy_G gegen F bzw. G. Daher lautet die Gleichgewichtsbedingung

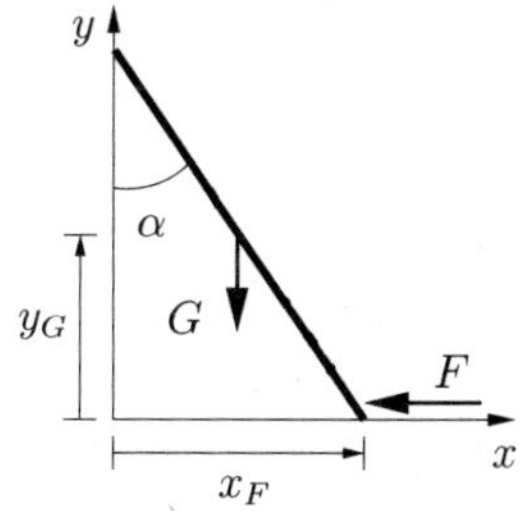

$$\delta W = -F\,\delta x_F - G\,\delta y_G = 0\,.$$

Mit

$$x_F = l\sin\alpha\,, \qquad y_G = \frac{l}{2}\cos\alpha\,,$$
$$\delta x_F = l\cos\alpha\,\delta\alpha\,, \qquad \delta y_G = -\frac{l}{2}\sin\alpha\,\delta\alpha$$

folgt

$$\delta W = -F\,l\cos\alpha\,\delta\alpha + \frac{1}{2}\,G\,l\sin\alpha\,\delta\alpha = 0$$
$$\rightsquigarrow \quad \underline{\underline{F = \frac{1}{2}\,G\,\tan\alpha\,.}}$$

Das Ergebnis läßt sich leicht mit den Kräfte- und Momentengleichgewichtsbedingungen überprüfen:

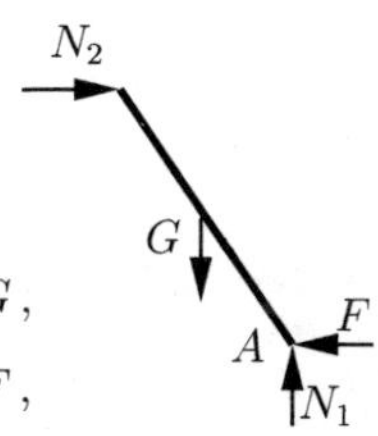

$$\left.\begin{aligned} \uparrow &: & N_1 - G &= 0\,, \\ \rightarrow &: & N_2 - F &= 0\,, \\ \curvearrowleft A &: & N_2\,l\cos\alpha - \frac{1}{2}G\,l\sin\alpha &= 0\,, \end{aligned}\right\} \quad \begin{aligned} N_1 &= G\,, \\ N_2 &= F\,, \\ \underline{\underline{F}} &\underline{\underline{= \frac{1}{2}G\tan\alpha\,.}} \end{aligned}$$

Aufgabe 7.2: Eine Kurbel $\overline{AC}$ ist in A drehbar gelagert und in C gelenkig mit der Stange $\overline{BC}$ verbunden. Am Ende B sitzt ein Kolben, auf den die Kraft F wirkt. An der Kurbel greift ein Moment M an.

Man ermittle $M(\alpha)$ für die Gleichgewichtslagen. Kurbel, Stange und Kolben seien dabei als gewichtslos angenommen.

Lösung: Wir führen die Verschiebung f des Kolbens ein. Da F gegen δf und M gegen den virtuellen Winkel $\delta\alpha$ wirken, lautet die Gleichgewichtsbedingung (Prinzip der virtuellen Arbeit)

$$\delta W = -M\delta\alpha - F\delta f = 0 \ .$$

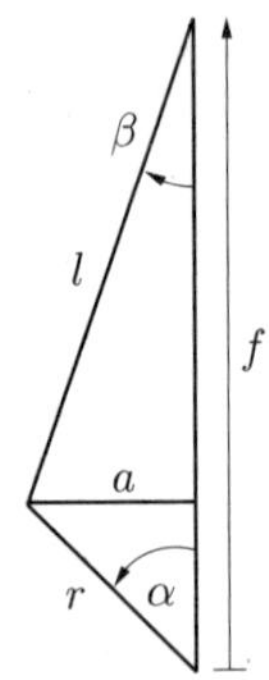

Nach der Skizze ist

$$f = r\cos\alpha + l\cos\beta$$

$$\rightsquigarrow \quad \delta f = -r\sin\alpha\,\delta\alpha - l\sin\beta\,\delta\beta \ .$$

Der Hilfswinkel β muß eliminiert werden. Aus der Skizze liest man ab

$$a = l\sin\beta = r\sin\alpha \quad \rightsquigarrow \quad \sin\beta = \frac{r}{l}\sin\alpha \ .$$

Durch Differenzieren folgt hieraus

$$\cos\beta\,\delta\beta = \frac{r}{l}\cos\alpha\,\delta\alpha \quad \rightsquigarrow \quad \delta\beta = \frac{r}{l}\,\frac{\cos\alpha}{\cos\beta}\,\delta\alpha \ .$$

Mit $\cos\beta = \sqrt{1-\sin^2\beta} = \sqrt{1-(r/l)^2\sin^2\alpha}$ wird daher

$$-M\delta\alpha + F\left(r\sin\alpha\,\delta\alpha + l\frac{r}{l}\sin\alpha\,\frac{r}{l}\frac{\cos\alpha}{\sqrt{1-(r/l)^2\sin^2\alpha}}\delta\alpha\right) = 0$$

oder

$$\underline{\underline{M = Fr\,\sin\alpha\left(1+\frac{r\,\cos\alpha}{\sqrt{l^2-r^2\sin^2\alpha}}\right)}} \ .$$

Aufgabe 7.3: Wie groß ist das Verhältnis von Last Q und Zugkraft F bei einem Potenzflaschenzug

a) im skizzierten Fall (3 lose Rollen)
b) im allgemeinen Fall (n lose Rollen)?

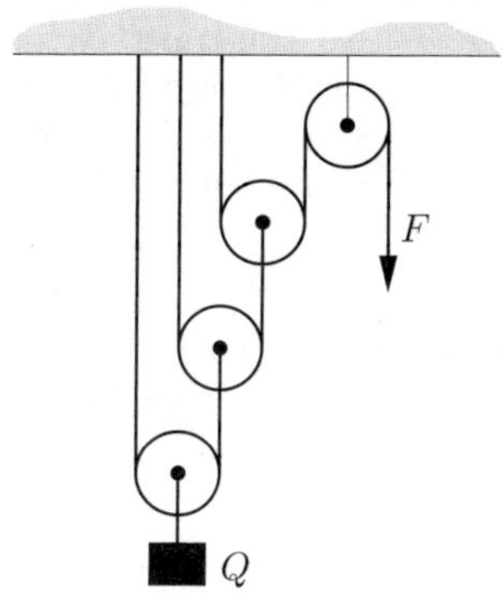

Lösung: Die Last Q ist mit M_1 fest verbunden. Bei einer virtuellen Verrückung von Q um δq geht daher auch M_1 um δq nach oben.

Da der Punkt A_1, der über das Seil mit der Decke verbunden ist, sich nicht verschiebt, dreht die Rolle I um A_1. Daher verschiebt sich B_1 und damit M_2 um $2\delta q$.

Aus der gleichen Überlegung an der Rolle II (A_2 verschiebt sich nicht), folgt für die Verrückung von B_2 der Wert $4\delta q = 2^2\delta q$.

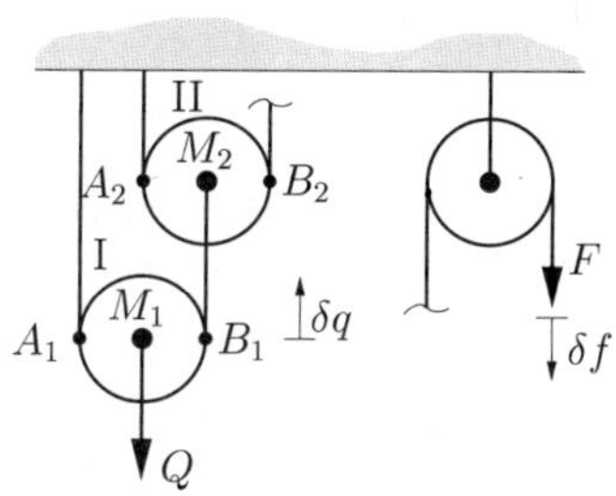

Die an der Decke befestigte feste Rolle dreht um ihren Mittelpunkt, weswegen die Verschiebung δf der Zugkraft F gleich ist der Verschiebung des Punktes B_n der letzten losen Rolle.
Aus der Gleichgewichtsbedingung

$$\delta W = -Q\delta q + F\delta f = 0$$

folgt daher
a) bei 3 Rollen mit $\delta f = 2^3\delta q = 8\ \delta q$

$$\underline{\underline{\frac{Q}{F} = 2^3 = 8}}\ .$$

b) Bei n losen Rollen erhält man mit $\delta f = 2^n\delta q$

$$\underline{\underline{\frac{Q}{F} = 2^n}}\ .$$

Anmerkung: Dieses Ergebnis erklärt den Namen *Potenz*flaschenzug!

Aufgabe 7.4: Nebenstehende Waage soll so konstruiert werden, daß die Anzeige Q unabhängig ist von der Stelle, an der das Gewicht auf der Lastbrücke $\overline{AB}$ liegt.

Gesucht ist das Verhältnis der Abmessungen b, c, d und f bei gegebenem a sowie die Beziehung zwischen Q und G.

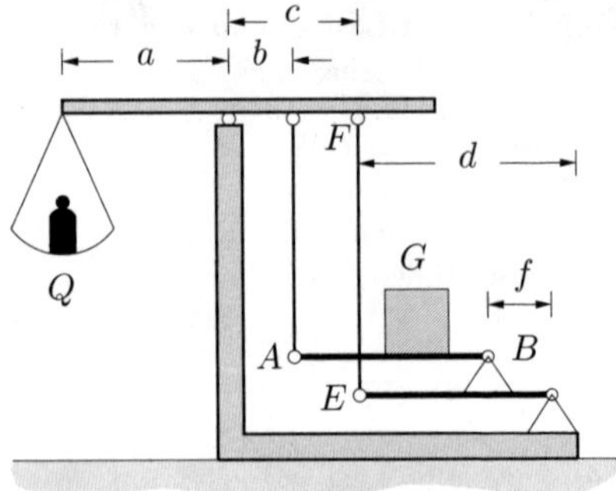

Lösung: Damit die Forderung erfüllt ist, muß $\overline{AB}$ waagrecht bleiben, d.h.

$$\delta_A = \delta_B \ .$$

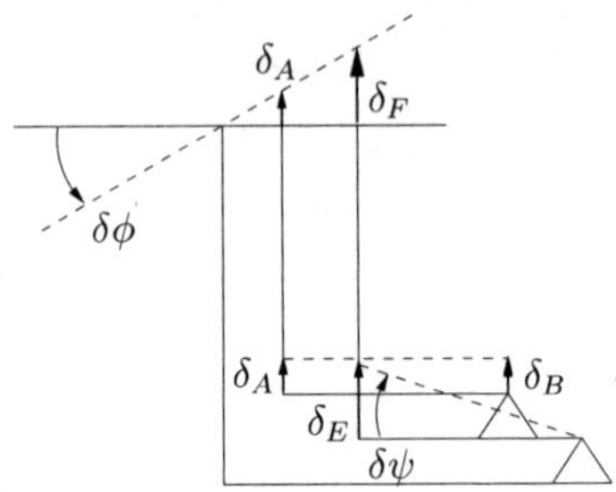

Nach der Skizze ist bei einer Drehung des oberen Balkens um $\delta\phi$:

$$\delta_A = b\,\delta\phi \quad , \quad \delta_B = f\,\delta\psi \ .$$

Beide Winkel hängen über die Verschiebung der Stange $\overline{EF}$ zusammen:

$$\delta_F = c\,\delta\phi = d\,\delta\psi = \delta_E \quad \leadsto \quad \delta\psi = \frac{c}{d}\,\delta\phi \ .$$

Damit folgt

$$\delta_A = b\,\delta\phi = f\frac{c}{d}\,\delta\phi = \delta_B$$

$$\leadsto \quad \underline{\underline{\frac{b}{c} = \frac{f}{d}}} \ .$$

Die Lastanzeige Q ergibt sich aus dem Prinzip der virtuellen Arbeit

$$Q\delta q - G\delta_A = 0$$

mit

$$\delta q = a\,\delta\phi$$

zu

$$\underline{\underline{Q = \frac{b}{a}\,G}} \ .$$

Aufgabe 7.5: Für das dargestellte System aus Balken und Stäben ermittle man die Stabkraft S_1.

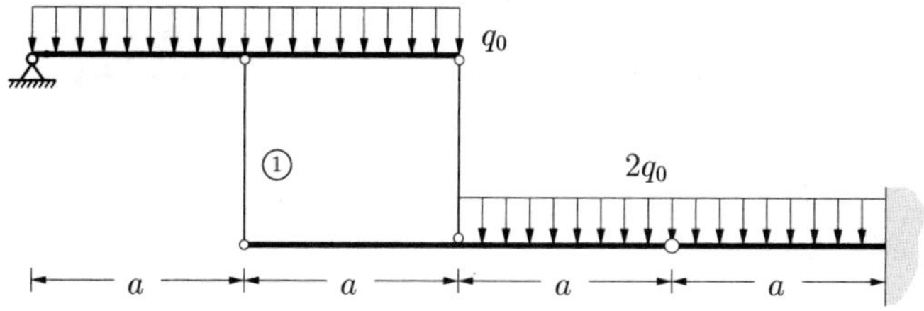

Lösung: Wir ersetzen die verteilte Last durch Einzellasten in den entsprechenden Schwerpunkten und unterwerfen das System nach Schneiden des Stabes ① einer virtuellen Verrückung.

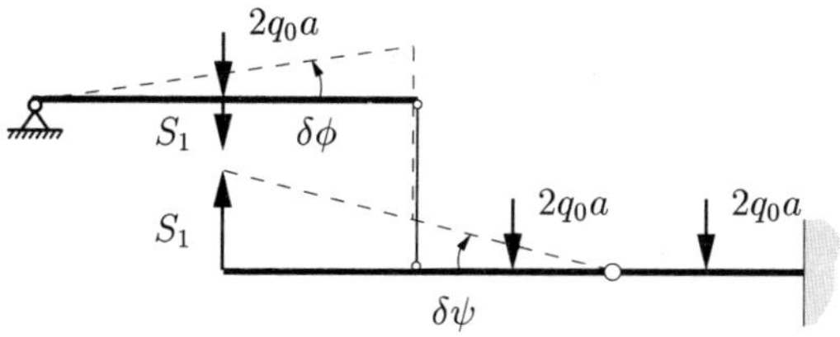

Es gilt der geometrische Zusammenhang

$$2a\,\delta\phi = a\,\delta\psi \quad \leadsto \quad \delta\psi = 2\,\delta\phi \ .$$

Aus dem Prinzip der virtuellen Arbeit folgt

$$\delta W = -2q_0a \cdot a\,\delta\phi - S_1 \cdot a\,\delta\phi + S_1 \cdot 2a\,\delta\psi - 2q_0a \cdot \frac{a}{2}\,\delta\psi = 0$$

oder

$$-2q_0a^2\delta\phi - S_1a\delta\phi + 2aS_1 2\delta\phi - q_0a^2 2\delta\phi = 0$$

$$\leadsto \quad 3S_1 = 4q_0a \quad \leadsto \quad \underline{\underline{S_1 = \frac{4}{3}\,q_0a}} \ .$$

Anmerkung: Die verteilte Belastung am unteren Balken darf *nicht* durch *eine* Resultierende im Gelenk ersetzt werden, weil diese bei der Verrückung keine Arbeit leisten würde.

Aufgabe 7.6: Für den Gerberbalken mit 2 Gelenken ermittle man die Lagerreaktionen.

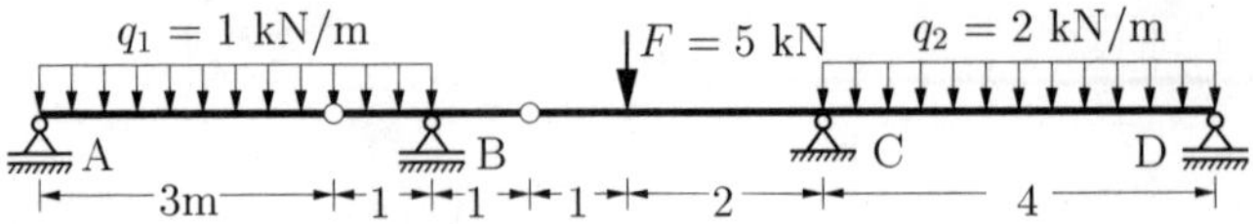

Lösung: 1) Zur Ermittlung der Lagerkraft B wird diese Reaktionskraft als *äußere* Last eingeführt und das System einer verträglichen Verrückung unterworfen.

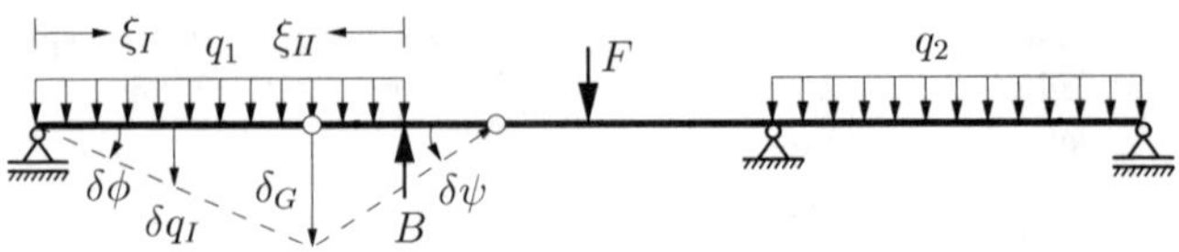

Unter Beachtung der beiden Bereiche für q_1 gilt:

$$\delta W = \int_0^3 q_1 \delta q_I \mathrm{d}\xi_I + \int_0^1 q_1 \delta q_{II} \mathrm{d}\xi_{II} - B\delta_B = 0 \ .$$

Mit

$$\delta_B = 1 \cdot \delta\psi \quad , \quad \delta q_I = \xi_I \delta\phi \quad , \quad \delta q_{II} = (1 + \xi_{II})\delta\psi$$

folgt

$$B\delta\psi = q_1 \frac{3^2}{2} \delta\phi + q_1 (1 + \frac{1^2}{2}) \delta\psi \ .$$

Mit dem geometrischen Zusammenhang am Gelenk

$$\delta_G = 3\delta\phi = 2\delta\psi \quad \rightsquigarrow \quad \delta\phi = \frac{2}{3}\delta\psi$$

wird

$$B = q_1 \frac{3^2}{2} \frac{2}{3} + q_1 (1 + \frac{1}{2}) = 4,5 \ q_1$$

oder

$$\underline{\underline{B = 4,5 \text{ kN}}} \ .$$

2) Die Lagerkraft A folgt mit nachstehendem Bild

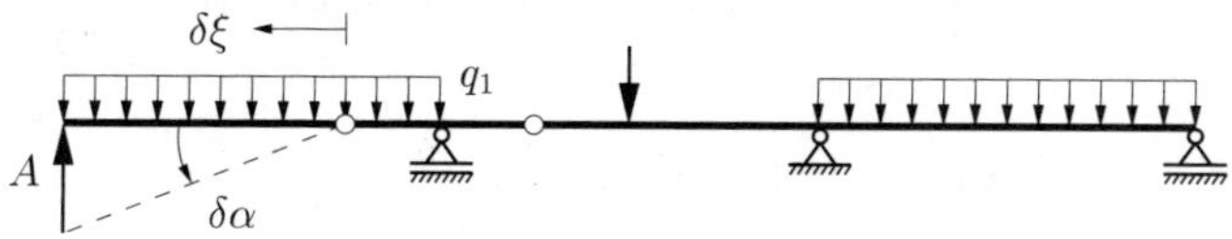

aus der Gleichgewichtsbedingung

$$\delta W = -A\delta_A + \int_0^3 q_1 \delta q_1 \mathrm{d}\xi = 0$$

und den geometrischen Beziehungen

$$\delta q_1 = \xi \delta\alpha \quad , \quad \delta_A = 3\delta\alpha$$

zu

$$-3A\delta\alpha + q_1 \frac{3^2}{2}\delta\alpha = 0 \quad \rightsquigarrow \quad \underline{\underline{A}} = \frac{3}{2} q_1 = \underline{\underline{1,5\ \mathrm{kN}}} \ .$$

3) Nach Freischneiden der Lagerkraft D erhält man die folgende Verrückungsfigur:

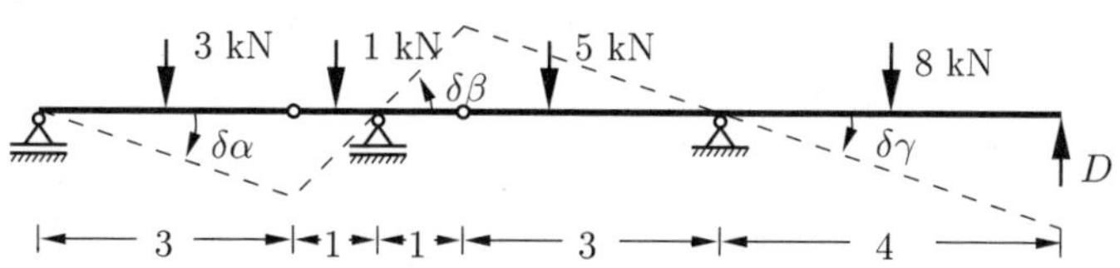

Es gelten die geometrischen Zusammenhänge

$$\left.\begin{aligned} 3\delta\alpha &= 1\ \delta\beta \\ 3\delta\gamma &= 1\ \delta\beta \end{aligned}\right\} \quad \rightsquigarrow \quad \begin{aligned} \delta\alpha &= \delta\gamma \ , \\ \delta\beta &= 3\delta\gamma \ . \end{aligned}$$

Bei der Anwendung des Prinzips der virtuellen Arbeit ersetzen wir diesmal die verteilten Lasten durch ihre Resultierenden in der Mitte. Dann erhält man

$$3 \cdot 1,5\ \delta\alpha + 1 \cdot 0,5\ \delta\beta - 5 \cdot 2\ \delta\gamma + 8 \cdot 2\ \delta\gamma - D \cdot 4\ \delta\gamma = 0,$$

woraus die Lagerkraft folgt

$$\underline{\underline{D}} = \frac{1}{4}(4,5 + 1,5 - 10 + 16) = \underline{\underline{3\ \mathrm{kN}}} \ .$$

4) Die Lagerkraft C folgt aus der Gleichgewichtsbedingung in vertikaler Richtung:

$$\underline{\underline{C}} = F + q_1 \cdot 4 + q_2 \cdot 4 - A - B - D = \underline{\underline{8\ \mathrm{kN}}} \ .$$

Aufgabe 7.7: Für den dargestellten Träger ermittle man den Momentenverlauf zwischen den Lagern mit Hilfe des Prinzips der virtuellen Arbeit.

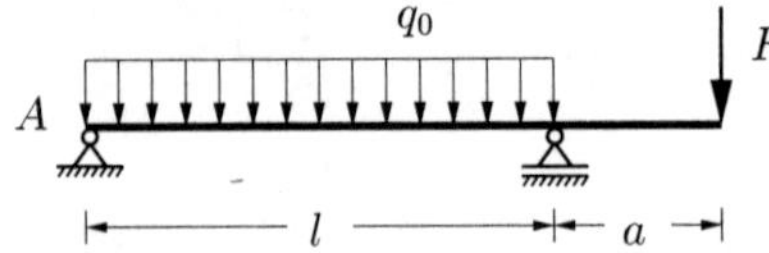

Lösung: Wenn man an einer beliebigen Stelle x das Schnittmoment M mit dem Prinzip der virtuellen Verrückungen ermitteln will, muß man an dieser Stelle x ein Gelenk anbringen und M wie eine äußere Last auf die angrenzenden Balkenteile wirken lassen. Bei einer virtuellen Auslenkung folgt dann

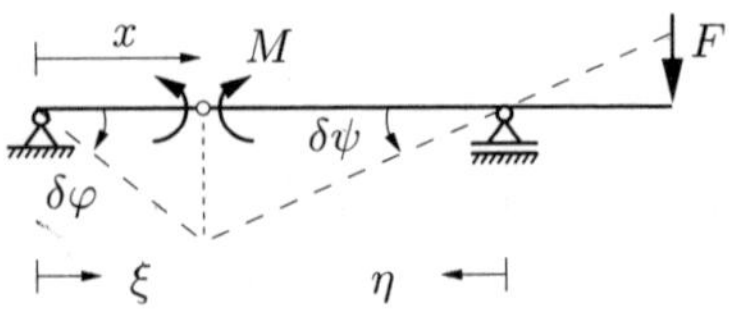

$$\delta W = -M\,\delta\varphi - M\,\delta\psi - F\,a\,\delta\psi + \int_0^x q_0\,(\xi\,\delta\varphi)\,\mathrm{d}\xi + \int_0^{l-x} q_0\,(\eta\,\delta\psi)\,\mathrm{d}\eta = 0.$$

Mit dem geometrischen Zusammenhang

$$x\,\delta\varphi = (l-x)\,\delta\psi \quad \rightsquigarrow \quad \delta\varphi = \frac{l-x}{x}\delta\psi$$

erhält man daraus

$$M\left(\frac{l-x}{x}+1\right)\delta\psi = \left[-F\,a + q_0\frac{x^2}{2}\frac{l-x}{x} + q_0\frac{(l-x)^2}{2}\right]\delta\psi\,.$$

Nach Umformen und Zusammenfassen ergibt sich der gesuchte Momentenverlauf

$$\underline{\underline{M\,(x) = \frac{x}{l}\left[-F\,a + \frac{q_0 l^2}{2}\left(1-\frac{x}{l}\right)\right]}}\,.$$

Elementar erhält man mit der Lagerkraft $A = \frac{1}{2}\,q_0\,l - \frac{a}{l}\,F$ aus der Gleichgewichtsbedingung $M = Ax - \frac{1}{2}\,q_0\,x^2$ dieselbe Abhängigkeit $M\,(x)$.

Aufgabe 7.8: Ein ebener Rahmen wird durch eine Gleichstreckenlast q und ein Einzelmoment M belastet. Bestimmen Sie mit Hilfe des Prinzips der virtuellen Arbeit die horizontale Lagerreaktion in B.

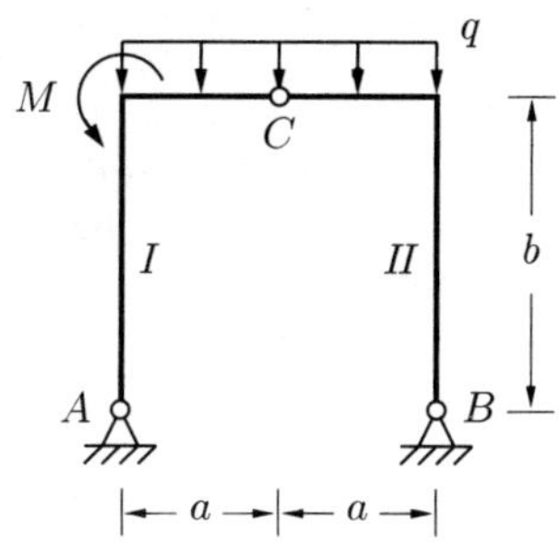

Lösung: Zur Berechung der horizontalen Lagerreaktion B_H wird im Punkt B diese Reaktionskraft als äußere Last angetragen und das (jetzt kinematische) System einer virtuellen Verrückung unterworfen.

Für die Ermittlung der korrekten Verschiebungsfigur müssen zuerst die Drehpunkte der beiden Scheiben I und II gefunden werden. Da Scheibe I im Punkt A mit einem zweiwertigen Auflager fixiert ist, liegt dort der Drehpunkt DP_I. Bei der Scheibe II muß zuerst die mögliche Bewegungsrichtung zweier Punkte auf dieser Scheibe bestimmt werden. Der Drehpunkt liegt dann im Schnittpunkt der beiden Geraden, die jeweils im rechten Winkel zu den Bewegungsrichtungen der beiden Punkte konstruiert werden können. In diesem Fall ist die Bewegungsrichtung vom Punkt C (durch Verbindung zu Scheibe I) und vom Punkt B (in horizontaler Richtung) bekannt. Dadurch ist die Lage des Drehpunkts DP_{II} gefunden.

Somit folgt für die virtuelle Arbeit:

$$\delta W = 2\,q\,a\,\delta u_q - M\,\delta\varphi - B_H\,\delta u_B.$$

Mit den geometrischen Zusammenhängen

$$\delta u_q = \frac{a}{2}\,\delta\varphi \quad \text{und} \quad \delta u_B = 2\,b\,\delta\varphi$$

erhält man daraus

$$\delta W = \left(q\,a^2 - M - 2\,b\,B_H\right)\,\delta\varphi = 0.$$

Dies liefert folgenden Wert für die horizontale Auflagerreaktion B_H:

$$\underline{\underline{B_H = \frac{q\,a^2 - M}{2\,b}}}.$$

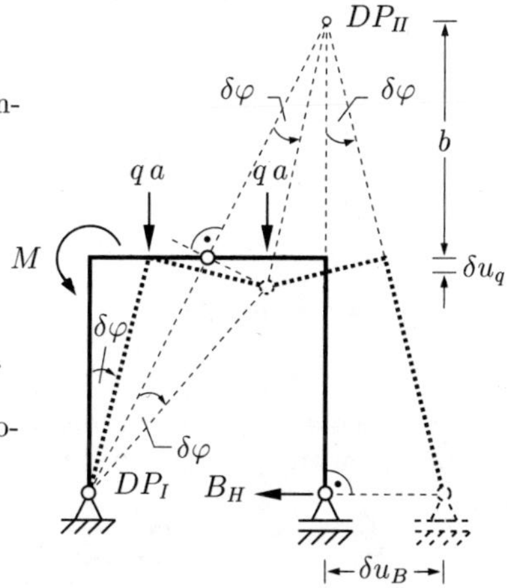

Aufgabe 7.9: Das dargestellte System wird durch die Kräfte P_1, P_2, P_3 und das Moment M belastet. Bestimmen Sie mit Hilfe des Prinzips der virtuellen Arbeit den Betrag der Kraft P_1, so daß das Einspannmoment im Lager A verschwindet.

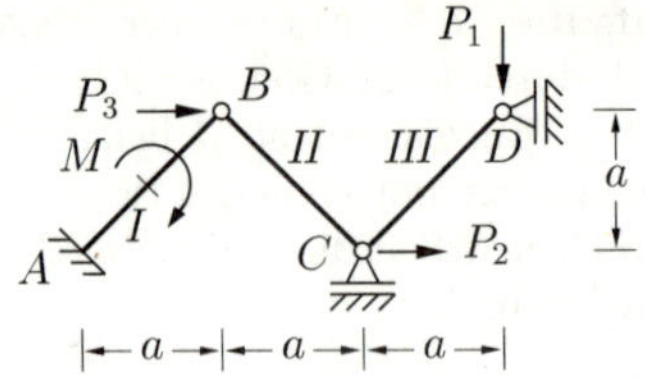

Lösung: Da nach dem Auflagermoment im Punkt A gefragt ist, wird dort ein äußeres Moment angetragen und ein Gelenk eingefügt. Das nun kinematische System kann dann einer virtuellen Verrückung unterworfen worden. Für die Ermittlung der geometrischen Zusammenhänge muß die Verschiebungsfigur konstruiert werden:

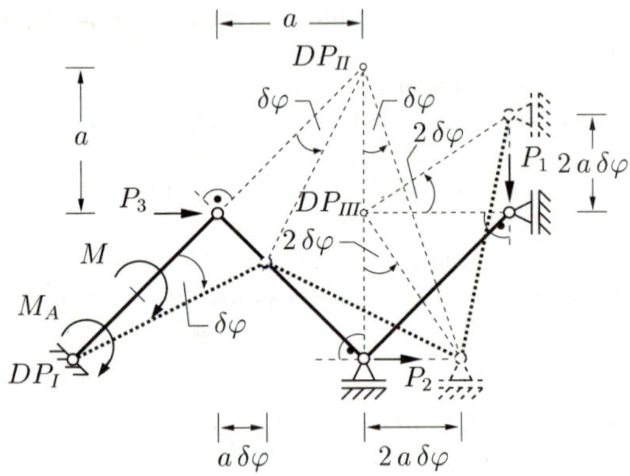

Zur Ermittlung der einzelnen Drehpunkte wird von der Scheibe I ausgegangen, deren Drehpunkt DP_I im Punkt A zu finden ist. Da im weiteren die Bewegungsmöglichkeiten der Punkte B (durch Verbindung zu Scheibe I), C (in horizontaler Richtung) und D (in vertikaler Richtung) bekannt sind, können die Drehpunkte der Scheiben II und III ermittelt werden.

Es folgt für die virtuelle Arbeit:

$$\delta W = M_A\,\delta\varphi + M\,\delta\varphi + P_3\,a\,\delta\varphi + P_2\,2\,a\,\delta\varphi - P_1\,2\,a\,\delta\varphi = 0.$$

P_1 soll nun gerade so groß sein, daß das Auflagermoment im Punkt A verschwindet. Es wird daher M_A zu Null gesetzt. Somit folgt für P_1:

$$\underline{\underline{P_1 = \frac{M}{2\,a} + \frac{1}{2}\,P_3 + P_2.}}$$

Aufgabe 7.10: Man bestimme die Gleichgewichtslage $\alpha = \alpha_0$ und diskutiere Grenzfälle. (Die Rollenradien seien vernachlässigbar klein, das Seil habe die Länge l.)

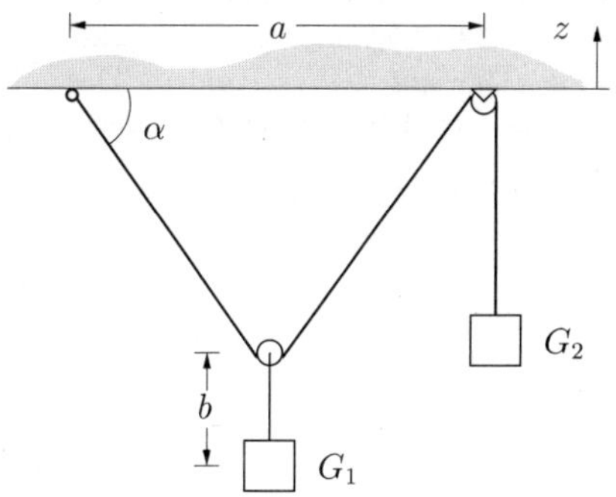

Lösung: Die Gewichte besitzen ein Potential. Mit der Koordinate z (senkrecht nach oben!) folgt aus der Geometrie für die Lage der Gewichte

$$z_1 = -b - \frac{a}{2} \tan\alpha \ ,$$
$$z_2 = -(l - 2\,\frac{a}{2}\,\frac{1}{\cos\alpha}) = -(l - \frac{a}{\cos\alpha}) \ .$$

Damit läßt sich das Potential formulieren

$$\Pi = G_1 z_1 + G_2 z_2 = -G_1(b + \frac{a}{2}\tan\alpha) - G_2(l - \frac{a}{\cos\alpha}) = \Pi(\alpha) \ .$$

Die Gleichgewichtslage folgt aus

$$\frac{\mathrm{d}\Pi}{\mathrm{d}\alpha} = -G_1\,\frac{a}{2}\,\frac{1}{\cos^2\alpha} + G_2\,\frac{a\sin\alpha}{\cos^2\alpha} = 0$$

zu

$$\underline{\underline{\sin\alpha_0 = \frac{1}{2}\frac{G_1}{G_2}}} \ .$$

Grenzfälle: $G_1 > 2\,G_2 \rightsquigarrow$ kein Gleichgewicht möglich (wegen $\sin\alpha_0 \leq 1$),

$G_1 = 2G_2 \rightsquigarrow \alpha_0 = \pi/2$, d.h. bei endlicher Seillänge muß $a = 0$ sein,

$G_1 = 0 \rightsquigarrow \alpha_0 = 0$.

Anmerkung: Die Seillänge l und der Abstand b haben keinen Einfluß auf die Lösung.

Aufgabe 7.11: Ein homogener Stab vom Gewicht Q ist mit einer Dreiecksscheibe (Gewicht G) verbunden. Das System ist bei A frei drehbar gelagert.

Gesucht sind die möglichen Gleichgewichtslagen und deren Stabilität.

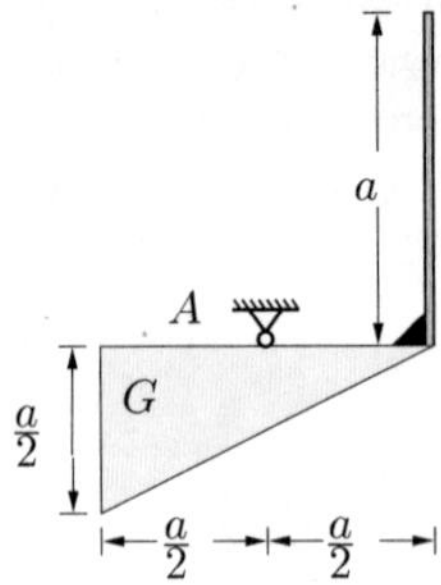

Lösung: Wir lenken das System um einen beliebigen Winkel α aus.

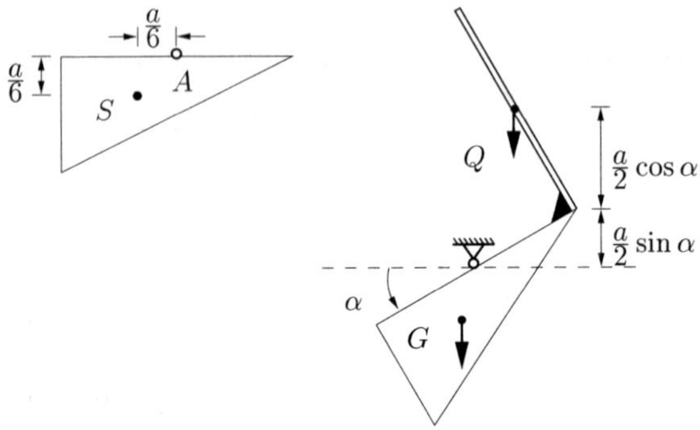

In der gezeichneten Lage hat das System unter Beachtung der Lage der Schwerpunkte folgendes Potential gegenüber der unausgelenkten Lage $\alpha = 0$:

$$\Pi = Q\left(\frac{a}{2}\sin\alpha + \frac{a}{2}\cos\alpha\right) + G\left(-\frac{a}{6}\sin\alpha - \frac{a}{6}\cos\alpha\right) \; .$$

Hieraus folgt die Gleichgewichtsbedingung

$$\begin{aligned}\frac{\mathrm{d}\Pi}{\mathrm{d}\alpha} &= Q\frac{a}{2}(\cos\alpha - \sin\alpha) - G\frac{a}{6}(\cos\alpha - \sin\alpha) \\ &= \frac{a}{2}(Q - \frac{G}{3})(\cos\alpha - \sin\alpha) = 0 \; .\end{aligned}$$

Daraus ergeben sich folgende Gleichgewichtslagen:

$$1)\quad Q - \frac{G}{3} = 0 \quad \leadsto \quad \underline{\underline{Q = \frac{G}{3}}} \; ,$$

$$2)\quad \cos\alpha - \sin\alpha = 0 \quad \leadsto \quad \tan\alpha = 1 \quad \leadsto \quad \underline{\underline{\alpha_1 = \frac{1}{4}\pi}} \; ,$$

$$\underline{\underline{\alpha_2 = \frac{5}{4}\pi}} \; .$$

Im ersten Fall verschwinden alle höheren Ableitungen von Π. Daher ist das Gleichgewicht bei diesem speziellen Gewichtsverhältnis indifferent, d.h. Gleichgewicht ist in beliebiger Lage möglich (siehe Beispiele):

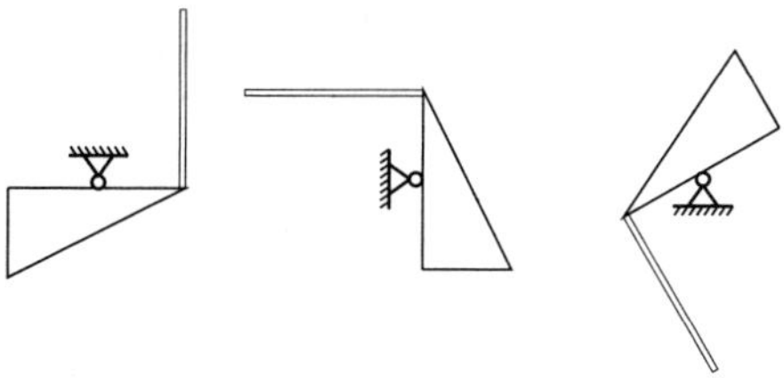

Im zweiten Fall finden wir

$$\Pi'' = \frac{\mathrm{d}^2\Pi}{\mathrm{d}\alpha^2} = -\frac{a}{2}\left(Q - \frac{G}{3}\right)(\sin\alpha + \cos\alpha) \ .$$

Das Vorzeichen dieses Ausdrucks hängt von α und dem Verhältnis der Gewichte ab.

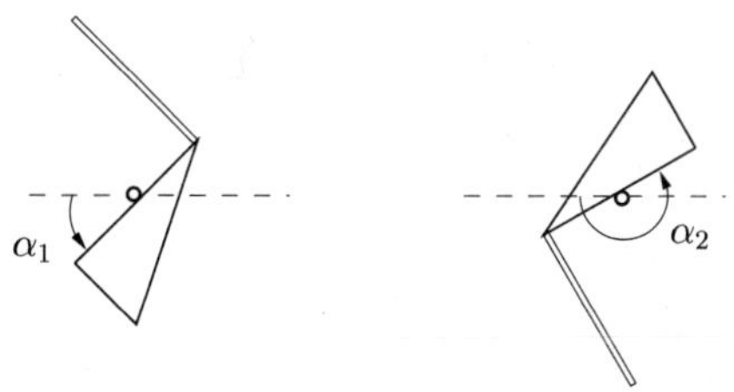

$\alpha_1 = \frac{\pi}{4}$:

$Q > \dfrac{G}{3} \quad \rightsquigarrow \quad \Pi''(\alpha_1) < 0$ labil,

$Q < \dfrac{G}{3} \quad \rightsquigarrow \quad \Pi''(\alpha_1) > 0$ stabil,

$\alpha_2 = \frac{5}{4}\pi$:

$Q > \dfrac{G}{3} \quad \rightsquigarrow \quad \Pi''(\alpha_2) > 0$ stabil,

$Q < \dfrac{G}{3} \quad \rightsquigarrow \quad \Pi''(\alpha_2) < 0$ labil.

Aufgabe 7.12: Eine drehbar gelagerte Scheibe (Radius r) trägt an zwei Armen (Länge a) zwei Gewichte. Um die Scheibe ist ein Seil gewickelt, an dem eine zusätzliche Last Q hängt.

Gesucht sind die Gleichgewichtslagen und deren Stabilität.

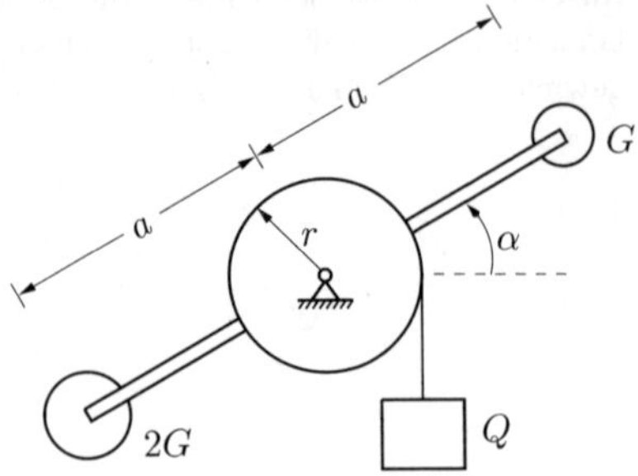

Lösung: Gewichtskräfte haben ein Potential. Wenn die abgewickelte Seillänge gleich l ist, dann gilt bei einer Auslenkung der Arme um den Winkel α gegenüber dem Nullniveau bei waagrechten Armen

$$\Pi = -2Ga\sin\alpha + Ga\sin\alpha - Q(l - r\alpha)$$

oder

$$\Pi = -Ga\sin\alpha - Q(l - r\alpha) = \Pi(\alpha) \ .$$

Die Gleichgewichtslagen folgen aus

$$\frac{\mathrm{d}\Pi}{\mathrm{d}\alpha} = 0 \ : \quad -Ga\cos\alpha + Qr = 0 \quad \rightsquigarrow \quad \underline{\underline{\cos\alpha = \frac{Qr}{Ga}}} \ .$$

Wegen der Mehrdeutigkeit der Kreisfunktionen gibt es zwei Lösungen:

$$\alpha_1 = \arccos\frac{Qr}{Ga} \quad , \quad \alpha_2 = -\alpha_1 \ .$$

Das Stabilitätsverhalten wird durch die 2. Ableitung

$$\Pi'' = \frac{\mathrm{d}^2\Pi}{\mathrm{d}\alpha^2} = Ga\sin\alpha$$

festgelegt. Man erhält

$$\begin{aligned} \Pi''(\alpha_1) &= \quad Ga\sin\alpha_1 > 0 \ , \\ \Pi''(\alpha_2) &= - \ Ga\sin\alpha_1 < 0 \ , \end{aligned}$$

d. h. die Lage α_1 ist stabil, die Lage $\alpha_2 = -\alpha_1$ ist instabil.

Anmerkung: Wegen $\cos\alpha \leq 1$, existieren diese Lösungen nur für $Qr < Ga$. Im Grenzfall $Qr = Ga$ wird $\cos\alpha = 1$, d.h. das System ist dann mit waagrechten Armen im Gleichgewicht.

Aufgabe 7.13: In einem halbkugelförmigen Glas liegt ein Strohhalm (Gewicht G, Länge $2a$). Die Wände sind ideal glatt.

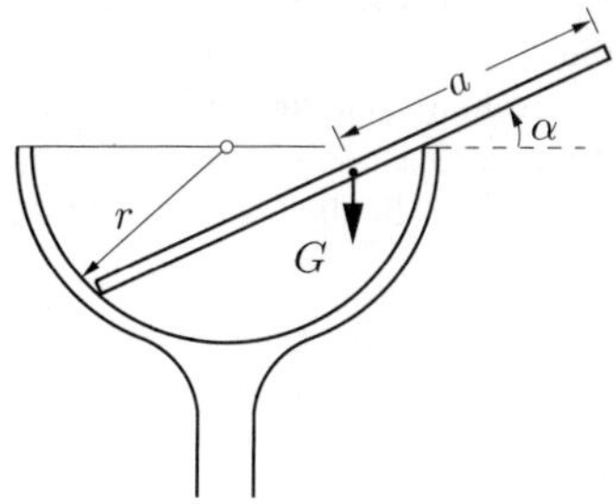

Man bestimme die Gleichgewichtslage $\alpha = \alpha_0$ und untersuche sie auf ihre Stabilität.

Lösung: Vom festen Rand aus gezählt liegt der Schwerpunkt des Strohhalmes im Abstand

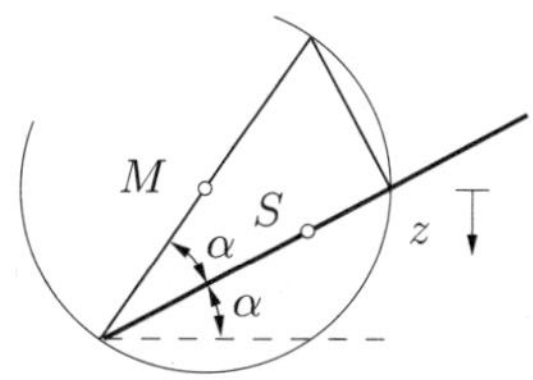

$$z = r \sin 2\alpha - a \sin \alpha \ .$$

Demnach gilt für das Potential (z wird hier nach unten gezählt)

$$\Pi(z) = -Gz = -G(r \sin 2\alpha - a \sin \alpha) \ .$$

Die Gleichgewichtsbedingung führt auf

$$\Pi' = \frac{d\Pi}{d\alpha} = G(-2r \cos 2\alpha + a \cos \alpha) = 0 \ .$$

Mit $\cos 2\alpha = 2\cos^2 \alpha - 1$ folgt daraus für die Gleichgewichtslage

$$4r \cos^2 \alpha - a \cos \alpha - 2r = 0$$

oder

$$\underline{\underline{\cos \alpha_0 = \frac{a + \sqrt{a^2 + 32r^2}}{8r}}} \ ,$$

wobei nur Winkel $\alpha > 0$ sinnvoll sind.

Aus der zweiten Ableitung

$$\Pi'' = G(4r \sin 2\alpha - a \sin \alpha) = G(8r \cos \alpha - a) \sin \alpha$$

erhält man nach Einsetzen von α_0

$$\Pi''(\alpha_0) = G\sqrt{a^2 + 32r^2} \sin \alpha_0 \ .$$

Da dieser Ausdruck für $0 < \alpha_0 < \pi/2$ positiv ist, ist das Gleichgewicht stabil.

Aufgabe 7.14: Ein Garagentor CD (Höhe $2r$, Gewicht G) wird durch einen in M drehbar gelagerten Hebel BC gehalten. In B ist eine Feder (Steifigkeit c) befestigt, die bei $\alpha = \pi$ entspannt ist.

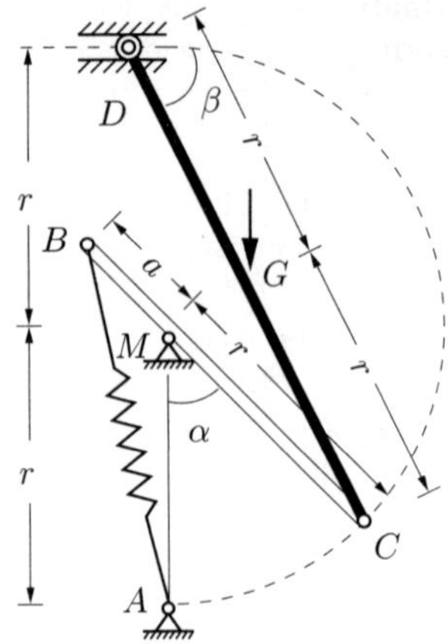

Gesucht sind die Gleichgewichtslagen und deren Stabilität unter der Vereinfachung $a \ll r$.
Geg.: $Gr/ca^2 = 3$.

Lösung: Die Federverlängerung f folgt nach dem Kosinussatz

$$(r - a + f)^2 = r^2 + a^2 + 2ar\cos\alpha$$

für kleine a (und damit auch kleine f) näherungsweise zu

$$f = a(1 + \cos\alpha) \ .$$

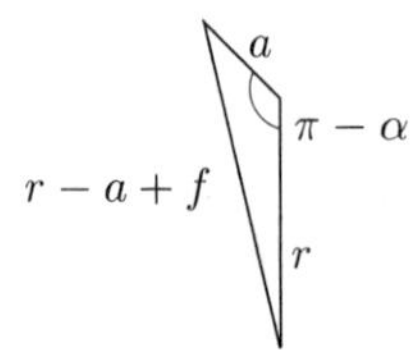

Damit wird das Potential aus Gewichtskraft (gezählt gegen den festen Punkt M) und gespeicherter Federenergie

$$\Pi = G(r\sin\beta - r\cos\alpha) + \frac{1}{2}cf^2 \ .$$

Mit

$$2r\sin\beta - r\cos\alpha = r \quad \rightsquigarrow \quad \sin\beta = (1 + \cos\alpha)/2$$

ergibt sich

$$\Pi = \frac{Gr}{2}(1 - \cos\alpha) + \frac{1}{2}ca^2(1 + \cos\alpha)^2 = \Pi(\alpha) \ .$$

Gleichgewicht folgt unter Beachtung von $Gr/ca^2 = 3$ aus

$$\Pi' = \frac{Gr}{2}\sin\alpha - ca^2(1 + \cos\alpha)\sin\alpha = ca^2\sin\alpha(\frac{1}{2} - \cos\alpha) = 0 \ .$$

Die Lösungen lauten

$$\underline{\underline{\alpha_1 = 0}} \ , \quad \underline{\underline{\alpha_2 = \pi}} \ , \quad \underline{\underline{\alpha_3 = \frac{\pi}{3}}} \ .$$

Das Stabilitätsverhalten ergibt sich aus

$$\Pi'' = \frac{Gr}{2}\cos\alpha - ca^2(\cos\alpha + \cos 2\alpha)$$

und liefert für die Gleichgewichtslagen α_1 bis α_3

$$\Pi''(\alpha_1) < 0 \ \ \text{labil} \ , \quad \Pi''(\alpha_2) < 0 \ \ \text{labil} \ , \quad \Pi''(\alpha_3) > 0 \ \ \text{stabil} \ .$$

Aufgabe 7.15: Eine Vollwalze (Radius a) ist in der Mitte drehbar gelagert und hat zwei Kreisbohrungen (Radien r_1 und r_2) im Abstand b vom Lager.

Man ermittle die Gleichgewichtslagen und deren Stabilität für $r_1 = \sqrt{2}\, r_2$.

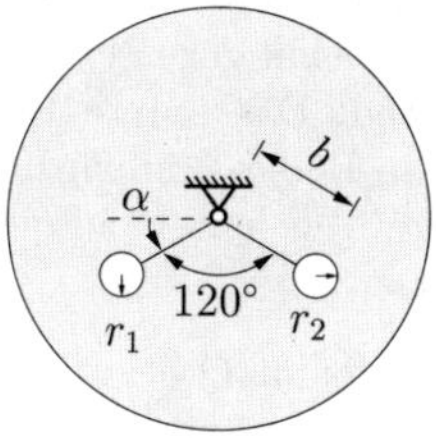

Lösung: Da die ungebohrte Vollwalze in jeder Lage im Gleichgewicht ist, brauchen wir nur den Einfluß der Bohrungen zu berücksichtigen. Wir betrachten sie als „negative" Gewichte, die zur Vollwalze hinzu „addiert" werden müssen. Dann gilt für das Potential gegenüber dem festen Lager

$$\Pi = G_1 b \sin\alpha + G_2 \sin(180^o - 120^o - \alpha) = \Pi(\alpha) \ .$$

Gleichgewicht erhält man aus

$$\Pi' = G_1 b \cos\alpha - G_2 b \cos(60^o - \alpha) = 0 \ .$$

Mit

$$G_1 = \pi r_1^2 \rho g = 2\pi r_2^2 \rho g \ ,$$
$$G_2 = \pi r_2^2 \rho g$$

folgt

$$\Pi' = \pi r_2^2 \rho g [2\cos\alpha - \cos(60^o - \alpha)] = 0$$

oder

$$2\cos\alpha - \frac{1}{2}\cos\alpha - \frac{\sqrt{3}}{2}\sin\alpha = 0 \quad \rightsquigarrow \quad \tan\alpha = \sqrt{3}$$
$$\rightsquigarrow \quad \underline{\underline{\alpha_1 = 60^o}} \quad , \quad \underline{\underline{\alpha_2 = 240^o}} \ .$$

Die Stabilitätsaussage ergibt sich aus

$$\Pi'' = -G_1 b \sin\alpha - G_2 b \sin(60^o - \alpha)$$

zu

$$\underline{\underline{\Pi''(\alpha_1)}} = -G_1 b \frac{\sqrt{3}}{2} \ < 0 \ \rightsquigarrow \ \underline{\underline{\text{labil}}} \ ,$$

$$\underline{\underline{\Pi''(\alpha_2)}} = +G_1 b \frac{\sqrt{3}}{2} \ > 0 \ \rightsquigarrow \ \underline{\underline{\text{stabil}}} \ .$$

Anmerkung: Die Aussage über die Stabilität ist anschaulich verständlich, da bei α_1 der Gesamtschwerpunkt der gelochten Walze *über* dem Lager, bei α_2 *unter* dem Lager liegt.

Aufgabe 7.16: Ein Stab vom Gewicht G lehnt gegen eine vertikale glatte Wand. Das untere Ende steht auf glattem Boden und wird durch ein Seil (Länge L) gehalten, an dem die Last Q hängt.

Wie groß muß Q bei gegebenem α sein, damit das System in Ruhe bleibt? Ist das Gleichgewicht stabil?

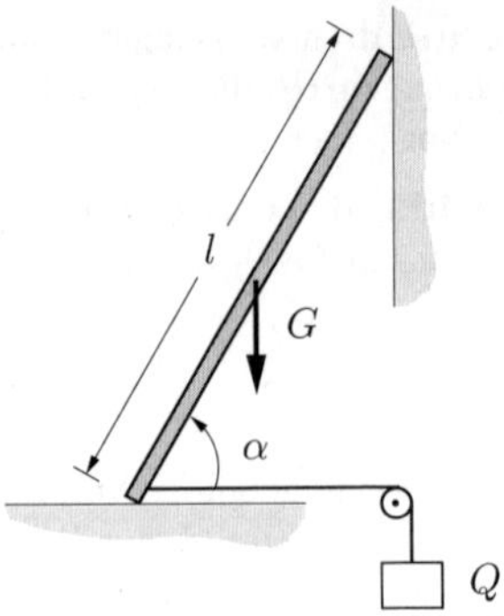

Lösung: Gegenüber dem Boden hat das System ein Potential

$$\Pi = G\frac{l}{2}\sin\alpha - Q(L - l\cos\alpha) \ .$$

Die Gleichgewichtsbedingung

$$\frac{\mathrm{d}\Pi}{\mathrm{d}\alpha} = G\frac{l}{2}\cos\alpha - Ql\sin\alpha = 0$$

liefert die erforderliche Last Q:

$$\underline{\underline{Q = G\,\frac{\cot\alpha}{2}}} \ .$$

Aus der 2. Ableitung

$$\frac{\mathrm{d}^2\Pi}{\mathrm{d}\alpha^2} = -G\frac{l}{2}\sin\alpha - Ql\cos\alpha$$

folgt durch Einsetzen

$$\frac{\mathrm{d}^2\Pi}{\mathrm{d}\alpha^2} = -G\frac{l}{2}\sin\alpha - G\frac{l}{2}\cot\alpha\cos\alpha = -\frac{Gl}{2\sin\alpha} \ .$$

Dementsprechend ist für

$$0 \le \alpha \le \frac{\pi}{2}$$

das Gleichgewicht stets labil.

Aufgabe 7.17: Ein System aus starren, gewichtslosen Balken, einer Feder (Federsteifigkeit c) und einer Drehfeder (Drehfedersteifigkeit c_T) befindet sich in der skizzierten Lage im Gleichgewicht.

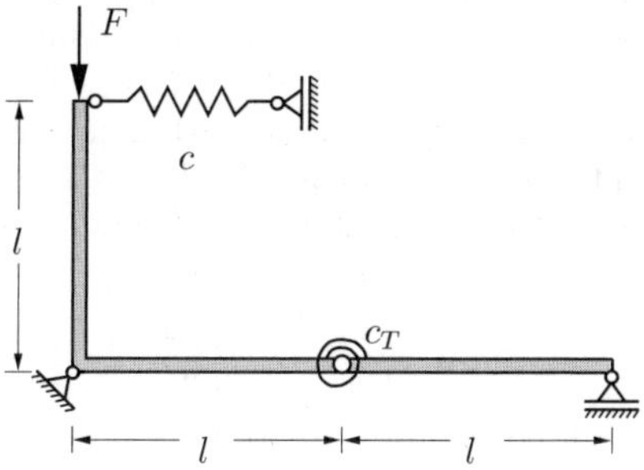

Gesucht ist die kritische Last F_{krit}, bei der diese Lage instabil wird.

Lösung: Wir lenken das System aus der Gleichgewichtslage um einen Winkel φ aus. Dann hat die Kraft ein Potential

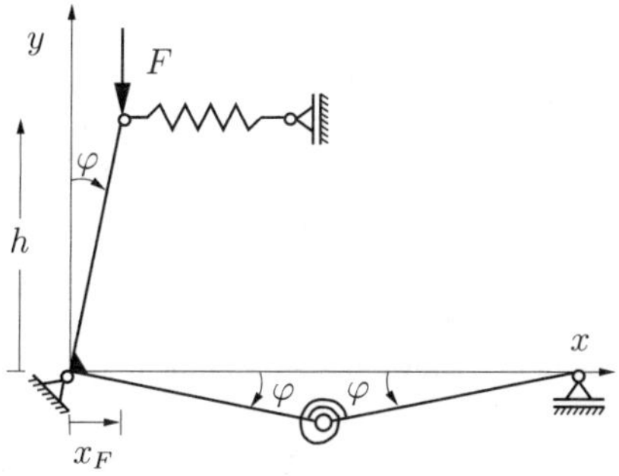

$$\Pi_F = F\,h = F\,l\,\cos\varphi\,.$$

Die Feder wird um x_F gespannt und hat daher ein Potential

$$\Pi_C = \frac{1}{2} c x_F^2 = \frac{1}{2} c\,(l\,\sin\varphi)^2\,.$$

Schließlich hat die Drehfeder infolge der Verdrehung um 2φ ein Potential

$$\Pi_{C_T} = \frac{1}{2} c_T\,\varphi_T^2 = \frac{1}{2} c_T\,(2\,\varphi)^2\,.$$

Damit wird das Gesamtpotential

$$\Pi = F\,l\,\cos\varphi + \frac{1}{2} c\,l^2 \sin^2\varphi + 2\,c_T\,\varphi^2\,.$$

Die Gleichgewichtslagen folgen aus

$$\frac{\mathrm{d}\Pi}{\mathrm{d}\varphi} = -F\,l\,\sin\varphi + c\,l\,\sin\varphi\,\cos\varphi + 4\,c_T\,\varphi = 0\,.$$

Neben der Gleichgewichtslage $\varphi = 0$ existieren weitere Gleichgewichtslagen, die man aus der transzendeten Gleichung numerisch ermitteln kann.

Aus der 2. Ableitung des Potentials

$$\frac{\mathrm{d}^2\Pi}{\mathrm{d}\varphi^2} = -F\,l\,\cos\varphi + c\,l^2\,\cos 2\varphi + 4\,c_T\,.$$

folgt für die hier zu untersuchende Lage $\varphi = 0$

$$\left.\frac{\mathrm{d}^2\Pi}{\mathrm{d}\varphi^2}\right|_{\varphi=0} = -F\,l + c\,l^2 + 4\,c_T\,.$$

Die Lage wird instabil, wenn die zweite Ableitung negativ ist. Die kritische Last folgt damit aus $\Pi'' = 0$ zu

$$\underline{\underline{F_{\text{krit}} = c\,l + 4\,\frac{c_T}{l}\,.}}$$

Aufgabe 7.18: An zwei Seiltrommeln (Radius r) hängt eine homogene Dreiecksscheibe vom Gewicht G. Die Trommeln sind über Zahnräder (Radius R) miteinander verbunden. In A und B ist eine Feder (Steifigkeit c) befestigt, die für $\alpha = 0$ entspannt sei.

Für welche Winkel α herrscht bei $Gr/cR^2 = 1$ Gleichgewicht? Ab welchem Verhältnis Gr/cR^2 ist kein Gleichgewicht möglich?

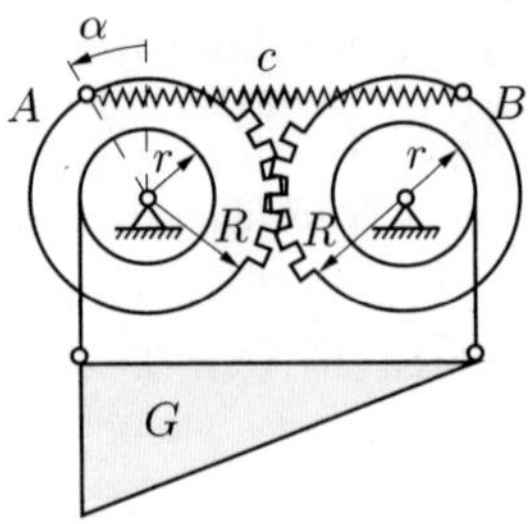

Lösung: Bei einer Auslenkung um α erfährt die Feder eine Verlängerung $x_F = 2R\sin\alpha$. Das Dreieck wird dabei um die Strecke $x_G = r\alpha$ nach unten verschoben. Damit lautet das Potential des Systems

$$\Pi = \frac{1}{2}cx_F^2 - Gx_G = \frac{1}{2}c(2R)^2\sin^2\alpha - Gr\alpha \ .$$

Die Gleichgewichtsbedingung

$$\frac{\mathrm{d}\Pi}{\mathrm{d}\alpha} = \frac{1}{2}c\,(2R)^2\,2\sin\alpha\cos\alpha - Gr = 0$$

liefert

$$\sin 2\alpha = \frac{Gr}{2cR^2}.$$

Mit dem gegebenen Zahlenwert erhält man die Gleichgewichtslagen

$$\sin 2\alpha = \frac{1}{2} \quad \leadsto \quad \underline{\underline{\alpha_1 = 15^o}}\ ,\quad \underline{\underline{\alpha_2 = 75^o}}\ ,\quad \underline{\underline{\alpha_3 = 195^o}}\ ,\quad \underline{\underline{\alpha_4 = 255^o}}\ .$$

Aus der 2. Ableitung

$$\Pi'' = \frac{\mathrm{d}^2\Pi}{\mathrm{d}\alpha^2} = 4cR^2\cos 2\alpha$$

folgt für die Stabilität der Gleichgewichtslagen

$$\Pi''(\alpha_1) > 0 \quad \text{stabil}\ , \qquad \Pi''(\alpha_2) < 0 \quad \text{instabil}\ ,$$

$$\Pi''(\alpha_3) > 0 \quad \text{stabil}\ , \qquad \Pi''(\alpha_4) < 0 \quad \text{instabil}\ .$$

Gleichgewicht ist wegen $\sin 2\alpha \le 1$ nur möglich, solange $Gr/cR^2 \le 2$ ist.

8 Haftung und Reibung

Haftung (Haftreibung): Aufgrund der Oberflächenrauhigkeit bleibt ein Körper im Gleichgewicht, solange die Haftkraft H kleiner ist als der Grenzwert H_0. Der Wert H_0 ist proportional zur Normalkraft N:

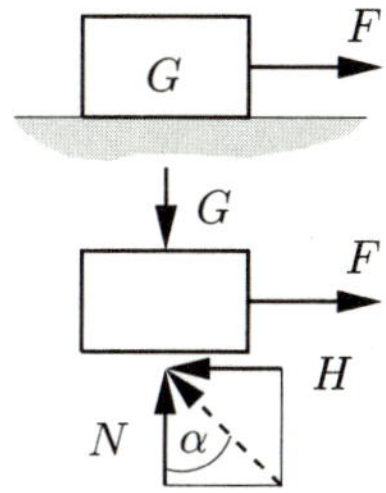

$$|H| < H_0 \,, \qquad H_0 = \mu_0 N$$

μ_0 = Haftungskoeffizient.

Die Haftungskraft ist eine *Reaktionskraft*; sie kann bei statisch bestimmten Systemen aus den Gleichgewichtsbedingungen bestimmt werden.

Reibung (Gleitreibung): Auf den bewegten Körper wirkt infolge der Oberflächenrauhigkeit die Reibkraft R. Die Reibkraft ist eine *eingeprägte* Kraft und proportional zur Normalkraft N (COULOMBsches Reibungsgesetz):

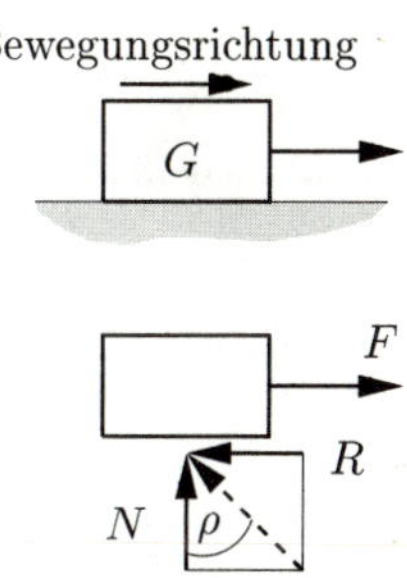

$$R = \mu N$$

μ = Reibungskoeffizient.

Haftungs- und Reibungswinkel: Für die Richtung der Resultierenden aus N und H_0 (Grenzhaftung mit $\alpha \to \rho_0$) bzw. aus N und R (Reibung) gilt:

$$\tan \rho_0 = \mu_0 = \frac{H_0}{N} \,, \qquad \rho_0 = \text{Haftungswinkel} \,,$$

$$\tan \rho = \mu = \frac{R}{N} \,, \qquad \rho = \text{Reibungswinkel} \,.$$

Problemtypen: 1. Haftung: $H < \mu_0 N$

2. Haftgrenzfall: $H = \mu_0 N$

3. Reibung: $R = \mu N$

Anmerkungen:

- Die Reibkraft (Haftkraft) wirkt in der Berührungsebene der Körper.

- Die Richtung der Reibkraft (Haftkraft) ist entgegengesetzt zur Richtung der Relativbewegung (die entstände, wenn diese nicht durch Haftung verhindert würde).

- Die Größe der Reibkraft (Haftkraft) ist unabhängig von der Berührungsfläche.

- Bei Haftung liegt die Resultierende aus N und H innerhalb des *Haftungskegels* mit dem Öffnungswinkel ρ_0 $(\alpha < \rho_0)$.

- Der Haftungskoeffizient ist in der Regel größer als der Reibungskoeffizient.

- Haftungs-und Reibungskoeffizienten (ungefähr) für trockene Materialien:

Material	μ_0	μ
Stahl auf Stahl	0,15 - 0,5	0,1 - 0,4
Stahl auf Teflon	0,04	0,04
Holz auf Holz	0,5	0,3
Leder auf Metall	0,4	0,3
Autoreifen auf Straße	0,7 - 0,9	0,5 - 0,8

Seilhaftung und Seilreibung:

Haftung: $S_1 \leq S_2 e^{\mu_0 \phi}$

Reibung: $S_1 = S_2 e^{\mu \phi}$

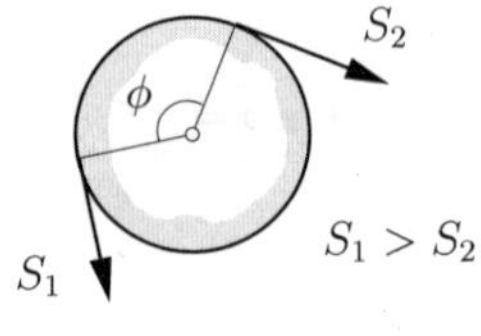

Aufgabe 8.1: Ein Körper vom Gewicht G befindet sich auf einer rauhen schiefen Ebene.

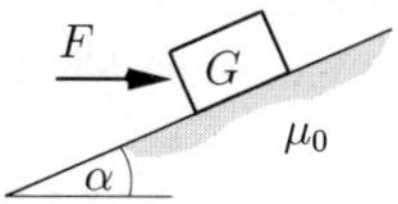

In welchen Grenzen muß die angreifende Kraft F liegen, damit der Körper in Ruhe bleibt?

Lösung: Aus den Gleichgewichtsbedingungen

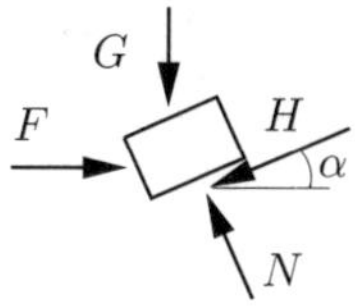

$$\nearrow: \quad F\cos\alpha - G\sin\alpha - H = 0\ ,$$

$$\nwarrow: \quad -F\sin\alpha - G\cos\alpha + N = 0$$

folgen

$$H = F\cos\alpha - G\sin\alpha\ , \qquad N = F\sin\alpha + G\cos\alpha\ .$$

Eine *Aufwärtsbewegung* wird verhindert, wenn

$$H < \mu_0 N$$

ist. Einsetzen liefert

$$F < G\,\frac{\sin\alpha + \mu_0\cos\alpha}{\cos\alpha - \mu_0\sin\alpha}$$

oder mit $\mu_0 = \tan\rho_0$ und den Additionstheoremen

$$F < G\tan(\alpha + \rho_0)\ .$$

Bei verhinderter *Abwärtsbewegung* kehrt sich die Richtung von H um. In diesem Fall lautet die Haftbedingung

$$-H < \mu_0 N\ .$$

Hieraus ergibt sich

$$F > G\,\frac{\sin\alpha - \mu_0\cos\alpha}{\cos\alpha + \mu_0\sin\alpha} \quad \rightsquigarrow \quad F > G\tan(\alpha - \rho_0)\ .$$

Damit erhält man das Ergebnis

$$\underline{\underline{\tan(\alpha - \rho_0) < \frac{F}{G} < \tan(\alpha + \rho_0)}}\ .$$

Anmerkung: Die beiden Haftbedingungen lassen sich zu $|H| < \mu_0 N$ zusammenfassen.

Aufgabe 8.2: Die Walze vom Gewicht G soll auf der unter dem Winkel α geneigten Ebene ruhen.

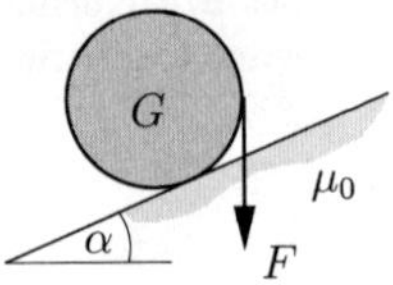

Wie groß müssen die Kraft F und der Haftungskoeffizient μ_0 sein?

Lösung: Aus den Gleichgewichtsbedingungen

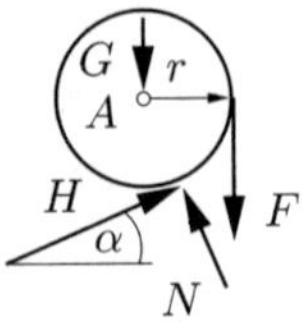

$$\nwarrow: \quad N - (G+F)\cos\alpha = 0 \,,$$

$$\nearrow: \quad H - (G+F)\sin\alpha = 0 \,,$$

$$\overset{\frown}{A}: \quad Fr - Hr = 0$$

und der Haftbedingung

$$H < \mu_0 N$$

ergeben sich

$$\underline{\underline{F = G\,\frac{\sin\alpha}{1-\sin\alpha}}}\,, \qquad \underline{\underline{\mu_0 > \tan\alpha}}\ .$$

Aufgabe 8.3: Wie groß muß die Kraft F sein, damit die Walze vom Gewicht G in Bewegung gesetzt wird? Der Haftungskoeffizient μ_0 sei an beiden Berührungspunkten gleich.

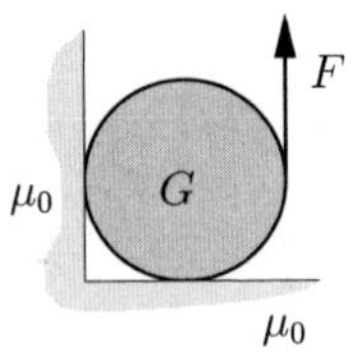

Lösung: Die Gleichgewichtsbedingungen

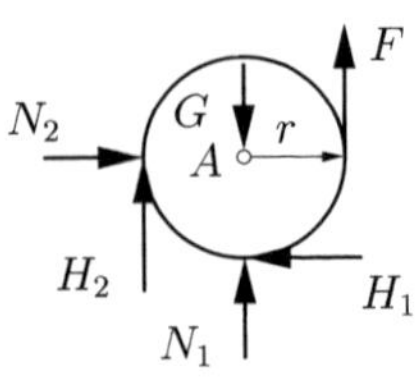

$$\rightarrow: \quad N_2 - H_1 = 0 \,,$$

$$\uparrow: \quad N_1 + H_2 + F - G = 0 \,,$$

$$\overset{\frown}{A}: \quad H_1 r + H_2 r - Fr = 0$$

und die Haftgrenzbedingungen

$$H_1 = \mu_0 N_1 \quad , \quad H_2 = \mu_0 N_2$$

liefern

$$\underline{\underline{F = G\,\frac{\mu_0(1+\mu_0)}{1+\mu_0+2\mu_0^2}}}\ .$$

Beachte: -Das System ist statisch unbestimmt,
-Im Haftgrenzfall müssen die Kräfte H_1, H_2 entgegen der einsetzenden Bewegung eingezeichnet werden.

Aufgabe 8.4: Ein Spannexzenter mit den Abmessungen l und r wird in der Lage mit der Neigung α durch die Kraft F belastet.

Wie groß muß bei gegebener Haftungszahl μ_0 die Exzentrizität e sein, damit im Berührungspunkt B die Anpreßkraft N erreicht wird?

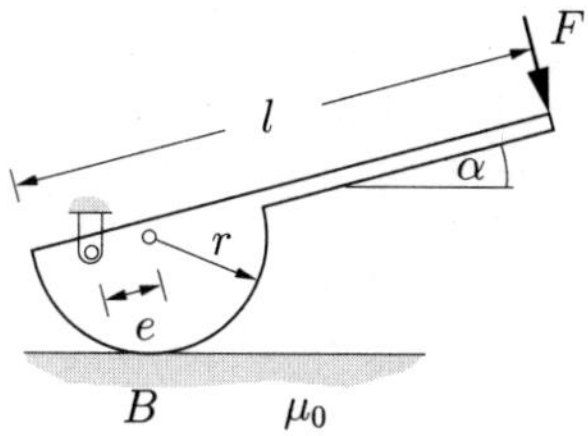

Lösung:

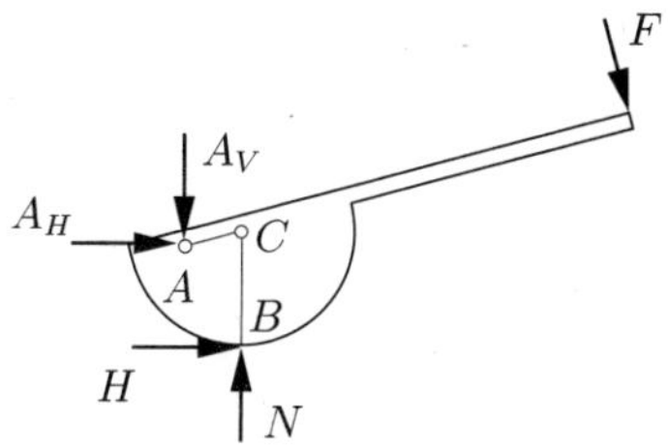

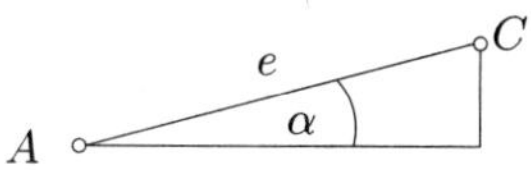

Aus den Gleichgewichtsbedingungen

$$\rightarrow: \quad A_H + H + F\sin\alpha = 0\ ,$$

$$\uparrow: \quad -A_V + N - F\cos\alpha = 0\ ,$$

$$\overset{\curvearrowright}{C}: \quad F(l-e) - A_H e\sin\alpha - A_V e\cos\alpha - Hr = 0$$

ergibt sich durch Elimination von A_H und A_V

$$H = \frac{Fl - Ne\cos\alpha}{r - e\sin\alpha}\ .$$

Durch Einsetzen in die Haftbedingung

$$|H| < \mu_0 N$$

folgt

$$Fl - Ne\cos\alpha < \mu_0 N(r - e\sin\alpha)\ .$$

Auflösen nach e liefert

$$\underline{\underline{e > \frac{l\frac{F}{N} - \mu_0 r}{\cos\alpha - \mu_0\sin\alpha}}}\ .$$

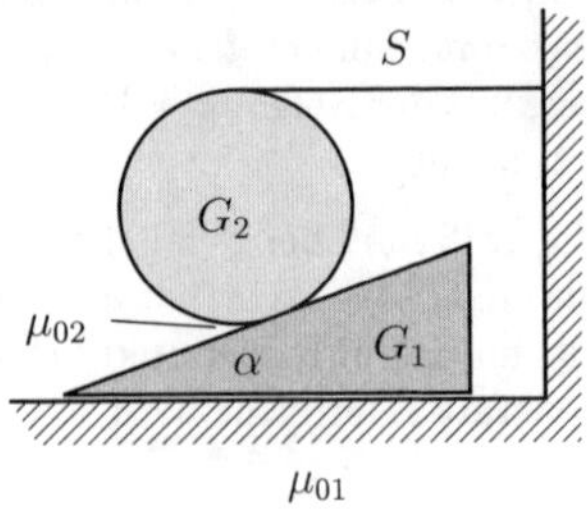

Aufgabe 8.5: Ein Keil vom Gewicht G_1 und dem Öffnungswinkel α ruht auf einer horizontalen Ebene. Auf dem Keil befindet sich eine kreiszylindrische Walze vom Gewicht G_2, die durch das Seil S gehalten wird.

Wie groß müssen die Haftungskoeffizienten μ_{01} (zwischen Keil und Ebene) und μ_{02} (zwischen Walze und Keil) sein, damit an keiner Stelle Rutschen eintritt?

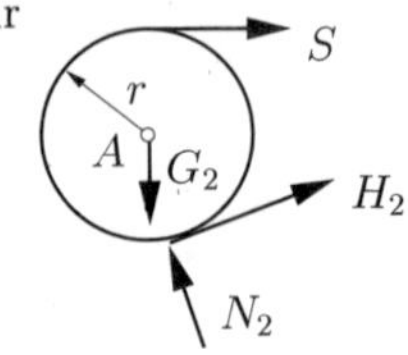

Lösung: Aus den Gleichgewichtsbedingungen für die Walze

$$\rightarrow: \quad S + H_2 \cos\alpha - N_2 \sin\alpha = 0\ ,$$

$$\uparrow: \quad -G_2 + H_2 \sin\alpha + N_2 \cos\alpha = 0\ ,$$

$$\overset{\curvearrowright}{A}: \quad Sr - H_2 r = 0$$

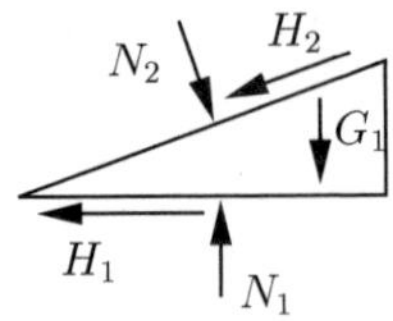

und den Keil

$$\uparrow: \quad -G_1 + N_1 - H_2 \sin\alpha - N_2 \cos\alpha = 0\ ,$$

$$\rightarrow: \quad -H_1 - H_2 \cos\alpha + N_2 \sin\alpha = 0$$

folgen

$$N_2 = G_2\ , \qquad H_2 = G_2 \frac{\sin\alpha}{1+\cos\alpha}\ ,$$

$$N_1 = G_1 + G_2\ , \qquad H_1 = G_2 \frac{\sin\alpha}{1+\cos\alpha}\ .$$

Einsetzen in die Haftbedingungen

$$H_1 < \mu_{01} N_1\ , \qquad H_2 < \mu_{02} N_2$$

liefert

$$\underline{\underline{\mu_{01} > \frac{G_2 \sin\alpha}{(G_1+G_2)(1+\cos\alpha)}}}\ , \qquad \underline{\underline{\mu_{02} > \frac{\sin\alpha}{1+\cos\alpha}}}\ .$$

Aufgabe 8.6: Eine Kiste vom Gewicht G_2 wird auf einer *glatten* schiefen Ebene durch ein Seil gehalten. Zwischen Kiste und Ebene ist ein *rauher* Keil geschoben (Haftungskoeffizient μ_0).

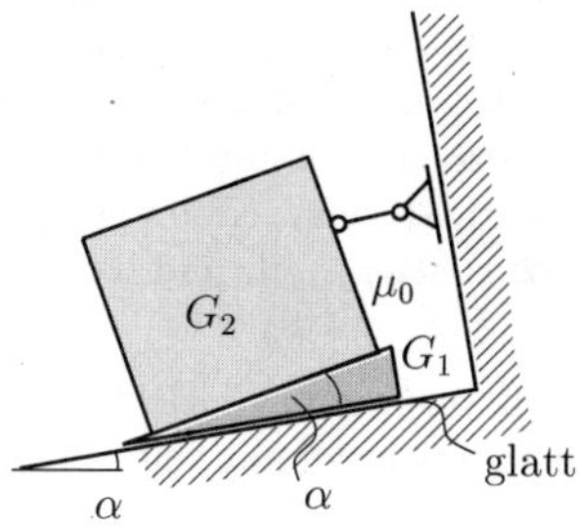

a) Wie groß sind die Seilkraft S und die Kraft N_1 auf die schiefe Ebene?
b) Wie groß muß der Haftungskoeffizient μ_0 sein, damit das System in Ruhe bleibt?

Lösung: **zu a)** Die Gleichgewichtsbedingungen für das Gesamtsystem liefern

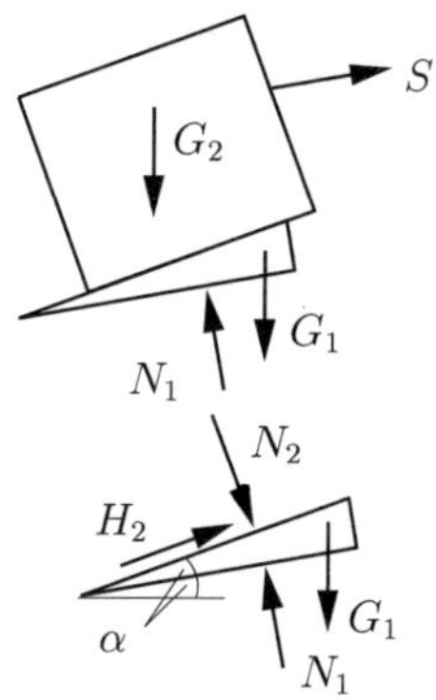

$$\nearrow: \quad \underline{\underline{S = (G_1 + G_2)\sin\alpha}} \,,$$

$$\nwarrow: \quad \underline{\underline{N_1 = (G_1 + G_2)\cos\alpha}} \,.$$

zu b) Aus den Gleichgewichtsbedingungen für den Keil

$$\nearrow: \quad H_2 - G_1 \sin 2\alpha + N_1 \sin\alpha = 0 \,,$$

$$\nwarrow: \quad -N_2 - G_1 \cos 2\alpha + N_1 \cos\alpha = 0$$

folgt durch Einsetzen von N_1:

$$H_2 = G_1 \sin 2\alpha - (G_1 + G_2)\sin\alpha\cos\alpha = \tfrac{1}{2}(G_1 - G_2)\sin 2\alpha \,,$$

$$N_2 = (G_1 + G_2)\cos^2\alpha - G_1 \cos 2\alpha = \tfrac{1}{2}(G_1 + G_2) - \tfrac{1}{2}(G_1 - G_2)\cos 2\alpha \,.$$

Aus der Haftbedingung

$$|H_2| < \mu_0 N_2$$

ergibt sich damit

$$\underline{\underline{\mu_0 > \frac{|G_1 - G_2|\sin 2\alpha}{G_1 + G_2 - (G_1 - G_2)\cos 2\alpha}}} \,.$$

Anmerkung: Je nach Werten von G_1, G_2 und α rutscht bei Verletzung dieser Bedingung der Keil nach unten oder nach oben.

Aufgabe 8.7: Eine Klemmvorrichtung besteht aus zwei festen, unter dem Winkel α geneigten Klemmbakken, zwei losen Klemmrollen vom Gewicht G_1 und dem Klemmgut. Alle Oberflächen seien rauh und haben den Haftungskoeffizient μ_0.

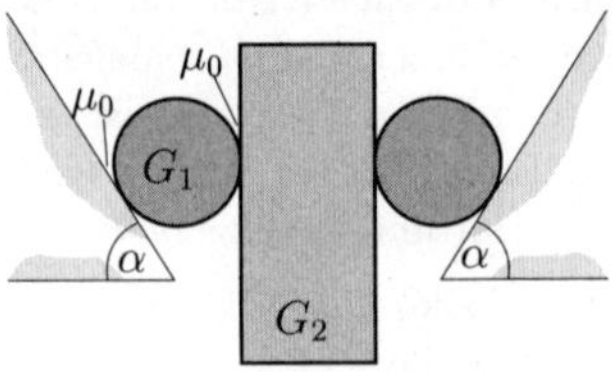

Wie groß darf das Gewicht G_2 des Klemmgutes sein, damit kein Rutschen eintritt?

Lösung: Die Gleichgewichtsbedingungen für das Klemmgut

$$\uparrow: \quad 2H_2 - G_2 = 0$$

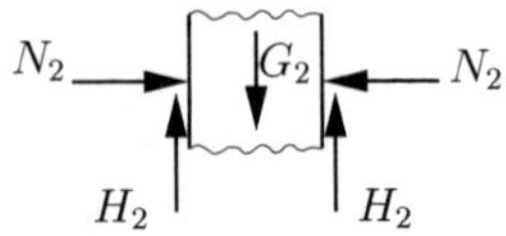

und für eine Klemmrolle

$$\uparrow: \quad N_1 \cos\alpha - H_2 - H_1 \sin\alpha - G_1 = 0\ ,$$

$$\rightarrow: \quad N_1 \sin\alpha + H_1 \cos\alpha - N_2 = 0\ ,$$

$$\overset{\curvearrowright}{A}: \quad H_2 r - H_1 r = 0$$

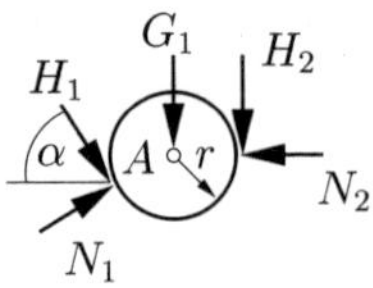

liefern

$$H_1 = H_2 = \frac{G_2}{2}\ ,$$

$$N_1 = \frac{G_2(1 + \sin\alpha) + 2G_1}{2\cos\alpha}\ ,$$

$$N_2 = \frac{G_2(1 + \sin\alpha) + 2G_1 \sin\alpha}{2\cos\alpha}\ .$$

Einsetzen in die Haftbedingungen

$$H_1 < \mu_0 N_1\ , \qquad H_2 < \mu_0 N_2$$

ergibt

$$G_2 < \frac{2\mu_0}{\cos\alpha - \mu_0(1 + \sin\alpha)} G_1\ , \qquad G_2 < \frac{2\mu_0 \sin\alpha}{\cos\alpha - \mu_0(1 + \sin\alpha)} G_1\ .$$

Wegen $\sin\alpha \leq 1$ folgt daraus

$$\underline{\underline{G_2 < \frac{2\mu_0 \sin\alpha}{\cos\alpha - \mu_0(1 + \sin\alpha)} G_1\ .}}$$

Anmerkung: Für $\mu_0 = \cos\alpha/(1 + \sin\alpha)$ geht die rechte Seite gegen Unendlich. Überschreitet μ_0 diesen Wert, so liegt *Selbsthemmung* vor.

Aufgabe 8.8: Eine in A gelagerte Stange (Länge l, Gewicht Q) lehnt unter dem Winkel α gegen eine Walze (Gewicht G, Radius r).

Wie groß müssen die Haftungskoeffizienten μ_{01} und μ_{02} sein, damit das System im Gleichgewicht ist?

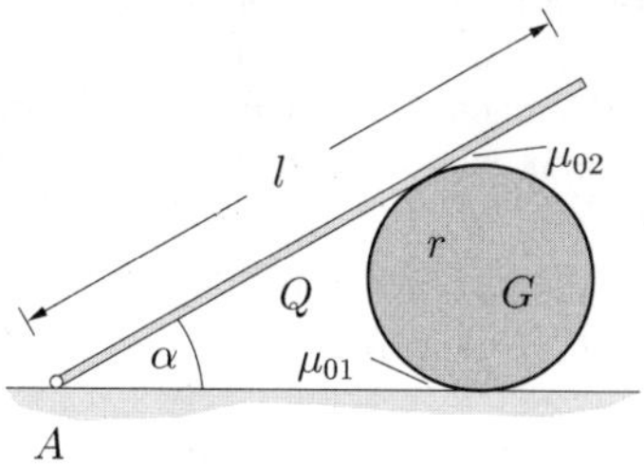

Lösung: Die Gleichgewichtsbedingungen für die Walze

$$\rightarrow: \quad -H_1 + N_2 \sin\alpha - H_2 \cos\alpha = 0 \,,$$

$$\uparrow: \quad N_1 - G - N_2 \cos\alpha - H_2 \sin\alpha = 0 \,,$$

$$\overset{\curvearrowright}{B}: \quad H_1 r - H_2 r = 0$$

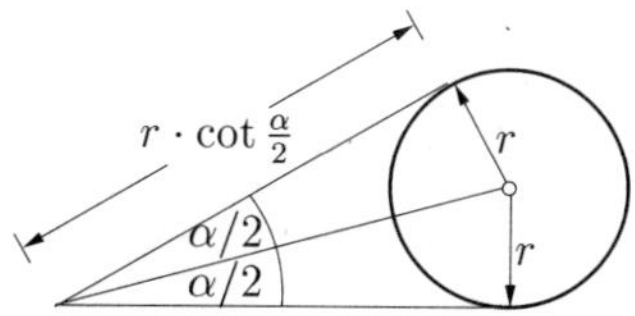

und für den Stab

$$\overset{\curvearrowright}{A}: \quad Q\frac{l}{2}\cos\alpha - N_2 r \cot\frac{\alpha}{2} = 0$$

liefern

$$N_1 = G + Q\,\frac{l}{2r}\,\frac{\cos\alpha}{\cot(\alpha/2)} \,,$$

$$N_2 = Q\,\frac{l}{2r}\,\frac{\cos\alpha}{\cot(\alpha/2)} \,,$$

$$H_1 = H_2 = Q\,\frac{l}{2r}\,\frac{\sin\alpha}{\cot(\alpha/2)\,(1+\cos\alpha)} \,.$$

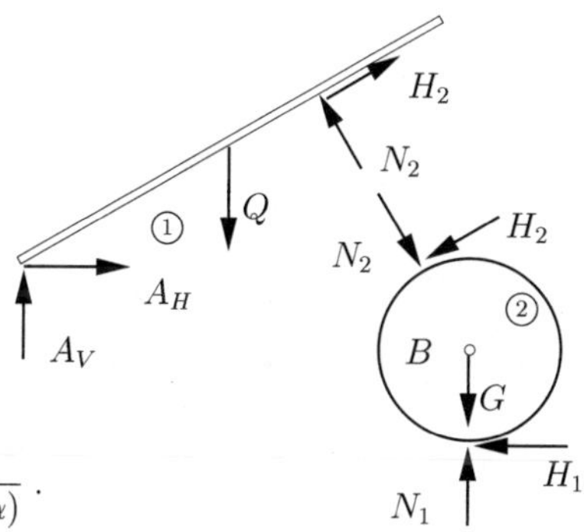

Einsetzen in die Haftbedingungen

$$H_1 < \mu_{01} N_1 \,, \qquad H_2 < \mu_{02} N_2$$

ergibt mit

$$\cot\frac{\alpha}{2} = \frac{1+\cos\alpha}{\sin\alpha}$$

die Ergebnisse

$$\underline{\underline{\mu_{01} > \frac{1}{\dfrac{G}{Q}\,\dfrac{2r}{l}\cot^2(\alpha/2) + \cos\alpha\cot(\alpha/2)}}} \,, \qquad \underline{\underline{\mu_{02} > \frac{1}{\cot(\alpha/2)\cos\alpha}}} \,.$$

Aufgabe 8.9: Durch einen Hebel vom Gewicht G_H wird ein rauher Klotz an einer Wand eingeklemmt. Die Haftungskoeffizienten an den Berührungsstellen seien μ_{01} bzw. μ_{02}.

Wie groß darf das Gewicht G des Klotzes sein, damit er nicht rutscht?

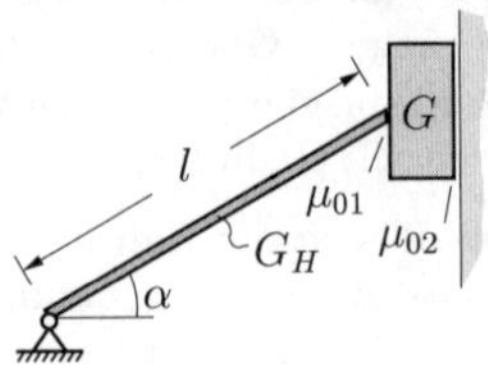

Lösung: Aus den Gleichgewichtsbedingungen für den Hebel und für den Klotz

$$\overset{\curvearrowright}{A}: \quad N_1 l \sin\alpha - H_1 l \cos\alpha - G_H \frac{l}{2}\cos\alpha = 0\,,$$

$$\uparrow: \quad H_1 + H_2 - G = 0\,,$$

$$\rightarrow: \quad N_1 - N_2 = 0$$

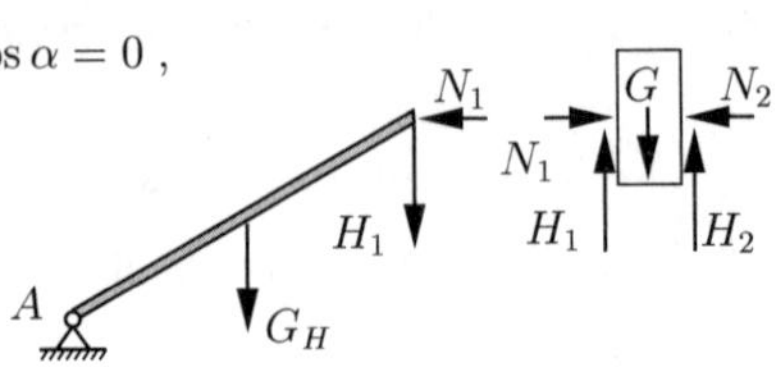

und den Haftbedingungen

$$H_1 < \mu_{01} N_1\,, \qquad H_2 < \mu_{02} N_2$$

ergeben sich durch Eliminieren von H_1, H_2 und N_2 und der Annahme $\mu_{01} < \tan\alpha$ die beiden Ungleichungen

$$N_1 < \frac{G_H}{2(\tan\alpha - \mu_{01})}\,, \qquad \frac{2G + G_H}{2(\tan\alpha + \mu_{02})} < N_1\,.$$

Hieraus folgt

$$\frac{2G + G_H}{2(\tan\alpha + \mu_{02})} < \frac{G_H}{2(\tan\alpha - \mu_{01})}$$

bzw.

$$\underline{\underline{G < \frac{G_H}{2}\,\frac{\mu_{01} + \mu_{02}}{\tan\alpha - \mu_{01}}}}\,.$$

Anmerkungen:

- Für $\mu_{01} = \tan\alpha$ verschwindet der Nenner. Dann kann G beliebig groß werden. Allgemein liegt für $\mu_{01} \geq \tan\alpha$ unabhängig von G_H *Selbsthemmung* vor.

- Das System ist statisch unbestimmt. Daher können die Kräfte H_i, N_i nicht bestimmt werden.

- Setzt man den Haftgrenzfall mit $H_1 = \mu_{01} N_1$ und $H_2 = \mu_{02} N_2$ voraus, so ist im Endergebnis das „<"-Zeichen durch das „="-Zeichen zu ersetzen.

Aufgabe 8.10: Ein homogener Quader vom Gewicht G ruht auf einer rauhen schiefen Ebene.

Wie groß müssen die Kraft F und der Haftungskoeffizient μ_0 sein, damit die Bewegung in Form von Rutschen bzw. in Form von Kippen einsetzt?

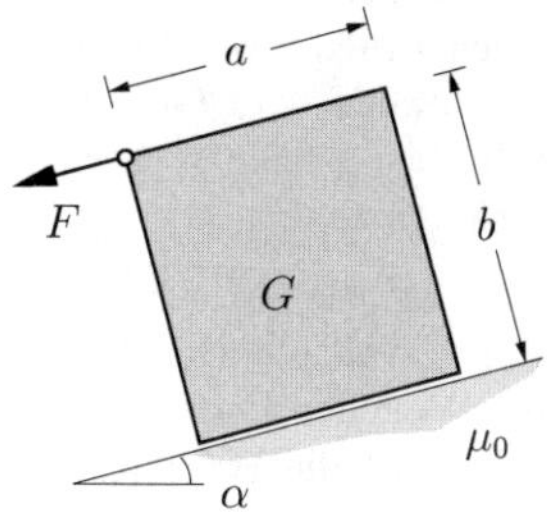

Lösung: Aus den Gleichgewichtsbedingungen

$$\nearrow: \quad H - F - G\sin\alpha = 0\,,$$

$$\nwarrow: \quad N - G\cos\alpha = 0\,,$$

$$\overset{\curvearrowright}{A}: \quad \frac{G}{2}(a\cos\alpha - b\sin\alpha) - Fb - Nc = 0$$

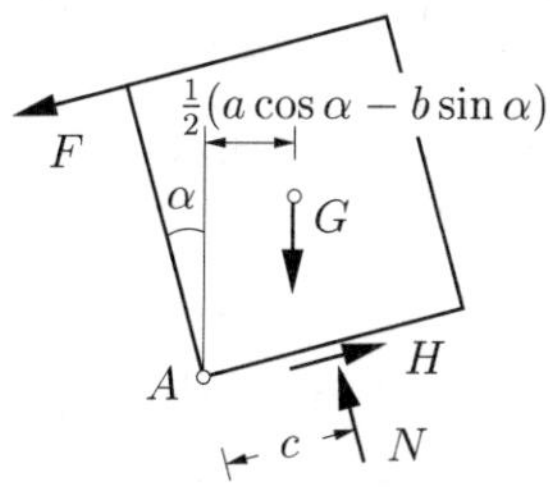

ergeben sich

$$H = F + G\sin\alpha\,, \qquad N = G\cos\alpha\,, \qquad c = \frac{1}{2}(a - b\tan\alpha) - \frac{Fb}{G\cos\alpha}\,.$$

Damit *Rutschen* einsetzt, muß gelten

$$H = H_0 = \mu_0 N\,, \qquad c > 0\,.$$

Daraus folgt

$$\underline{\underline{F = G(\mu_0\cos\alpha - \sin\alpha)}}\,, \qquad \underline{\underline{\mu_0 < \frac{1}{2}(\frac{a}{b} + \tan\alpha)}}\,.$$

Damit *Kippen* um den Punkt A einsetzt, muß gelten

$$c = 0\,, \qquad H < \mu_0 N\,.$$

Dies liefert

$$\underline{\underline{F = G\,\frac{a\cos\alpha - \sin\alpha}{2b}}}\,, \qquad \underline{\underline{\mu_0 > \frac{1}{2}(\frac{a}{b} + \tan\alpha)}}\,.$$

D.h.: Kippen erfolgt nur bei hinreichend rauher Unterlage.

Aufgabe 8.11: Zwischen zwei schiefen Ebenen ruhen zwei Würfel und eine Walze jeweils vom Gewicht G. An allen Berührungsflächen herrsche der Haftungskoeffizient μ_0.

Wie groß ist die erforderliche Kraft F, um die Walze nach oben herauszuziehen? Welcher Bedingung muß μ_0 genügen, damit die Würfel dabei nicht kippen?

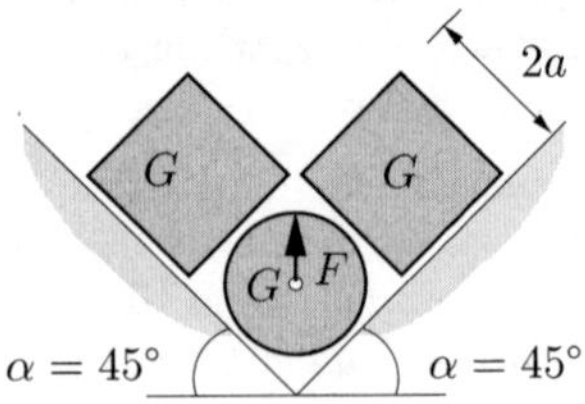

Lösung: Die Gleichgewichtsbedingungen lauten mit $\sin\alpha = \cos\alpha = \sqrt{2}/2$ unter Beachtung der Symmetrie

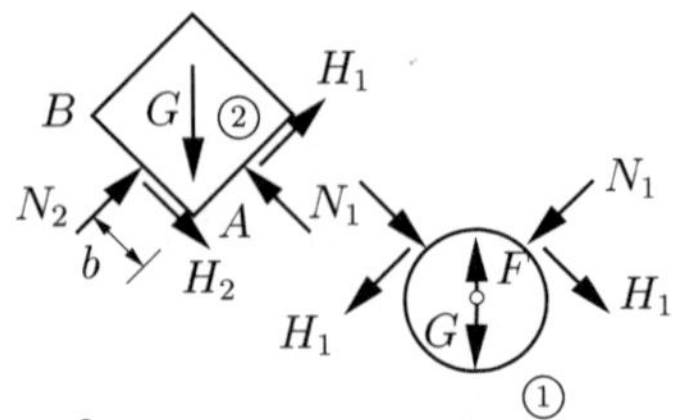

$$① \uparrow: \quad F - G - 2\frac{\sqrt{2}}{2}N_1 - 2\frac{\sqrt{2}}{2}H_1 = 0 ,$$

$$② \rightarrow: \quad \frac{\sqrt{2}}{2}N_2 + \frac{\sqrt{2}}{2}H_2 + \frac{\sqrt{2}}{2}H_1 - \frac{\sqrt{2}}{2}N_1 = 0 ,$$

$$\uparrow: \quad \frac{\sqrt{2}}{2}N_2 - \frac{\sqrt{2}}{2}H_2 + \frac{\sqrt{2}}{2}H_1 + \frac{\sqrt{2}}{2}N_1 - G = 0 ,$$

$$\overset{\curvearrowright}{A}: \quad N_2 b - N_1 a = 0 .$$

Um die Haftung zu überwinden, muß gelten

$$H_1 = \mu_0 N_1 , \qquad H_2 = \mu_0 N_2 .$$

Damit ergibt sich aus den ersten drei Gleichgewichtsbedingungen

$$\underline{\underline{F = 2G\,\frac{1 + \mu_0 + \mu_0^2}{1 + \mu_0^2}}} .$$

Die vierte Gleichgewichtsbedingung liefert

$$b = a\,\frac{1 + \mu_0}{1 - \mu_0} .$$

Damit kein Kippen um den Punkt B eintritt, muß

$$b < 2a$$

sein. Daraus folgt

$$\frac{1 + \mu_0}{1 - \mu_0} < 2 \qquad \rightsquigarrow \qquad \underline{\underline{\mu_0 < \frac{1}{3}}} .$$

Beachte: Beim Anheben verschwinden die Kontaktkräfte zwischen der Walze und den schiefen Ebenen. Die Haftkräfte müssen richtig (der einsetzenden Bewegung entgegengerichtet) eingezeichnet werden.

Aufgabe 8.12: Wie groß muß bei der Steinzange der Haftungskoeffizient μ_0 sein, damit die Last G gehalten werden kann?

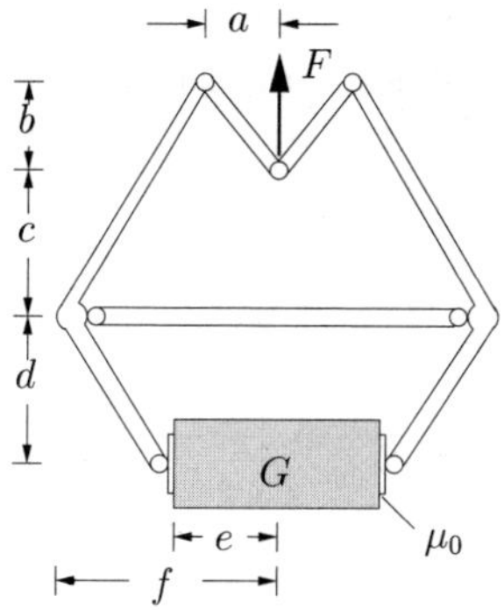

Lösung: Die Gleichgewichtsbedingungen am Gesamtsystem

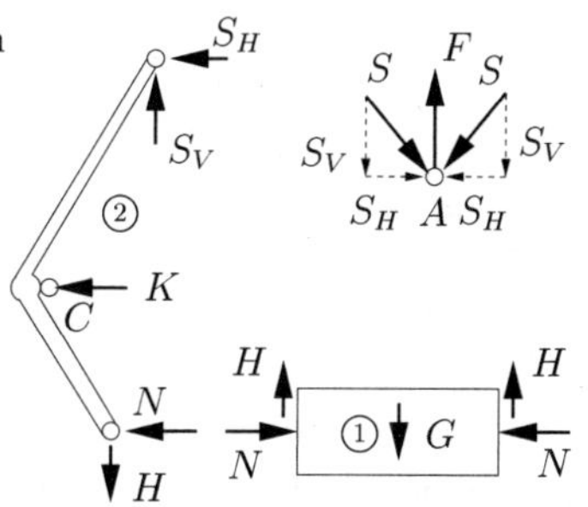

$$\uparrow: \quad F - G = 0\,,$$

am Punkt A

$$\uparrow: \quad F - 2S_V = 0\,,$$

den Körper ①

$$\uparrow: \quad 2H - G = 0$$

und den Körper ②

$$\overset{\frown}{C}: \quad Nd + H(f-e) - S_V(f-a) - S_H(b+c) = 0$$

ergeben mit

$$\frac{S_H}{S_V} = \frac{a}{b}$$

für die Kräfte H und N:

$$H = \frac{G}{2}\,, \qquad N = \frac{G}{2}\,\frac{ac+be}{bd}\,.$$

Einsetzen in die Haftbedingung

$$H < \mu_0 N$$

liefert

$$\underline{\underline{\mu_0 > \frac{bd}{ac+be}}}\,.$$

Aufgabe 8.13: Unter welchen Umständen rutscht das Steigeisen nicht?

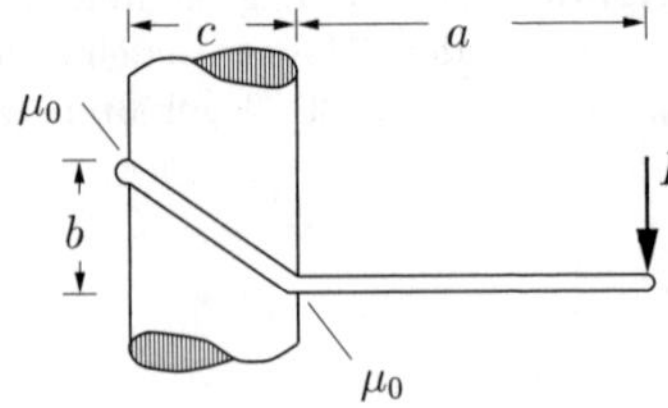

Lösung: Aus den Gleichgewichtsbedingungen

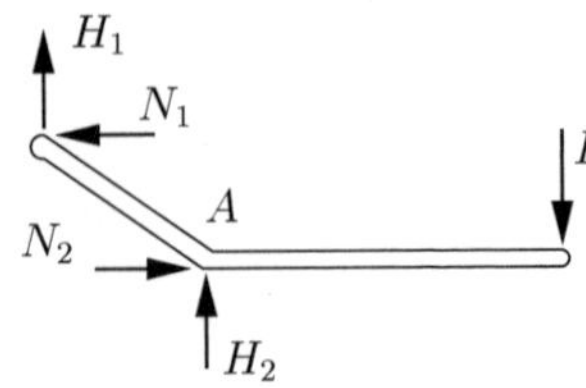

$$\rightarrow: \quad N_2 - N_1 = 0\,,$$

$$\uparrow: \quad H_1 + H_2 - F = 0\,,$$

$$\overset{\curvearrowright}{A}: \quad Fa + H_1 c - N_1 b = 0$$

folgen

$$N_2 = N_1\,, \qquad H_1 = N_1\frac{b}{c} - F\frac{a}{c}\,, \qquad H_2 = F(1+\frac{a}{c}) - N_1\frac{b}{c}\,.$$

Einsetzen in die Haftbedingungen

$$H_1 < \mu_0 N_1\,, \qquad H_2 < \mu_0 N_2$$

liefert

$$N_1\frac{b - c\mu_0}{a} < F \qquad \text{und} \qquad F < N_1\frac{b + c\mu_0}{c+a}$$

bzw.

$$\frac{b - c\mu_0}{a} < \frac{b + c\mu_0}{c+a}\,.$$

Auflösen ergibt

$$\underline{\underline{\mu_0 > \frac{b}{c+2a}}}\,.$$

Beachte: Die Kräfte N_1, N_2, H_1, H_2 können nicht bestimmt werden, da das System statisch unbestimmt ist!

Aufgabe 8.14: Ein Stab der Länge l und vom Gewicht G lehnt unter dem Winkel α gegen eine rauhe Wand. Am unteren Ende wird er durch ein Seil, das über einen rauhen Zapfen läuft, gehalten.

In welchen Grenzen muß die Kraft F liegen, damit das System im Gleichgewicht ist?

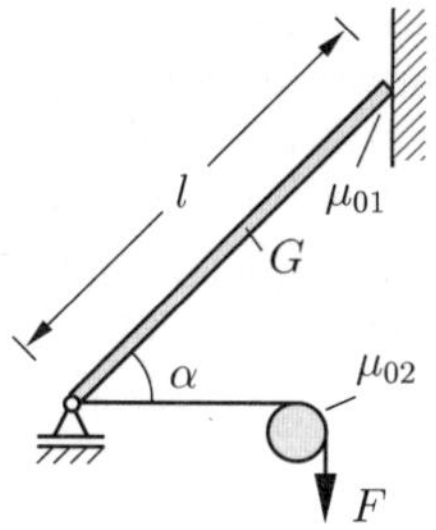

Lösung: Aus den Gleichgewichtsbedingungen

$$\rightarrow: \quad S - N_2 = 0 ,$$

$$\uparrow: \quad N_1 + H_2 - G = 0 ,$$

$$\overset{\frown}{A}: \quad N_1 l \cos\alpha - S l \sin\alpha - G\frac{l}{2}\cos\alpha = 0$$

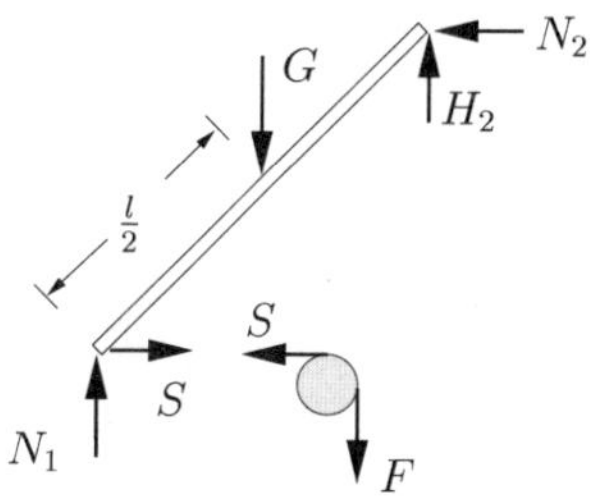

ergeben sich

$$H_2 = \frac{G}{2} - S\tan\alpha , \qquad N_2 = S .$$

Einsetzen in die Haftbedingung

$$|H_2| < \mu_{01} N_2$$

liefert je nach Richtung von H_2

$$\frac{G}{2} - S\tan\alpha < \mu_{01} S \qquad \text{bzw.} \qquad -\frac{G}{2} + S\tan\alpha < \mu_{01} S .$$

Hieraus folgt

$$\frac{G}{2(\tan\alpha + \mu_{01})} < S < \frac{G}{2(\tan\alpha - \mu_{01})} .$$

Seilhaftung am Zapfen liegt vor, wenn gilt

$$S e^{-\mu_{02}\pi/2} < F < S e^{+\mu_{02}\pi/2} .$$

Durch Einsetzen der unteren (oberen) Schranke von S in die linke (rechte) Seite folgt

$$\underline{\underline{\frac{e^{-\mu_{02}\pi/2}}{2(\tan\alpha + \mu_{01})} < \frac{F}{G} < \frac{e^{+\mu_{02}\pi/2}}{2(\tan\alpha - \mu_{01})}}} .$$

Aufgabe 8.15: Der Körper vom Gewicht G wird durch ein Seil gehalten. Zwischen dem Körper bzw. dem Seil und der Fläche herrsche der Haftungskoeffizient μ_0.

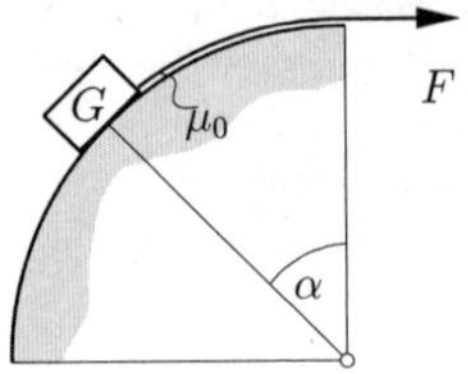

In welchen Grenzen muß F liegen, damit der Körper in Ruhe bleibt?

Lösung: Aus den Gleichgewichtsbedingungen

$$\nwarrow: \quad N - G\cos\alpha = 0\,,$$

$$\nearrow: \quad H + S - G\sin\alpha = 0$$

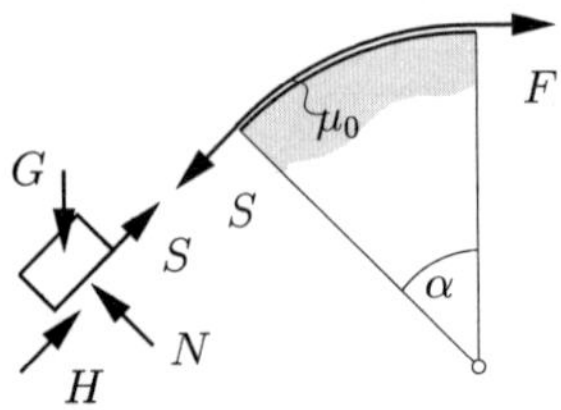

ergeben sich

$$N = G\cos\alpha\,, \qquad H = G\sin\alpha - S\,.$$

Einsetzen in die Haftbedingung

$$|H| < \mu_0 N$$

liefert

$$G(\sin\alpha - \mu_0\cos\alpha) \;<\; S \;<\; G(\sin\alpha + \mu_0\cos\alpha)\,.$$

Mit der Haftbedingung für das Seil

$$Se^{-\mu_0\alpha} \;<\; F \;<\; Se^{\mu_0\alpha}$$

folgt

$$\underline{\underline{e^{-\mu_0\alpha}(\sin\alpha - \mu_0\cos\alpha) \;<\; \frac{F}{G} \;<\; e^{\mu_0\alpha}(\sin\alpha + \mu_0\cos\alpha)}}\,.$$

Aufgabe 8.16: Welche Strecke x darf das schwere Seil der Länge l herunterhängen, ohne daß es rutscht?

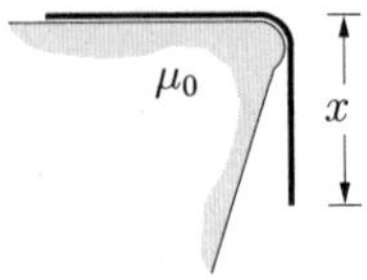

Lösung: Aus den Gleichgewichtsbedingungen ergeben sich

$$N = G\frac{l-x}{l}\,, \qquad H = S = G\frac{x}{l}\,.$$

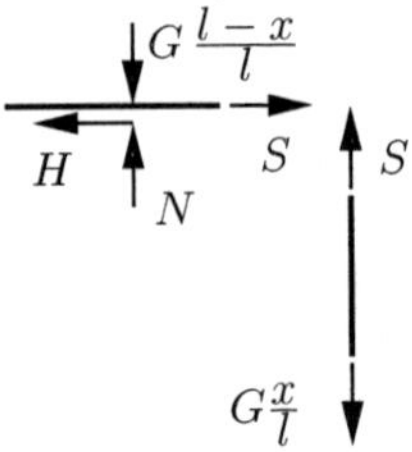

Einsetzen in die Haftbedingung

$$H < \mu_0 N$$

liefert

$$\underline{\underline{\frac{x}{l} < \frac{\mu_0}{1+\mu_0}}}\,.$$

Aufgabe 8.17: Ein zwischen glatten Wänden befindlicher Block vom Gewicht G wird durch ein Seil gehalten, das über drei rauhe Bolzen geführt ist.

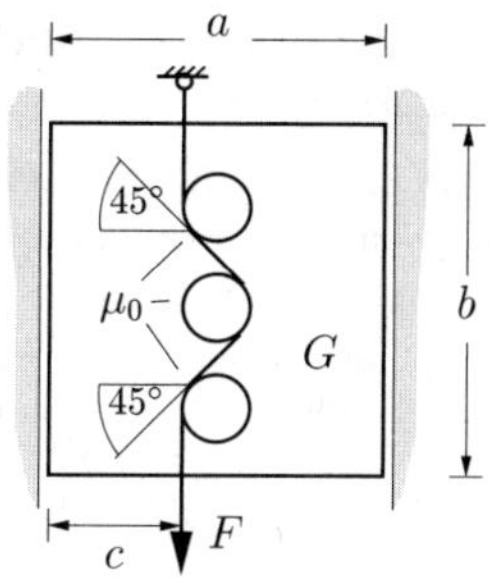

Wie groß muß die Kraft F sein, damit der Block nicht rutscht? Wie groß sind die Kräfte, die von den Wänden auf den Block ausgeübt werden?

Lösung: Gleichgewicht am Gesamtsystem

$$\uparrow: \quad S_3 - G - F = 0 \, ,$$

$$\rightarrow: \quad N_1 - N_2 = 0 \, .$$

$$\stackrel{\curvearrowright}{A}: \quad G\tfrac{1}{2}a + Fc - S_3c - N_2b = 0$$

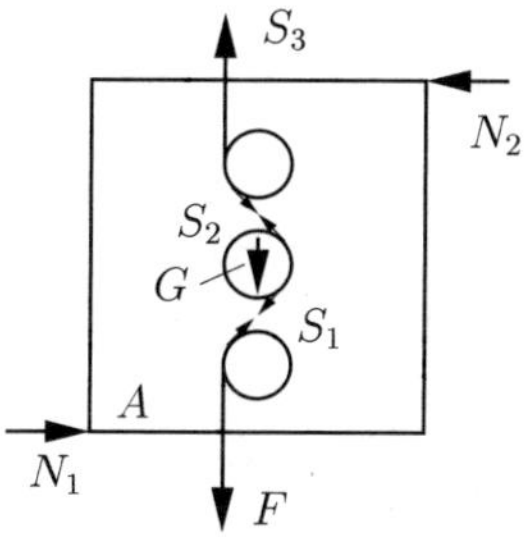

und die Haftbedingungen

$$S_1 < Fe^{\mu_0\pi/4} \, , \qquad S_2 < S_1e^{\mu_0\pi/2} \, , \qquad S_3 < S_2e^{\mu_0\pi/4}$$

liefern

$$\underline{\underline{F > \frac{G}{e^{\mu_0\pi} - 1}}} \qquad \text{und} \qquad \underline{\underline{N_1 = N_2 = G\frac{a-2c}{2b}}} \, .$$

Aufgabe 8.18: Wie groß muß die Kraft F sein, damit der Körper vom Gewicht G mit gleichförmiger Geschwindigkeit emporgezogen werden kann? Die Ebene und der Umlenkzapfen seien rauh.

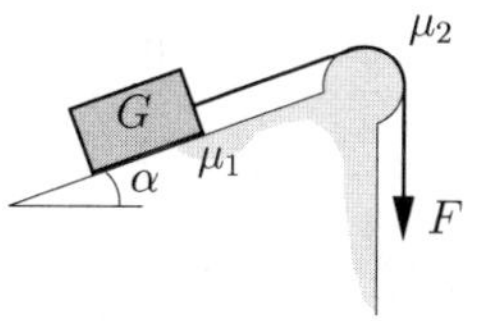

Lösung: Aus den Gleichgewichtsbedingungen

$$\nwarrow: \quad N - G\cos\alpha = 0 \, ,$$

$$\nearrow: \quad S - R - G\sin\alpha = 0$$

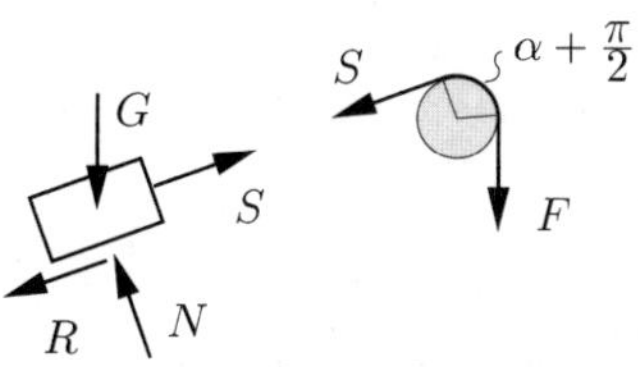

und den Reibgesetzen

$$R = \mu_1 N \, , \qquad F = Se^{\mu_2(\alpha+\pi/2)}$$

folgt

$$\underline{\underline{F = Ge^{\mu_2(\alpha+\pi/2)}(\sin\alpha + \mu_1\cos\alpha)}} \, .$$

Aufgabe 8.19: Durch die Bandbremse soll auf eine sich drehende Welle das Bremsmoment M_B ausgeübt werden.

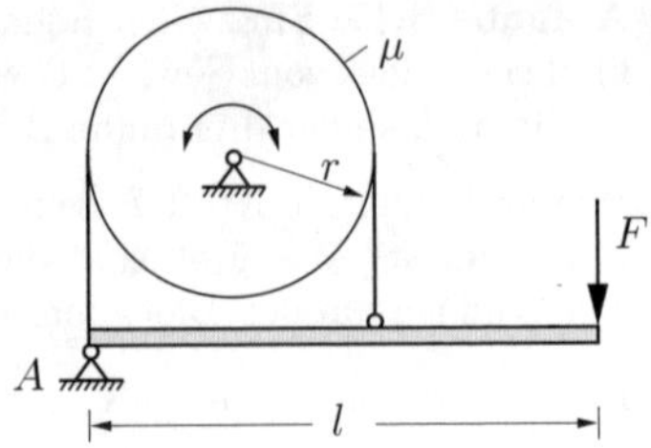

Wie groß ist die dazu erforderliche Kraft F, wenn sich die Welle
a) rechtsherum oder
b) linksherum dreht?
Der Reibungskoeffizient μ sei gegeben.

Lösung : Gleichgewicht für den Hebel

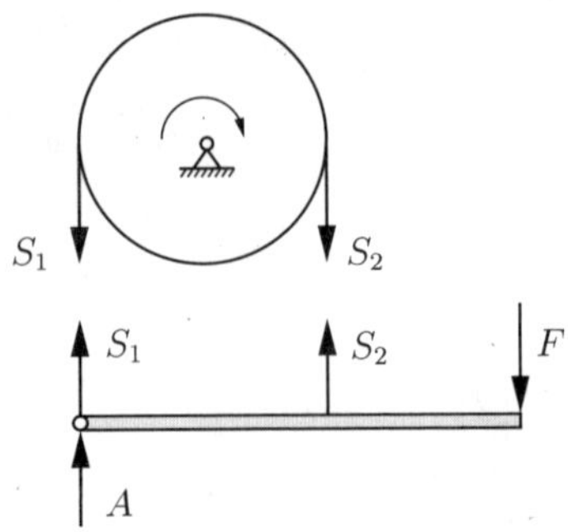

$$\overset{\frown}{A}: \quad -S_2 2r + Fl = 0$$

liefert

$$S_2 = F\frac{l}{2r} \ .$$

Für Rechtsdrehung lautet das Reibungsgesetz

$$S_1 = S_2 e^{\mu\pi} \ ,$$

und das Bremsmoment wird

$$M_B = S_1 r - S_2 r = S_2 r \left(e^{\mu\pi} - 1\right) \ .$$

Einsetzen von S_2 ergibt

$$\underline{\underline{F_R = \frac{2M_B}{l(e^{\mu\pi} - 1)}}} \ .$$

Für Linksdrehung folgt aus dem Reibungsgesetz

$$S_2 = S_1 e^{\mu\pi}$$

und dem Bremsmoment

$$M_B = S_2 r - S_1 r = S_2 r(1 - e^{-\mu\pi})$$

durch Einsetzen von S_2

$$\underline{\underline{F_L = \frac{2M_B e^{\mu\pi}}{l(e^{\mu\pi} - 1)}}} \ .$$

Anmerkung: Wegen $e^{\mu\pi} > 1$ gilt bei gleichem M_B für die Kräfte $F_L > F_R$!

Aufgabe 8.20: Durch Vorschieben des gewichtslosen Keils soll der Körper vom Gewicht G mit gleichförmiger Geschwindigkeit angehoben werden.

Wie groß ist die dafür benötigte Kraft F, wenn an den Berührungsflächen des Keils der Reibungskoeffizient μ_1, an den Berührungspunkten des Stabes der Reibungskoeffizient μ_2 herrscht?

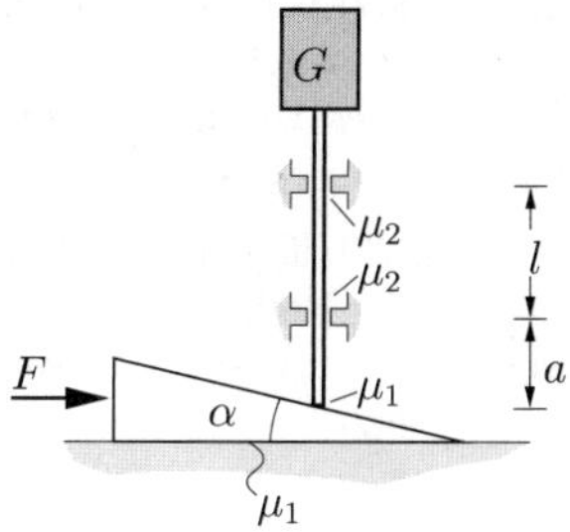

Lösung: Aus den Gleichgewichtsbedingungen für Keil und Stab

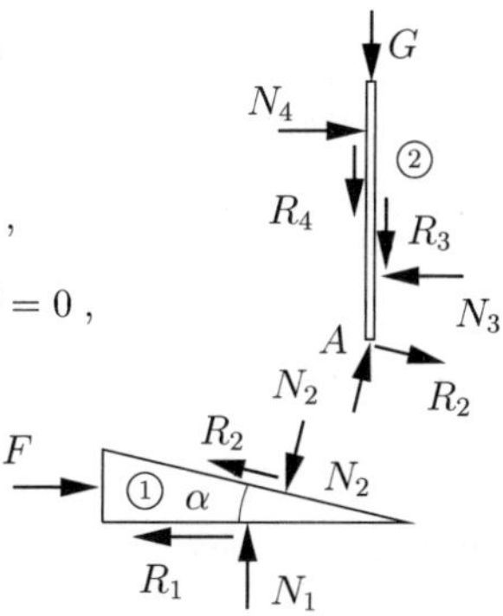

$$① \rightarrow: \quad F - R_1 - R_2\cos\alpha - N_2\sin\alpha = 0\ ,$$

$$\uparrow: \quad N_1 - N_2\cos\alpha + R_2\sin\alpha = 0\ ,$$

$$② \rightarrow: \quad N_2\sin\alpha + R_2\cos\alpha - N_3 + N_4 = 0\ ,$$

$$\uparrow: \quad N_2\cos\alpha - R_2\sin\alpha - R_3 - R_4 - G = 0\ ,$$

$$\overset{\curvearrowright}{A}: \quad -N_3 a + N_4(l+a) = 0$$

und den Reibungsgesetzen

$$R_1 = \mu_1 N_1\ , \qquad R_2 = \mu_1 N_2\ , \qquad R_3 = \mu_2 N_3\ , \qquad R_4 = \mu_2 N_4$$

ergibt sich

$$\underline{\underline{F = G\frac{\mu_1(\cos\alpha - \mu_1\sin\alpha) + (\sin\alpha + \mu_1\cos\alpha)}{(\cos\alpha - \mu_1\sin\alpha) - \mu_2\,\dfrac{l+2a}{l}\,(\sin\alpha + \mu_1\cos\alpha)}}}\ .$$

Beachte:

- Die Reibkräfte müssen entgegengesetzt zur Bewegungsrichtung eingezeichnet werden.
- Wenn der Nenner Null wird ($F \rightarrow \infty$), ist das System selbsthemmend.

Aufgabe 8.21: Eine rotierende rauhe Walze drückt durch ihr Gewicht G_1 auf ein keilförmiges Werkstück vom Gewicht G, das auf einer rauhen Unterlage ruht.

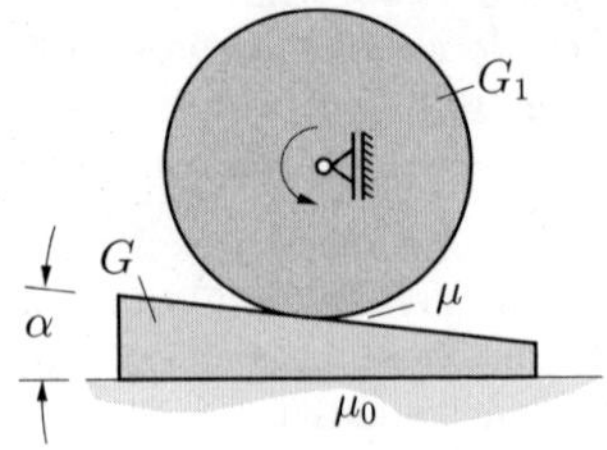

Wie groß muß bei gebenem Haftungskoeffizienten μ_0 der Reibungskoeffizient μ mindestens sein, damit sich das Werkstück in Bewegung setzt?

Lösung: Da der Schwerpunkt der Welle in Ruhe (Gleichgewicht) ist, gelten für die Welle die Kräftegleichgewichtsbedingungen

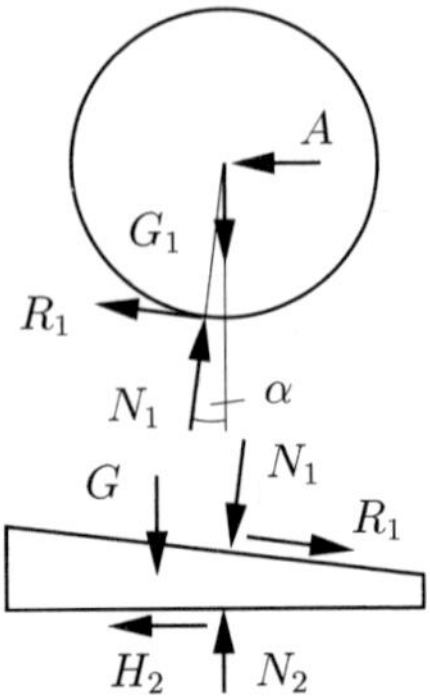

$$\rightarrow: \quad N_1 \sin\alpha - R_1 \cos\alpha - A = 0 ,$$

$$\uparrow: \quad N_1 \cos\alpha + R_1 \sin\alpha - G_1 = 0 .$$

Mit dem Reibgesetz

$$R_1 = \mu N_1$$

folgen hieraus

$$N_1 = \frac{G_1}{\cos\alpha + \mu \sin\alpha} , \qquad R_1 = \mu \frac{G_1}{\cos\alpha + \mu \sin\alpha} .$$

Einsetzen in die Gleichgewichtsbedingungen für das Werkstück

$$\rightarrow: \quad R_1 \cos\alpha - N_1 \sin\alpha - H_2 = 0 ,$$

$$\uparrow: \quad N_2 - N_1 \cos\alpha - R_1 \sin\alpha - G = 0$$

liefert

$$H_2 = G_1 \frac{\mu \cos\alpha - \sin\alpha}{\cos\alpha + \mu \sin\alpha} , \qquad N_2 = G_1 + G .$$

Damit die Bewegung gerade einsetzt, muß die Haftgrenzbedingung

$$H_2 = \mu_0 N_2$$

erfüllt sein. Einsetzen und Auflösen nach μ ergibt schließlich

$$\underline{\underline{\mu = \frac{\mu_0(1 + G/G_1) + \tan\alpha}{1 - \mu_0(1 + G/G_1)\tan\alpha}}} .$$

Anmerkungen:

- Für $\mu_0 > \cot\alpha/(1 + G/G_1)$ liegt Selbsthemmung vor. Das Werkstück setzt sich dann nicht in Bewegung.
- Für $\alpha = 0$ vereinfacht sich das Ergebnis zu $\mu = \mu_0(1 + G/G_1)$.

Aufgabe 8.22: Ein Körper vom Gewicht G liegt auf einer rauhen schiefen Ebene und wird über ein schräg gespanntes Seil (parallel zur schiefen Ebene) durch die Kraft F belastet.

Wie groß muß der Haftungskoeffizient μ_0 sein, damit der Körper in Ruhe bleibt?

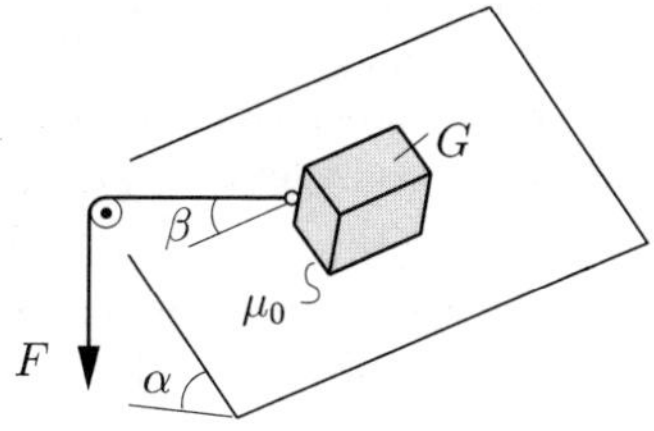

Lösung: Wir führen ein geeignetes Koordinatensystem ein, skizzieren das Freikörperbild und stellen die Gleichgewichtsbedingungen auf:

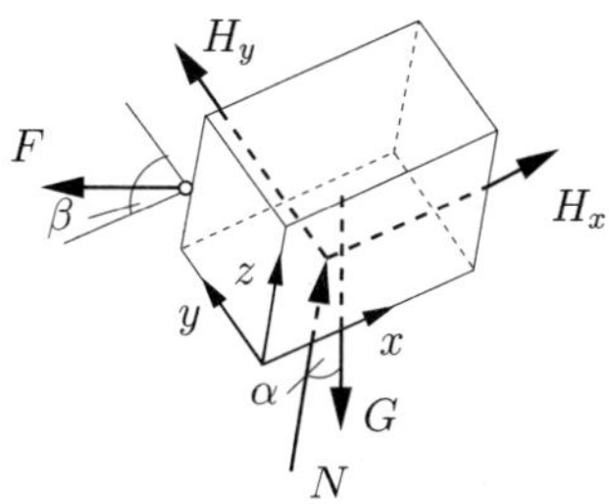

$$\sum F_x = 0 : \quad H_x - F\cos\beta = 0 ,$$

$$\sum F_y = 0 : \quad H_y + F\sin\beta - G\sin\alpha = 0 ,$$

$$\sum F_z = 0 : \quad N - G\cos\alpha = 0 .$$

Darin sind H_x und H_y die Komponenten der Haftkraft H. Für sie und für N erhält man

$$|H| = \sqrt{H_x^2 + H_y^2} = \sqrt{F^2 - 2FG\sin\alpha\sin\beta + G^2\sin^2\alpha} ,$$

$$N = G\cos\alpha .$$

Einsetzen in die Haftbedingung

$$|H| < \mu_0 N \qquad \text{bzw.} \qquad \mu_0 > \frac{|H|}{N}$$

liefert die erforderliche Größe von μ_0:

$$\underline{\underline{\mu_0 > \frac{\sqrt{F^2 - 2FG\sin\alpha\sin\beta + G^2\sin^2\alpha}}{G\cos\alpha}}} .$$

Aufgabe 8.23: Ein starrer Balken (Gewicht G) ist exzentrisch auf zwei Schienen aufgelegt und an einem Ende durch Kräfte belastet (das Lager B sei nur in x-Richtung verschieblich).

Bei welcher Belastung und an welchem Lager beginnt sich der Balken zu bewegen?

Geg.: $F_x = F_y = F_z = F$, $a = l$, $\mu_0 = 2/3$.

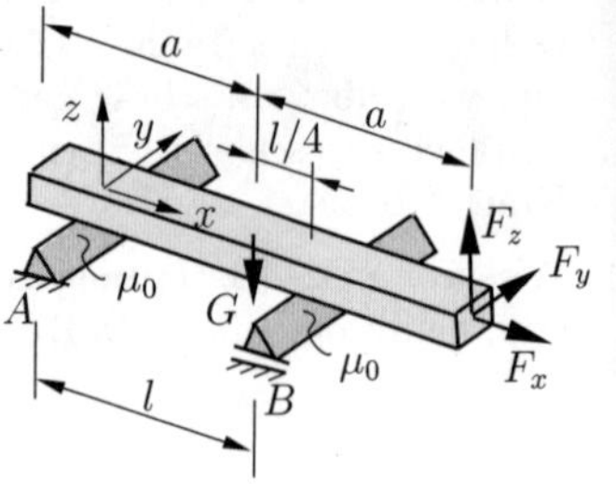

Lösung: Aus den Gleichgewichtsbedingungen erhält man die Lagerreaktionen

$$A_x = F\,, \quad A_y = -\frac{3}{4}F\,, \quad A_z = \frac{G}{4} + \frac{3}{4}F\,,$$

$$B_y = \frac{7}{4}F\,, \qquad B_z = \frac{3}{4}G - \frac{7}{4}F\,.$$

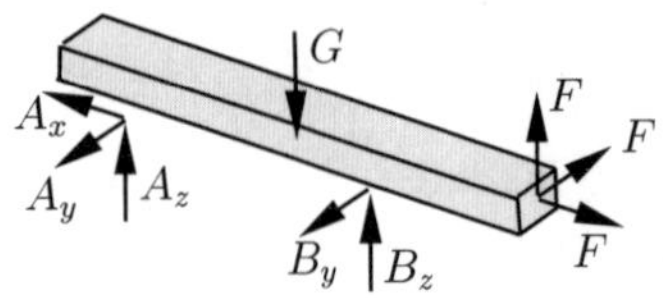

Damit lauten die Normal- und die Haftkräfte bei A und B

$$N_A = A_z = \frac{G}{4} + \frac{3}{4}F\,, \qquad H_A = \sqrt{A_x^2 + A_y^2} = \frac{5}{4}F\,,$$

$$N_B = B_z = \frac{3}{4}G - \frac{7}{4}F\,, \qquad H_B = |B_y| = \frac{7}{4}F\,.$$

Nehmen wir eine einsetzende Bewegung bei A an, dann liefert die Haftgrenzbedingung

$$H_A = \mu_0 N_A \quad \leadsto \quad F_1 = G\,\frac{\mu_0}{5 - 3\mu_0} = \frac{2}{9}G\,.$$

Entsprechend ergibt sich für eine einsetzende Bewegung bei B

$$H_B = \mu_0 N_B \quad \leadsto \quad \underline{\underline{F_2}} = G\,\frac{3\mu_0}{7(1+\mu_0)} = \underline{\underline{\frac{6}{35}G}}\,.$$

Wegen $F_1 < F_2$ setzt die Bewegung bei der Kraft F_2 am Lager B ein.

9 Flächenträgheitsmomente

Flächenträgheitsmomente werden in der Balkentheorie benötigt (vgl. Band 2). Die Flächenmomente 2. Ordnung einer Fläche (zum Beispiel der Querschnittsfläche eines Balkens) sind wie folgt definiert:

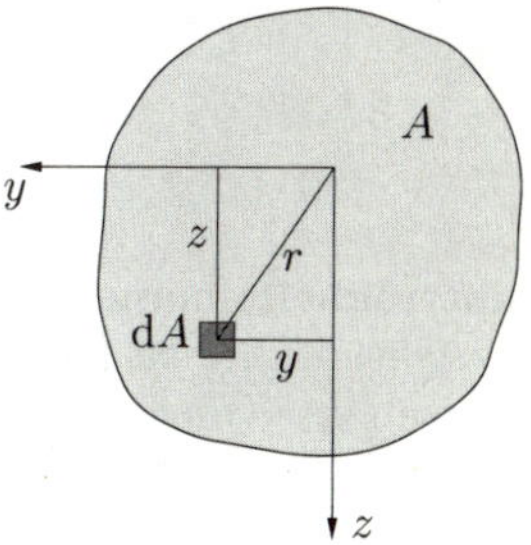

I_y	$= \int\limits_A z^2 \mathrm{d}A$	axiales Flächenträgheitsmoment bzgl. der y-Achse,
I_z	$= \int\limits_A y^2 \mathrm{d}A$	axiales Flächenträgheitsmoment bzgl. der z-Achse,
I_{yz}	$= I_{zy} = -\int\limits_A yz \mathrm{d}A$	Deviationsmoment (Zentrifugalmoment),
I_p	$= I_y + I_z = \int\limits_A r^2 \mathrm{d}A$	polares Flächenträgheitsmoment.

Diese Größen sind von der Lage des Koordinatenursprungs und der Orientierung der Achsen abhängig.

Unter einem *Trägheitsradius* versteht man den „Abstand" i der Fläche A, aus dem zusammen mit A das Flächenträgheitsmoment folgt, z.B. $i_y^2 A = I_y$. Danach gelten

$$i_y = \sqrt{\frac{I_y}{A}} \quad , \quad i_z = \sqrt{\frac{I_z}{A}} \quad , \quad i_p = \sqrt{\frac{I_p}{A}} \quad .$$

Parallelverschiebung der Achsen (Satz von STEINER)

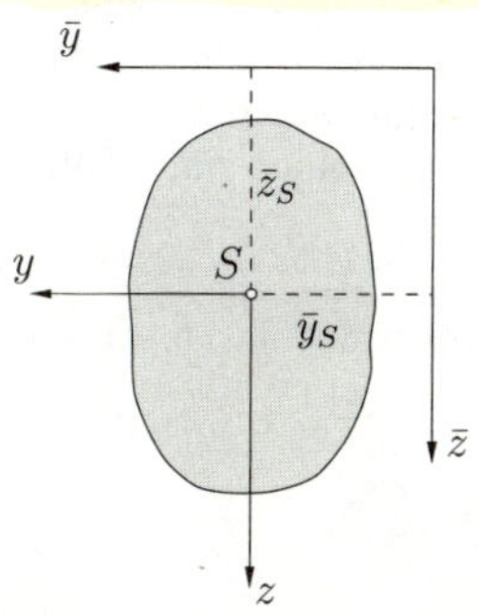

$$I_{\bar{y}} = I_y + \bar{z}_S^2 A \,,$$

$$I_{\bar{z}} = I_z + \bar{y}_S^2 A \,,$$

$$I_{\bar{y}\bar{z}} = I_{yz} - \bar{y}_S \bar{z}_S A \,.$$

S = Flächenschwerpunkt,
y, z = Schwerachsen.

Drehung des Achsensystems (Transformationsbeziehungen)

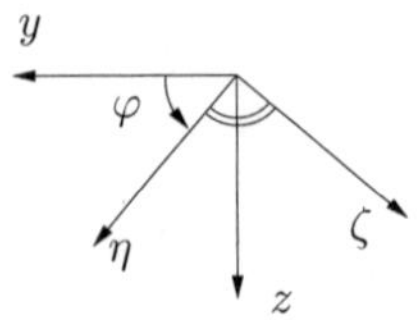

$$
\begin{aligned}
I_\eta &= \frac{I_y + I_z}{2} + \frac{I_y - I_z}{2}\cos 2\varphi + I_{yz}\sin 2\varphi \\
I_\zeta &= \frac{I_y + I_z}{2} - \frac{I_y - I_z}{2}\cos 2\varphi - I_{yz}\sin 2\varphi \\
I_{\eta\zeta} &= -\frac{I_y - I_z}{2}\sin 2\varphi + I_{yz}\cos 2\varphi
\end{aligned}\;.
$$

Hauptträgheitsmomente: Für jede Fläche gibt es zwei aufeinander senkrecht stehende Achsen (*Hauptachsen*), für die die Trägheitsmomente I_η und I_ζ Extremwerte (*Hauptträgheitsmomente*) annehmen und für die das Deviationsmoment $I_{\eta\zeta}$ verschwindet.

Hauptträgheitsmomente:

$$
I_{1,2} = \frac{I_y + I_z}{2} \pm \sqrt{\left(\frac{I_y - I_z}{2}\right)^2 + I_{yz}^2}\;.
$$

Hauptachsenrichtung:

$$
\tan 2\varphi^* = \frac{2 I_{yz}}{I_y - I_z}\;.
$$

Anmerkungen:

- Bei einer symmetrischen Fläche sind die Symmetrieachse und die dazu senkrechte Achse Hauptachsen.
- Flächenträgheitsmomente sind Komponenten eines Tensors (*Trägheitstensor*).
- Trägt man die Wertepaare $(I_\eta, I_{\eta\zeta})$ bzw. $(I_\zeta, I_{\eta\zeta})$ für alle möglichen Winkel in einem Koordinatensystem (Abszisse = axiales Flächenträgheitsmoment, Ordinate = Deviationsmoment) auf, so ergibt sich der *Trägheitskreis*. Die Konstruktion des Trägheitskreises erfolgt analog zum MOHR*schen Spannungskreis* (siehe Band 2).
- Die Größen $I_\eta + I_\zeta = I_p$ und $I_\eta I_\zeta - I_{\eta\zeta}^2$ sind *Invarianten,* d.h. sie sind unabhängig vom Winkel φ.

Rechteck

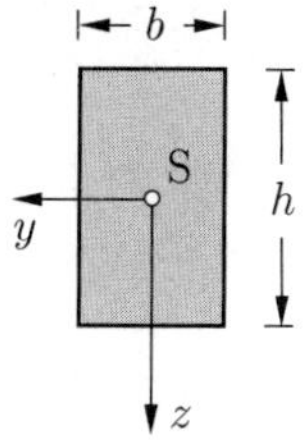

$$I_y = \frac{bh^3}{12}\,, \qquad i_y = \frac{\sqrt{3}}{6}h\,,$$
$$I_z = \frac{hb^3}{12}\,, \qquad i_z = \frac{\sqrt{3}}{6}b\,,$$
$$I_{yz} = 0\,,$$
$$I_p = I_y + I_z = \frac{bh}{12}(h^2 + b^2)\,.$$

Sonderfall Quadrat

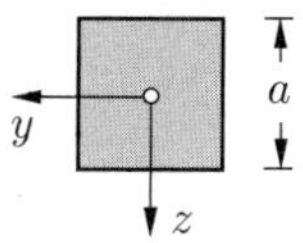

$$I_y = I_z = \frac{a^4}{12}\,, \quad i_y = i_z = \frac{\sqrt{3}}{6}a\,,$$
$$I_p = \frac{a^4}{6}\,.$$

Kreis

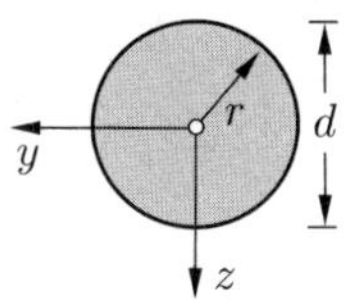

$$I_y = I_z = \frac{\pi r^4}{4} = \frac{\pi d^4}{64}\,, \quad i_y = i_z = \frac{r}{2}\,,$$
$$I_p = \frac{\pi r^4}{2} = \frac{\pi d^4}{32}\,, \qquad i_p = \frac{\sqrt{2}}{2}r\,.$$

Kreisring

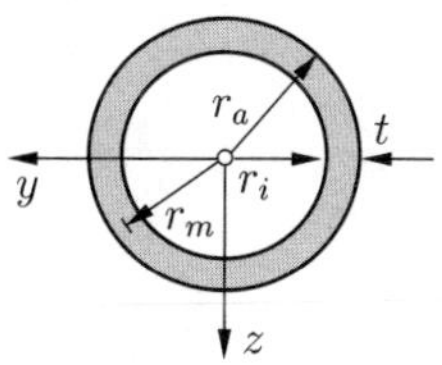

$$I_y = I_z = \frac{\pi}{4}(r_a^4 - r_i^4)\,, \quad i_y = i_z = \frac{1}{2}\sqrt{r_a^2 + r_i^2}\,,$$
$$I_p = 2I_y\,, \qquad i_p = \frac{\sqrt{2}}{2}\sqrt{r_a^2 + r_i^2}\,,$$

mit $t = r_a - r_i$ und $r_m = (r_a + r_i)/2$ folgt für den dünnwandigen Ring ($t \ll r_m$)

$$I_y = I_z \approx \pi r_m^3 t\,, \quad i_y = i_z \approx \frac{\sqrt{2}}{2}r_m\,.$$

Gleichschenkliges Dreieck

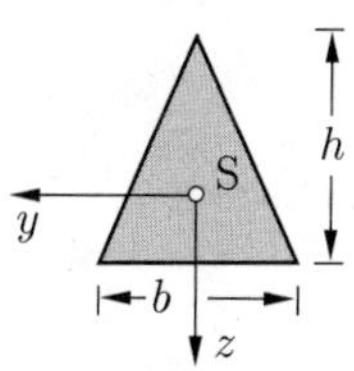

$$I_y = \frac{bh^3}{36}\,, \qquad i_y = \frac{h}{3\sqrt{2}}\,,$$
$$I_z = \frac{hb^3}{48}\,, \qquad i_z = \frac{b}{2\sqrt{6}}\,.$$

Aufgabe 9.1: Für ein rechtwinkliges Dreieck ermittle man die Flächenträgheitsmomente I_y, I_z, I_{yz}.

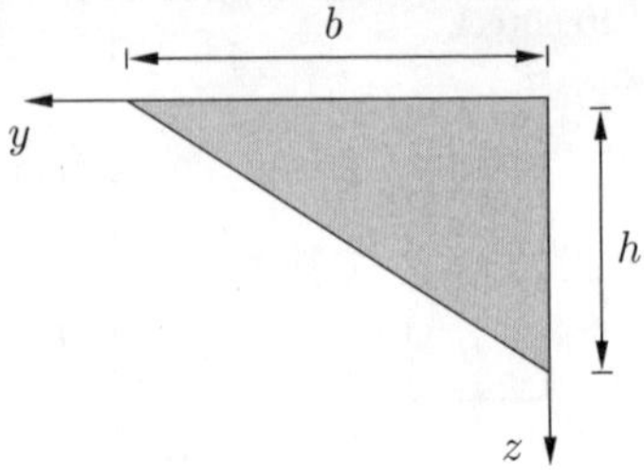

Lösung: Die Integration lässt sich durch Wahl geeigneter Flächenelemente durchführen. Am Beispiel von I_y wollen wir drei Möglichkeiten vergleichen.

1. Lösungsweg: Flächenelement dA (Breite y, Höhe dz) im Abstand z von der y-Achse.

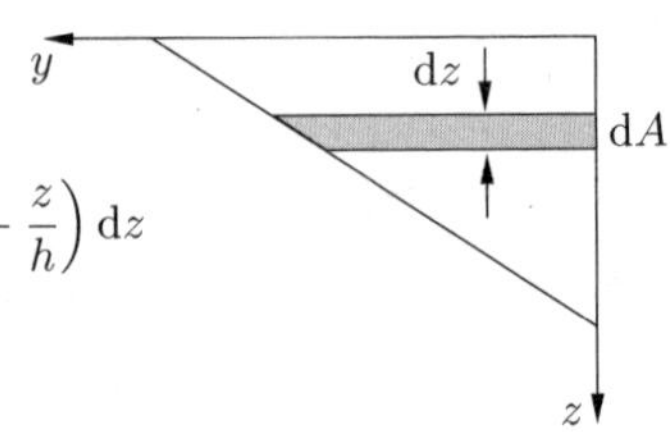

$$\mathrm{d}A = y\,\mathrm{d}z\,, \quad y = b\left(1 - \frac{z}{h}\right),$$

$$\underline{\underline{I_y}} = \int z^2 \mathrm{d}A = \int z^2 (y\,\mathrm{d}z) = \int_0^h z^2 b\left(1 - \frac{z}{h}\right)\mathrm{d}z$$

$$= b\left(\frac{z^3}{3} - \frac{z^4}{4h}\right)\bigg|_0^h = \underline{\underline{\frac{bh^3}{12}}}\,.$$

2. Lösungsweg: „Summation" (=Integration) der Flächenträgheitsmomente infinitesimaler Rechtecke (Höhe z, Breite dy).

$$\mathrm{d}A = z\,\mathrm{d}y\,, \quad \mathrm{d}y = -\frac{b}{h}\mathrm{d}z\,.$$

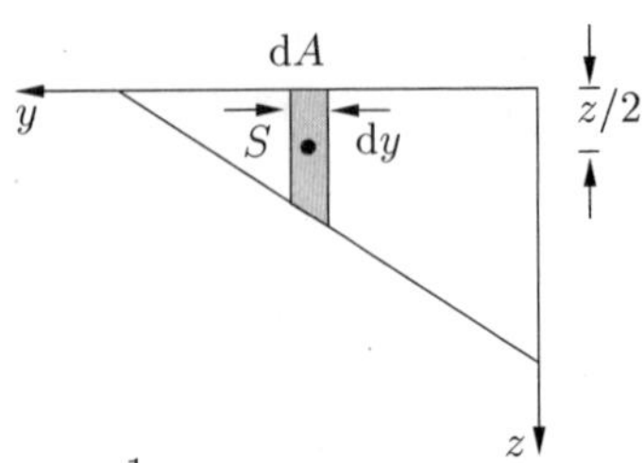

Da die Schwerachse des Elementes dA nicht mit der y-Achse zusammenfällt, muss der STEINERsche Satz angewendet werden. Mit

$$\mathrm{d}I_y = \frac{\mathrm{d}y\, z^3}{12} + \left(\frac{z}{2}\right)^2 z\,\mathrm{d}y = \frac{1}{3}\, z^3 \mathrm{d}y$$

erhält man

$$\underline{\underline{I_y}} = \int_0^b \mathrm{d}I_y = -\frac{b}{3h}\int_h^0 z^3 \mathrm{d}z = -\frac{b}{3h}\,\frac{z^4}{4}\bigg|_h^0 = \underline{\underline{\frac{bh^3}{12}}}$$

(wegen der Integration über y von 0 bis b muß über z von h bis 0 integriert werden!).

3.Lösungsweg: Flächenelement $\mathrm{d}A$ (Breite $\mathrm{d}y$, Höhe $\mathrm{d}z$) im Abstand z von der y-Achse.

$$\mathrm{d}A = \mathrm{d}y\,\mathrm{d}z\,,$$

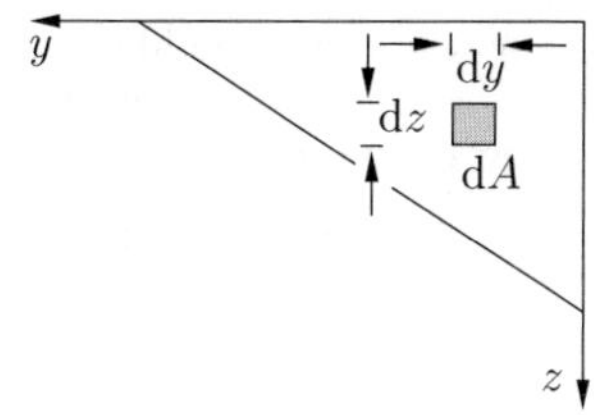

$$\begin{aligned}
\underline{\underline{I_y}} &= \int\!\!\int z^2(\mathrm{d}y\,\mathrm{d}z) \\
&= \int\limits_0^b \left\{ \int\limits_0^{z(y)} z^2 \mathrm{d}z \right\} \mathrm{d}y \\
&= \int\limits_0^b \left\{ \frac{z^3}{3}\Big|_0^{h-\frac{h}{b}y} \right\} \mathrm{d}y = \frac{1}{3}\int\limits_0^b \left\{ h^3 - 3\frac{h^3}{b}y + 3\frac{h^3}{b^2}y^2 - \frac{h^3}{b^3}y^3 \right\} \mathrm{d}y \\
&= \frac{1}{3}\left[h^3 b - \frac{3}{2}h^3 b + h^3 b - \frac{1}{4}h^3 b \right] = \underline{\underline{\frac{1}{12}bh^3}}\,.
\end{aligned}$$

Man erkennt, daß der 1. Lösungsweg am einfachsten ist, weil hier das gesamte Element gleichen Abstand von der Bezugsachse hat.

Das Flächenträgheitsmoment I_z folgt aus I_y durch Vertauschung der beiden Dreiecksseiten:

$$\underline{\underline{I_z = \frac{hb^3}{12}}}\,.$$

Das Deviationsmoment wird mit dem Flächenelement aus dem 1. Lösungsweg berechnet. Da das Deviationsmoment bezüglich der Schwerachsen des Elementes verschwindet, bleibt nur der STEINERsche Anteil:

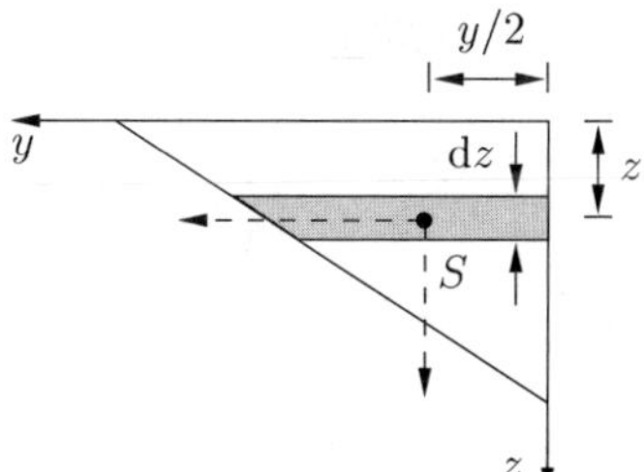

$$\begin{aligned}
\underline{\underline{I_{yz}}} &= -\int\!\!\int \frac{y}{2}\, z(y\,\mathrm{d}z) \\
&= -\int\limits_0^h \frac{1}{2} z b^2 \left(1 - 2\frac{z}{h} + \frac{z^2}{h^2}\right) \mathrm{d}z \\
&= -\frac{1}{2}b^2\left(\frac{h^2}{2} - \frac{2h^2}{3} + \frac{h^2}{4}\right) = \underline{\underline{-\frac{b^2h^2}{24}}}\,.
\end{aligned}$$

Aufgabe 9.2: Für das nebenstehende Profil konstanter Wanddicke t sind die Hauptachsen und die Hauptträgheitsmomente zu bestimmen.

Gegeben: $a = 10$ cm, $t = 1$ cm.

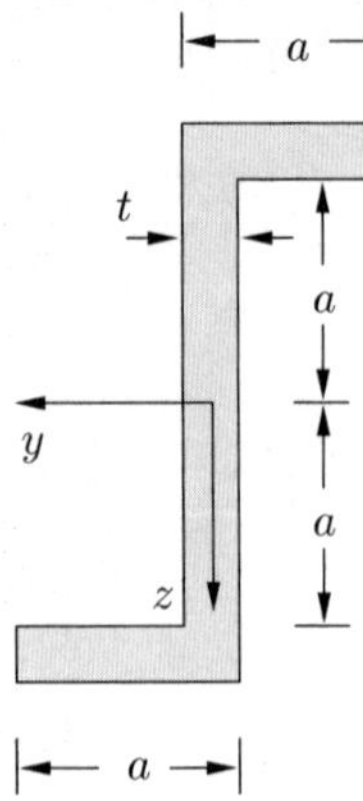

Lösung: Wir ermitteln zunächst die Trägheitsmomente bezüglich der y- und der z-Achse. Dazu zerlegen wir das Profil in drei Rechtecke. Das Trägheitsmoment jedes Rechtecks setzt sich nach dem STEINERschen Satz aus dem Flächenmoment bezüglich der eigenen Schwerachse und dem STEINERschen Anteil zusammen:

$$
\begin{aligned}
I_y &= \frac{t(2a)^3}{12} + 2\left\{\frac{at^3}{12} + \left(a + \frac{t}{2}\right)^2 at\right\} \\
&= 2873 \text{ cm}^4 ,
\end{aligned}
$$

$$
\begin{aligned}
I_z &= \frac{(2a)t^3}{12} + 2\left\{\frac{ta^3}{12} + \left(\frac{a}{2} - \frac{t}{2}\right)^2 at\right\} \\
&= 573 \text{ cm}^4 .
\end{aligned}
$$

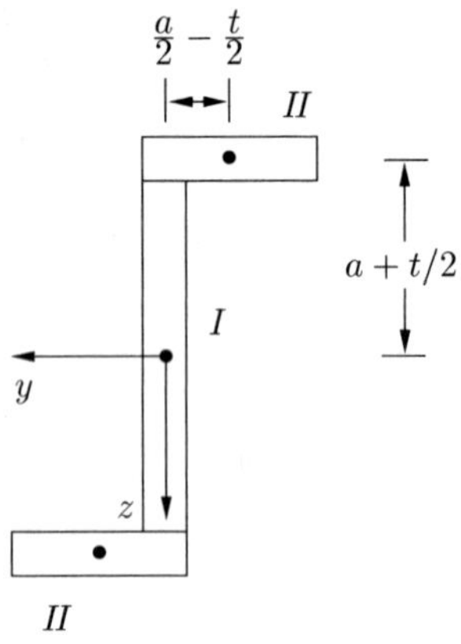

Die Deviationsmomente der Teilflächen bezüglich der eigenen Schwerachsen sind Null. Demnach folgt I_{yz} nur aus den STEINER-Anteilen der Flächen II :

$$
I_{yz} = -2\left[\left(a + \frac{t}{2}\right)\left(\frac{a}{2} - \frac{t}{2}\right)at\right] = -945 \text{ cm}^4 .
$$

Die Richtung der Hauptachsen folgt aus

$$\tan 2\varphi^* = \frac{2I_{yz}}{I_y - I_z} = \frac{2 \cdot 945}{2873 - 573} = -0,822$$

zu

$$2\varphi^* = -39,4^\circ \quad \rightsquigarrow \quad \underline{\underline{\varphi_1^*}} = \underline{\underline{-19,7^\circ}},$$

$$\underline{\underline{\varphi_2^*}} = \varphi_1^* + 90^\circ = \underline{\underline{70,3^\circ}}.$$

Für die Hauptträgheitsmomente ergibt sich

$$I_{1,2} = \frac{2873 + 573}{2} \pm \sqrt{\left(\frac{2873 - 573}{2}\right)^2 + 945^2} = 1723 \pm 1488$$

$$\rightsquigarrow \quad \underline{\underline{I_1 = 3211 \text{ cm}^4}}, \qquad \underline{\underline{I_2 = 235 \text{ cm}^4}}.$$

Welches Hauptträgheitsmoment zu welcher Hauptrichtung gehört, läßt sich *formal* nur durch Einsetzen in die Transformationsbeziehungen oder am „Trägheitskreis" entscheiden. Anschaulich ist im Beispiel jedoch klar, daß zu φ_1^* das größte Trägheitsmoment I_1 gehört, da die Flächenabstände in diesem Fall größer sind als bei der Richtung φ_2^*.

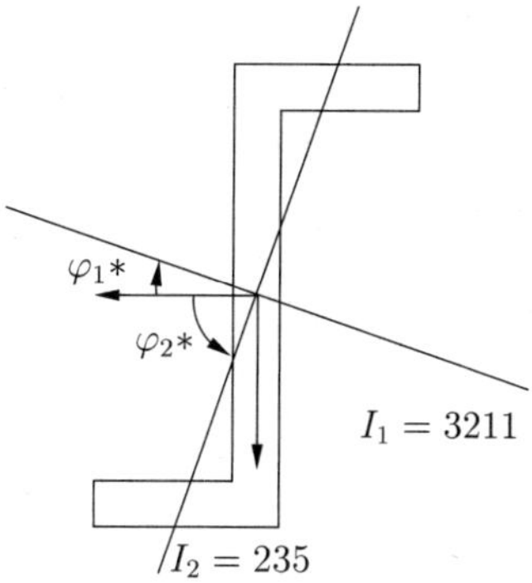

Anmerkungen:

- Im Zahlenbeispiel lassen sich leicht die beiden *Invarianten* überprüfen:

$$\text{a)} \qquad I_y + I_z = I_1 + I_2 = 3446 \text{ cm}^4,$$

$$\text{b)} \qquad I_y I_z - I_{yz}^2 = I_1 I_2 = 7,5 \cdot 10^5 \text{ cm}^8.$$

- Für ein dünnwandiges Profil ($t \ll a$) kann man Glieder kleiner Größenordnung vernachlässigen. Dann werden

$$I_y \simeq \frac{8}{3}ta^3 = 2667\text{cm}^4, \quad I_z \simeq \frac{2}{3}ta^3 = 667\text{cm}^4, \quad I_{yz} \simeq -ta^3 = -1000\text{cm}^4,$$

$$\varphi^* \simeq -22.5^\circ, \qquad I_1 \simeq 3080\text{cm}^4, \qquad I_2 \simeq 252\text{cm}^4.$$

Im Zahlenbeispiel geben diese Näherungen schlechte Ergebnisse, da hier nicht $t \ll a$ ist.

Aufgabe 9.3: Für einen Viertelkreis vom Radius a ermittle man:

a) $I_{\bar{y}}$, $I_{\bar{z}}$, $I_{\bar{y}\bar{z}}$,
b) I_y, I_z, I_{yz} (y,z Schwerachsen)
c) die Richtung der Hauptachsen,
d) die Hauptträgheitsmomente.

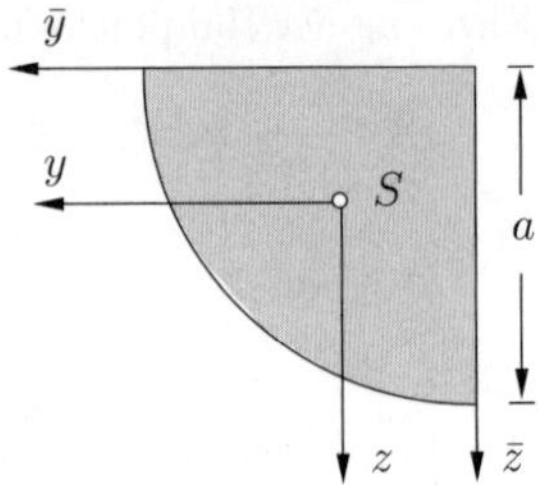

Lösung: **zu a)** Bei Darstellung in Polarkoordinaten folgen aus den Definitionen für die Flächenträgheitsmomente mit dem Flächenelement

$$\mathrm{d}A = r\mathrm{d}r\mathrm{d}\varphi$$

die Ergebnisse

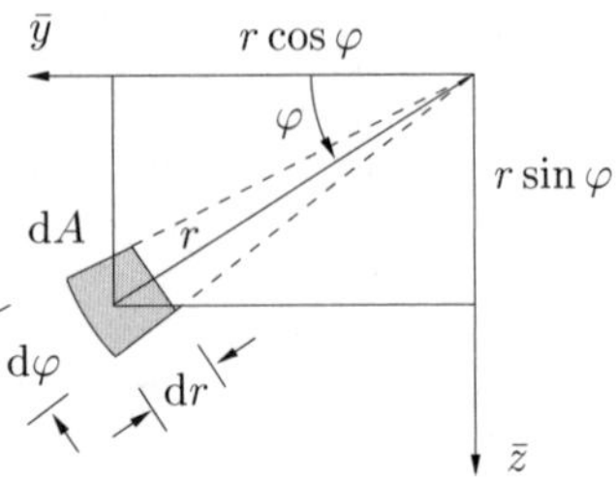

$$\underline{\underline{I_{\bar{z}}}} = \int_A \bar{y}^2 \mathrm{d}A = \int_0^{\pi/2}\int_0^a (r^2\cos^2\varphi) r\mathrm{d}r\mathrm{d}\varphi$$

$$= \frac{r^4}{4}\bigg|_0^a \left(\frac{\varphi}{2} + \frac{1}{4}\sin 2\varphi\right)\bigg|_0^{\pi/2} = \underline{\underline{\frac{\pi a^4}{16}}},$$

$$\underline{\underline{I_{\bar{y}}}} = \underline{\underline{I_{\bar{z}}}} \qquad \text{(Symmetrie!)},$$

$$\underline{\underline{I_{\bar{y}\bar{z}}}} = -\int_0^{\pi/2}\int_0^a (r\cos\varphi)(r\sin\varphi) r\mathrm{d}r\mathrm{d}\varphi = -\frac{a^4}{4}\,\frac{1}{2} = \underline{\underline{-\frac{a^4}{8}}}.$$

zu b) Nach dem STEINERschen Satz wird mit $\bar{y}_S = \bar{z}_S = 4a/3\pi$ (vgl. Schwerpunkt, S.35)

$$\underline{\underline{I_y = I_z}} = I_{\bar{y}} - \bar{z}_S^2 A = \frac{\pi a^4}{16} - \left(\frac{4a}{3\pi}\right)^2 \frac{\pi a^2}{4} = \underline{\underline{\left(\frac{\pi}{16} - \frac{4}{9\pi}\right) a^4}},$$

$$\underline{\underline{I_{yz}}} = I_{\bar{y}\bar{z}} + \bar{y}_S \bar{z}_S A = \underline{\underline{\left(-\frac{1}{8} + \frac{4}{9\pi}\right) a^4}}.$$

zu c) Wegen der Symmetrie ist

$$\underline{\underline{\varphi_1^* = \pi/4}} \quad \rightarrow \quad \underline{\underline{\varphi_2^*}} = \varphi_1^* + \pi/2 = \underline{\underline{3\,\pi/4}}$$

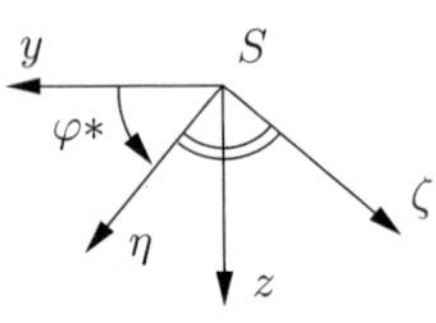

zu d) Mit $I_y = I_z$ ergibt sich

$$\underline{\underline{I_1}} = I_y + I_{yz} = \underline{\underline{\left(\frac{\pi}{16} - \frac{1}{8}\right) a^4}},$$

$$\underline{\underline{I_2}} = I_y - I_{yz} = \underline{\underline{\left(\frac{\pi}{16} - \frac{8}{9\pi} + \frac{1}{8}\right) a^4}}.$$

Aufgabe 9.4: Für das unsymmetrische Z-Profil (t = const) bestimme man die Trägheitsmomente I_y, I_z und das Deviationsmoment I_{yz} für kleine t ($t \ll h, b$).

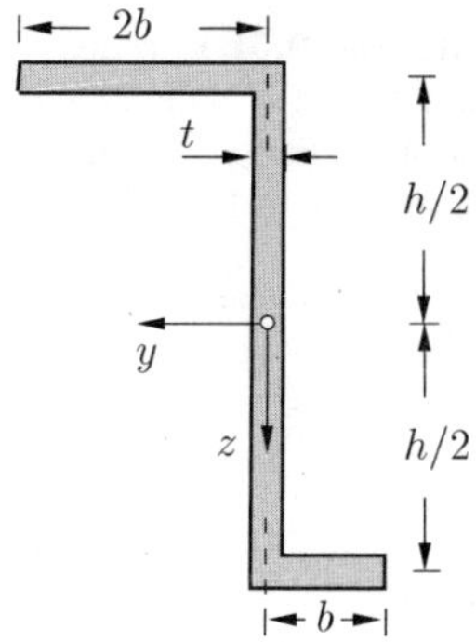

Lösung: Wir zerlegen die Fläche in 3 Rechtecke und wenden den STEINERschen Satz an:

$$I_y = \overbrace{\left(2b+\frac{t}{2}\right)\frac{t^3}{12}+t\left(2b+\frac{t}{2}\right)\left(\frac{h}{2}\right)^2}^{I} + \overbrace{\frac{t(h-t)^3}{12}}^{II} + \overbrace{\left(b+\frac{t}{2}\right)\frac{t^3}{12}+t\left(b+\frac{t}{2}\right)\left(\frac{h}{2}\right)^2}^{III}.$$

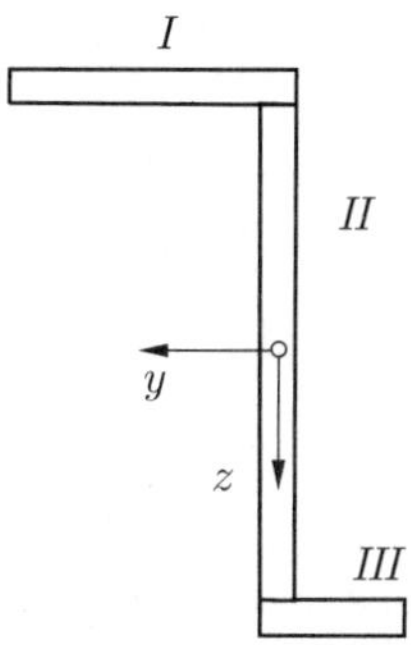

Mit $t \ll h, b$ vereinfacht sich dieser Ausdruck zu

$$\underline{\underline{I_y}} = \overbrace{2b\,t\frac{h^2}{4}}^{I} + \overbrace{t\frac{h^3}{12}}^{II} + \overbrace{b\,t\frac{h^2}{4}}^{III} = \underline{\underline{b\,th^2\left(\frac{3}{4}+\frac{1}{12}\frac{h}{b}\right)}}.$$

Wenn wir bei I_z und I_{yz} die kleinen Glieder sofort vernachlässigen, folgt

$$\underline{\underline{I_z}} = \overbrace{\left[\frac{t(2b)^3}{12}+(2bt)b^2\right]}^{I} + \overbrace{\left[\frac{tb^3}{12}+b\,t\left(\frac{b}{2}\right)^2\right]}^{III} = \underline{\underline{3\,t\,b^3}},$$

$$\underline{\underline{I_{zy}}} = -\overbrace{\left[b\left(-\frac{h}{2}\right)2b\,t\right]}^{I} + \overbrace{\left[\left(-\frac{b}{2}\right)\frac{h}{2}b\,t\right]}^{III} = \underline{\underline{\frac{5}{4}\,t\,b^2h}}.$$

Anmerkungen:

- y, z gehen in diesem Beispiel *nicht* durch den Schwerpunkt.
- I_{yz} wird nur durch die STEINER-Glieder gebildet.

Aufgabe 9.5: Für den dünnwandigen Querschnitt ($t \ll a$) sollen die Hauptachsen sowie die Hauptträgheitsmomente bezüglich der Schwerachse bestimmt werden.

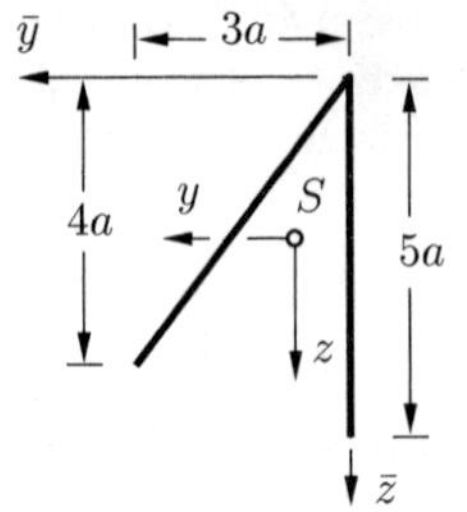

Lösung: Wir bestimmen zunächst die Schwerpunktskoordinaten:

$$\bar{y}_s = \frac{\frac{3}{2}a\,5at}{2\cdot 5at} = \frac{3}{4}a\,, \quad \bar{z}_s = \frac{2a\,5at + \frac{5}{2}a\,5at}{2\cdot 5at} = \frac{9}{4}a\,.$$

Die Trägheitsmomente des schrägen Schenkels bezüglich der eigenen Schwerachsen lassen sich mit Einführung der Koordinate s berechnen. Es gilt

$$\mathrm{d}A = t\,\mathrm{d}s \quad \text{und} \quad s^2 = \hat{y}^2 + \hat{z}^2\,.$$

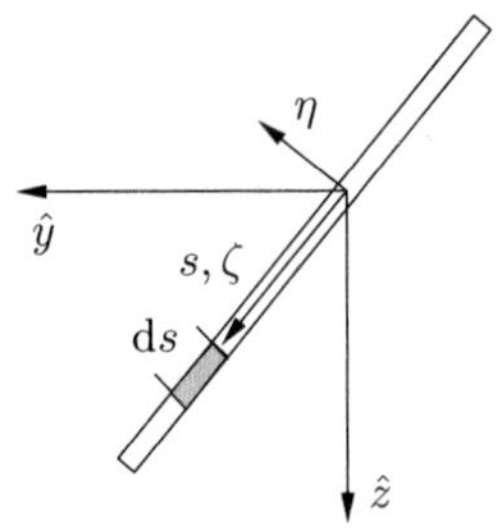

Mit der Steigung m des Querschnittsteils gilt $\hat{z} = m\,\hat{y}$, so daß $\hat{y}$ und $\hat{z}$ durch s ausgedrückt werden können:

$$\hat{y}^2 = \frac{1}{1+m^2}\,s^2\,, \quad \hat{z}^2 = \frac{m^2}{1+m^2}\,s^2\,.$$

Damit ergeben sich die Trägheitsmomente zu

$$\begin{aligned} I_{\hat{y}} &= \int \hat{z}^2\,\mathrm{d}A = \int_{-2,5a}^{2,5a} \frac{m^2}{1+m^2}\,s^2\,t\,\mathrm{d}s = \frac{m^2}{1+m^2}\frac{125}{12}\,a^3\,t\,, \\ I_{\hat{z}} &= \int \hat{y}^2\,\mathrm{d}A = \int_{-2,5a}^{2,5a} \frac{1}{1+m^2}\,s^2\,t\,\mathrm{d}s = \frac{1}{1+m^2}\frac{125}{12}\,a^3\,t\,, \\ I_{\hat{y}\hat{z}} &= -\int \hat{y}\hat{z}\,\mathrm{d}A = \int_{-2,5a}^{2,5a} \frac{m}{1+m^2}\,s^2\,t\,\mathrm{d}s = -\frac{m}{1+m^2}\frac{125}{12}\,a^3\,t\,. \end{aligned}$$

Für den gegebenen Querschnitt ist die Steigung $m = \frac{4}{3}$, so daß man erhält:

$$I_{\hat{y}} = \frac{20}{3}a^3\,t\,, \qquad I_{\hat{z}} = \frac{15}{4}a^3\,t\,, \qquad I_{\hat{y}\hat{z}} = -5a^3\,t\,.$$

Dieses Ergebnis hätte man auch durch Anwendung der Transformationsgleichungen berechnen können. So folgt für die gegebene Geometrie zum Beispiel für $I_{\hat{y}}$ mit $\varphi = -\arctan\frac{3}{4} = -36,87^o$ und den Trägheitsmomenten $I_\eta = (5a)^3\,t\,/\,12\,,\ I_\zeta = I_{\eta\zeta} = 0$

$$I_{\hat{y}} = \frac{I_\eta + I_\zeta}{2} + \frac{I_\eta - I_\zeta}{2}\cos 2\varphi + I_{\eta\zeta}\sin 2\varphi = \frac{1}{2}\,[1+\cos(-73.74^o)]\,\frac{(5a)^3\,t}{12} = \frac{20}{3}a^3\,t\,.$$

Zur Berechnung der Trägheitsmomente des gesamten Querschnitts bezüglich des Schwerachsensystems sind noch bei beiden Schenkeln die STEINER Anteile hinzuzunehmen. Man erhält

$$\begin{aligned}
I_y &= \frac{20}{3}a^3\,t + 5at\,(\frac{9}{4}a - 2a)^2 + \frac{(5a)^3\,t}{12} + 5at\,(\frac{5}{2}a - \frac{9}{4}a)^2 = \frac{425}{24}\,a^3\,t\,,\\
I_z &= \frac{15}{4}a^3\,t + 5at\,(\frac{3}{2}a - \frac{3}{4}a)^2 + 0 + 5at\,(\frac{3}{4}a)^2 = \frac{225}{24}\,a^3\,t\,,\\
I_{yz} &= -5\,a^3\,t - 5at\,(\frac{3}{2}a - \frac{3}{4}a)(2\,a - \frac{9}{4}a) - 5at\,(-\frac{3}{4}a)(\frac{5}{2}a - \frac{9}{4}a) = -\frac{25}{8}\,a^3\,t\,.
\end{aligned}$$

Die Hauptachsenrichtungen berechnen sich zu

$$\tan 2\,\varphi^* = \frac{2\,I_{yz}}{I_y - I_z} = \frac{-\dfrac{25}{4}\,a^3\,t}{\dfrac{425-225}{24}\,a^3\,t} = -\frac{3}{4} \quad \rightsquigarrow \quad \underline{\underline{\varphi_1^* = -18,43^o}}\,,\quad \underline{\underline{\varphi_2^* = \ \ 71,57^o}}\,.$$

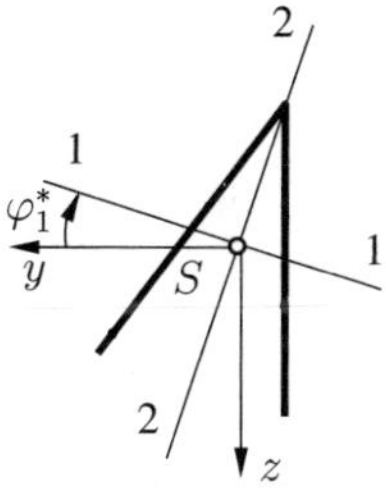

Dieses Ergebnis läßt sich auch aus der Symmetrie des Querschnittes bezüglich der Achse 2–2 ablesen. Die Steigung der Achse 2–2 beträgt

$$m_{2-2} = 3\,,$$

was auf $\varphi_2^* = 71,57^o$ führt.
Für die Hauptträgheitsmomente erhält man aus

$$I_{1,2} = \left\{\frac{425+225}{48} \pm \sqrt{\left(\frac{425-225}{48}\right)^2 + \left(\frac{25}{8}\right)^2}\right\}\,a^3\,t = \left\{\frac{325}{24} \pm \frac{125}{24}\right\}\,a^3\,t$$

die Ergebnisse

$$\underline{\underline{I_1 = \frac{75}{4}\,a^3\,t}} \quad \text{und} \quad \underline{\underline{I_2 = \frac{25}{3}\,a^3\,t}}\,.$$

Aufgabe 9.6: Die Trägheitsmomente der Fläche in bezug auf die Achsen $\bar{y}$, $\bar{z}$ sollen im Verhältnis 1:5 stehen.

Wie groß muß die Seitenlänge b des herausgeschnittenen kleinen Quadrates gewählt werden?

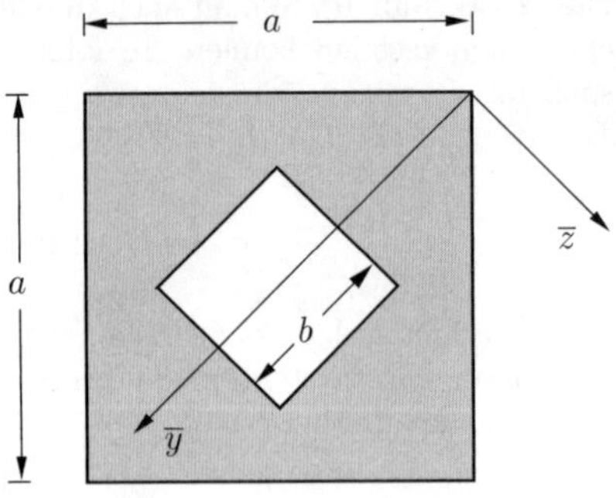

Lösung: Für ein Quadrat (Seitenlänge a) folgt aus den Transformationsbeziehungen mit den Trägheitsmomenten bezüglich der Schwerachsen

$$I_y = I_z = \frac{a^4}{12}, \qquad I_{yz} = 0$$

für die gedrehten Achsen η, ζ

$$I_\eta = I_\zeta = \frac{a^4}{12}$$

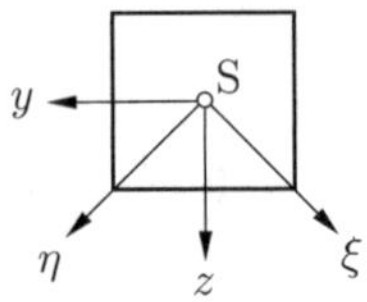

(beim Quadrat sind alle Achsen durch den Schwerpunkt Hauptachsen!). Daher wird für die gegebene Fläche

$$I_{\bar{y}} = \frac{a^4}{12} - \frac{b^4}{12} = \frac{1}{12}(a^2 + b^2)(a^2 - b^2).$$

Mit dem STEINERschen Satz ergibt sich

$$I_{\bar{z}} = \frac{1}{12}(a^4 - b^4) + \left(\frac{\sqrt{2}}{2}a\right)^2 (a^2 - b^2).$$

Aus der Forderung

$$\frac{I_{\bar{z}}}{I_{\bar{y}}} = 5$$

erhält man

$$5 = \frac{\frac{1}{12}(a^4 - b^4) + \frac{a^2}{2}(a^2 - b^2)}{\frac{1}{12}(a^4 - b^4)} = 1 + \frac{6}{1 + \left(\frac{b}{a}\right)^2},$$

d.h.

$$1 + \left(\frac{b}{a}\right)^2 = \frac{6}{4} \quad \rightsquigarrow \quad \left(\frac{b}{a}\right)^2 = \frac{1}{2} \quad \rightsquigarrow \quad \underline{\underline{b = \frac{1}{2}\sqrt{2}\,a}}.$$

Aufgabe 9.7: Für den dargestellten Querschnitt sind die folgenden Größen zu ermitteln.

a) Schwerpunktskoordinaten $\bar{y}_S$ und $\bar{z}_S$,

b) Trägheitsmomente bezüglich des Flächenschwerpunkts.

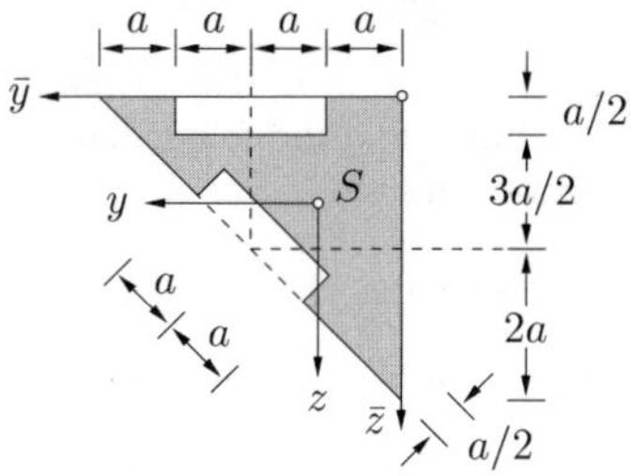

Lösung: **zu a)** Die Berechnung der Schwerpunktskoordinaten erfolgt durch Betrachtung der einzelnen Teilflächen:

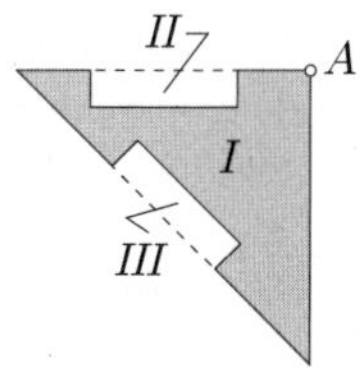

$$\underline{\underline{\bar{y}_S}} = \frac{\left(\frac{4}{3}\,a\right)8\,a^2 - (2\,a)\,a^2 - (2\,a - \frac{1}{4\sqrt{2}}\,a)\,a^2}{8\,a^2 - a^2 - a^2} \approx \underline{\underline{1,14\,a}}\,,$$

$$\underline{\underline{\bar{z}_S}} = \frac{\left(\frac{4}{3}\,a\right)8\,a^2 - \left(\frac{1}{4}\,a\right)a^2 - (2\,a - \frac{1}{4\sqrt{2}}\,a)\,a^2}{6\,a^2} \approx \underline{\underline{1,43\,a}}\,.$$

zu b) Drehung des Koordinatensystems bei Teilfläche *III* um 45° liefert:

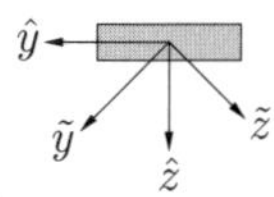

$$\hat{I}_y = \frac{\left(\frac{a}{2}\right)^3 2\,a}{12} = \frac{a^4}{48}\,, \quad \hat{I}_z = \frac{(2\,a)^3\,\frac{a}{2}}{12} = \frac{a^4}{3}\,, \quad \hat{I}_{yz} = 0.$$

$$\rightsquigarrow \quad \tilde{I}_y = \tilde{I}_z = \frac{1}{2}(\hat{I}_y + \hat{I}_z) = \frac{17}{96}\,a^4\,, \quad \tilde{I}_{yz} = -\frac{1}{2}\,(\hat{I}_y - \hat{I}_z) = \frac{5}{32}\,a^4.$$

Für die Berechnung der Trägheitsmomente im Schwerpunkt werden zuerst die Anteile bezüglich des Punkts A ermittelt:

$$\bar{I}_y = \frac{(4\,a)^4}{12} - (\frac{a^4}{48} + \frac{a^4}{16}) - (\frac{17}{96}\,a^4 + (2\,a - \frac{a}{4\sqrt{2}})^2 a^2) \approx 17,75\,a^4\,,$$

$$\bar{I}_z = \frac{(4\,a)^4}{12} - (\frac{a^4}{3} + 4\,a^4) - (\frac{17}{96}\,a^4 + (2\,a - \frac{a}{4\sqrt{2}})^2 a^2) \approx 13,50\,a^4\,,$$

$$\bar{I}_{yz} = -\frac{(4\,a)^4}{24} - (0 - \frac{a^4}{2}) - (\frac{5}{32}\,a^4 - (2\,a - \frac{a}{4\sqrt{2}})^2 a^2) \approx -7,00\,a^4\,.$$

Durch weitere Anwendung des STEINERschen Satzes erhält man die gesuchten Trägheitsmomente:

$$\underline{\underline{I_y}} = \bar{I}_y - \bar{z}_S^2\,A \approx 17,75\,a^4 - (1,43\,a)^2\,6\,a^2 \approx \underline{\underline{5,48\,a^4}}\,,$$

$$\underline{\underline{I_z}} = \bar{I}_z - \bar{y}_S^2\,A \approx 13,50\,a^4 - (1,14\,a)^2\,6\,a^2 \approx \underline{\underline{5,70\,a^4}}\,,$$

$$\underline{\underline{I_{yz}}} = \bar{I}_{yz} + \bar{z}_S\,\bar{y}_S\,A \approx -7,00\,a^4 + (1,43\,a)\,(1,14\,a)\,6\,a^2 \approx \underline{\underline{2,78\,a^4}}\,.$$

Aufgabe 9.8: Für den dargestellten Querschnitt sind die folgenden Größen zu ermitteln.

a) I_y, I_z, I_{yz},

b) Richtung der Hauptachsen,

c) Hauptträgheitsmomente.

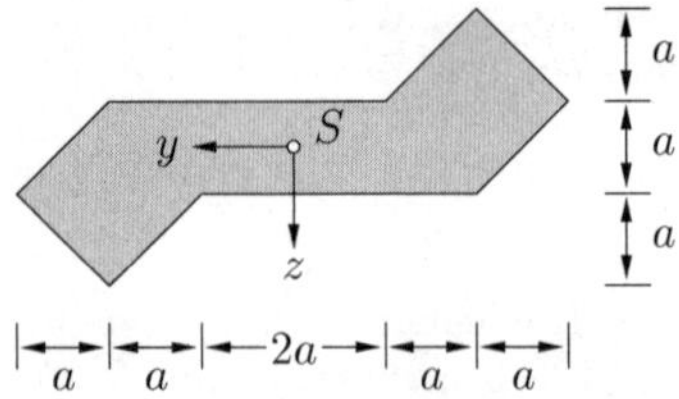

Lösung: **zu a)** Der Querschnitt wird in 5 Teilflächen unterteilt. Da die Fläche punktsymmetrisch bezüglich S ist, sind die Anteile an den Gesamtflächenträgheitsmomenten aus den Teilflächen I und $\bar{I}$ bzw. II und $\overline{II}$ gleich groß:

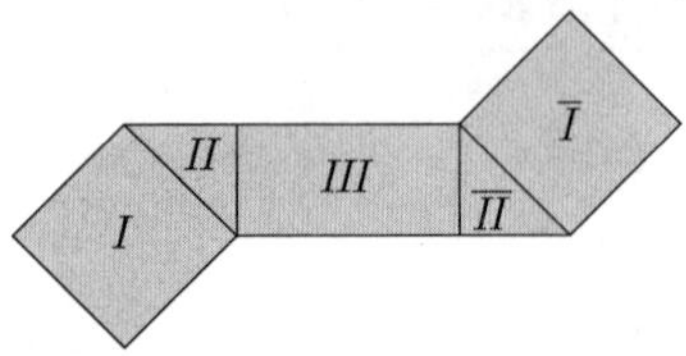

$$\underline{\underline{I_y}} = \overbrace{2\left(\frac{a^4}{3} + \left(\frac{a}{2}\right)^2 2\,a^2\right)}^{I \text{ und } \bar{I}} + \overbrace{2\left(\frac{a^4}{36} + \left(-\frac{a}{6}\right)^2 \frac{a^2}{2}\right)}^{II \text{ und } \overline{II}} + \overbrace{\frac{2\,a^4}{12}}^{III} = \underline{\underline{\frac{23}{12}\,a^4}}\,,$$

$$\underline{\underline{I_z}} = \overbrace{2\left(\frac{a^4}{3} + (2\,a)^2\, 2\,a^2\right)}^{I \text{ und } \bar{I}} + \overbrace{2\left(\frac{a^4}{36} + \left(\frac{4\,a}{3}\right)^2 \frac{a^2}{2}\right)}^{II \text{ und } \overline{II}} + \overbrace{\frac{a\,(2\,a)^3}{12}}^{III} = \underline{\underline{\frac{115}{6}\,a^4}}\,,$$

$$\underline{\underline{I_{yz}}} = \overbrace{2\left(0 - (2\,a)\left(\frac{a}{2}\right) 2\,a^2\right)}^{I \text{ und } \bar{I}} + \overbrace{2\left(\frac{a^4}{72} - \left(\frac{4\,a}{3}\right)\left(-\frac{a}{6}\right)\frac{a^2}{2}\right)}^{II \text{ und } \overline{II}} + \overbrace{0}^{III} = \underline{\underline{-\frac{15}{4}\,a^4}}\,.$$

zu b) Hauptachsenrichtung: $\tan 2\,\varphi^* = \dfrac{2\,I_{yz}}{I_y - I_z} \leadsto \quad \underline{\underline{\varphi^* = 11,75°}}$.

zu c) Für die Hauptträgheitsmomente erhält man aus

$$I_{1,2} = \left\{\frac{23+230}{24} \pm \sqrt{\left(\frac{23-230}{24}\right)^2 + \left(-\frac{15}{4}\right)^2}\right\} a^4 = \left\{\frac{253}{24} \pm \sqrt{\frac{5661}{64}}\right\} a^4$$

die Ergebnisse

$$\underline{\underline{I_1 \approx 19,95\,a^4}} \quad \text{und} \quad \underline{\underline{I_2 \approx 1,14\,a^4}}.$$

Formeln und Aufgaben zur Technischen Mechanik

D. Gross, P. Wriggers, W. Ehlers, W. Schnell

1: Statik

Die Aufgabensammlung enthält die wichtigsten Formeln und mehr als 140 didaktisch gut aufgebaute, vollständig gelöste Aufgaben zur TM 1, wobei besonderer Wert auf das Finden des Lösungsweges und das Erstellen der Grundgleichungen gelegt wird.
Inhaltsübersicht: Literaturhinweise.- Bezeichnungen.- Formeln und Aufgaben zu: Gleichgewicht.- Schwerpunkt.- Lagerreaktionen.- Fachwerke.- Balken, Rahmen, Bogen.- Seile.- Der Arbeitsbegriff in der Statik.- Haftung und Reibung.- Flächenträgheitsmomente.

6., neu bearb. Aufl. 2003. Etwa 220 S. 475 Abb. (Springer-Lehrbuch) Brosch.
€ 14,95; sFr 24,00 ISBN 3-540-43849-1

P. Wriggers, W. Ehlers, D. Gross, W. Schnell

2: Elastostatik, Hydrostatik

Die Aufgabensammlung enthält die wichtigsten Formeln und etwa 140 vollständig gelöste Aufgaben zur TM 2. Besonderer Wert wird hier ebenfalls auf das Finden des Lösungsweges und das Erstellen der Grundgleichungen gelegt.
Inhaltsübersicht: Spannung, Verzerrung, Elastizitätsgesetz.- Zug und Druck.- Biegung.- Torsion.- Der Arbeitsbegriff in der Elastostatik.- Stabilität.- Hydrostatik. - Literaturhinweise, Bezeichnungen.

6., neu bearb. Aufl. 2003. Etwa 180 S. 322 Abb. (Springer-Lehrbuch) Brosch.
€ 14,95; sFr 24,00 ISBN 3-540-00379-7

W. Ehlers, W. Schnell, D. Gross, P. Wriggers

3: Kinetik, Hydrodynamik

Die Aufgabensammlung enthält die wichtigsten Formeln und 160 didaktisch gut aufgebaute, vollständig gelöste Aufgaben zur TM 3. Besonderer Wert wird auch in diesem Band auf das Finden des Lösungsweges und das Erstellen der Grundgleichungen gelegt.
Inhaltsübersicht: Literaturhinweise.- Bezeichnungen.- Formeln und Aufgaben zu: Kinematik des Punktes.- Kinetik des Massenpunktes.- Bewegung eines Systems von Massenpunkten.- Kinematik des starren Körpers.- Kinetik des starren Körpers.- Stoßvorgänge.- Schwingungen.- Relativbewegungen.- Prinzipien der Mechanik.- Hydrodynamik.

6., neu bearb. Aufl. 2003. 208 S. 344 Abb. (Springer-Lehrbuch) Brosch.
€ 14,95; sFr 24,00 ISBN 3-540-43851-3

Springer · Kundenservice
Haberstr. 7 · 69126 Heidelberg
Tel.: (0 62 21) 345 - 0 · Fax: (0 62 21) 345 - 4229
e-mail: orders@springer.de

Springer

Die €-Preise für Bücher sind gültig in Deutschland und enthalten 7% MwSt.
Preisänderungen und Irrtümer vorbehalten. d&p · BA 43849/1

Druck- und Bindearbeiten: Legoprint, Italien